色彩设计丛书

# 三维空间的色彩设计

[美]珍妮·科帕茨（Jeanne Kopacz） 编著
周智勇 何华 王永祥 译
北京城市节奏科技发展有限公司 中文版策划



中国水利水电出版社
www.waterpub.com.cn
知识产权出版社
www.cnipr.com

**内容提要**

色彩是除建筑形式和建筑空间以外，与建筑设计密切相关的最重要要素。本书在三维空间中研究了色彩的表达与建筑和室内设计的协作，充分论述了色彩设计的原理、方法和实践。

书中遴选了200多幅关于三维空间色彩应用的精美图片，并配有相应的讲解，揭示了空间色彩设计的最新动向。与此同时，本书还提供了关于色彩建模、色彩表达、与客户沟通和潮流方面的一些基本知识和小技巧。

本书可供建筑师、室内设计师、色彩设计师、规划人员及相关专业的院校师生学习、参考。

选题策划：阳 淼 张宝林 E-mail：yangsanshui@vip.sina.com；z_baolin@263.net

责任编辑：阳 淼 张宝林

编辑加工：彭天赦

北京市版权局著作权合同登记号：01-2005-6406

**图书在版编目（CIP）数据**

三维空间的色彩设计／（美）科帕茨（Kopacz，J.）编著；周智勇，何华，王永祥译.—北京：中国水利水电出版社：知识产权出版社，2007

（色彩设计丛书）

ISBN 978-7-5084-4771-1

Ⅰ.三… Ⅱ.①科…②周…③何…④王… Ⅲ.①建筑色彩—研究②室内设计—色彩学—研究 Ⅳ.TU115

中国版本图书馆CIP数据核字（2007）第094540号

Jeanne Kopacz

Color in Three-Dimensional Design

ISBN 0-07-141170-4



色彩设计丛书

**三维空间的色彩设计**

[美]珍妮·科帕茨（Jeanne Kopacz）编著 周智勇 何华 王永祥 译

北京城市节奏科技发展有限公司 中文版策划

中国水利水电出版社 出版 发行（北京市西城区三里河路6号；电话：010-68331835 68357319）

知识产权出版社 出版 发行（北京市海淀区马甸南村1号；电话、传真：010-82000893）

北京科水图书销售中心（零售） 电话：（010）88383994、63202643

全国各地新华书店和相关出版物销售网点经销

北京鑫丰华彩印有限公司印刷

787mm×1092mm 16开 19印张 508千字

2007年6月第1版 2007年6月第1次印刷

定价：**158.00**元

ISBN 978-7-5084-4771-1

谨以此书献给学习色彩的设计师们!

# 目录

## 第二部分　三维感知

# 致谢

许多工作都可以用“集体的力量”这样的话来形容，本书也是如此——它是大家共同努力的结晶。过去七八年里，在搜集关于色彩在三维空间应用的有关资料的过程中，我惊喜地发现有许多人找到我，与我分享他们在这个问题上的发现。有些人直接从经验谈起，其他人则告诉我他们观察到的结果或者对项目设计案例研究的心得。有些人还提供了书面材料，或者告诉我哪些人在这方面经验更丰富。如果没有周围这些热心的人，本书就不可能完成。

卡伦·瓦茨（Karen Vagts）是第一个提供帮助的人，他告诉我如何完成从教师到作者的角色转变。没有她的鼓励和建议，本书可能还只是一堆演讲稿。我感谢她的帮助，使我一开始就得以系统地构建本书的框架。其他人以图形文件的形式向我提供了有益的信息。他们是埃莉莎·戈塔（Elissa Gotha）和乔恩·里士满（Jon Richmond）。当然，还有卡里·沙利文（Cary Sullivan）——本书的编辑，他告诉我怎样编写本书并且鼓励我坚持下去。

尽管与我分享色彩心得的人太多，我还是要感谢帮助我完成文中插图的那些设计团队。他们是：博格麦尔联合建筑事务所（Bergmeyer Associates, Inc.），弗兰斯博格联合建筑事务所（Flansburgh Associates, Inc.），ADD有限公司（ADD Inc.），佩里·迪安·罗杰斯及其合伙人联合建筑事务所（Perry Dean Rogers & Partners）。此外，还要感谢格里斯伍尔德、海克尔和凯莉联合建筑事务所[Griswold, Heckel & Kelly Associates, Inc.（GHK）]，艾伦茨威格联合建筑事务所（Ellenzweig Associates, Inc.），库比里斯联合建筑事务所（Cubellis Associates, Inc.）和蔡尔兹、贝特曼和第卡雷斯联合建筑事务所［Childs, Bertman, Tseckares Inc.（CBT）］。他们非常热情地提供了帮助，从他们丰富的资料库中为我挑选了一些重要的设计案例。萨福克大学（Suffolk University）的新英格兰艺术与设计学院（New England School of Art & Design）为我提供了由学生组成的精干设计队伍，他们不但设计出了精美的作品，还提出了许多富有挑战性的问题。

还有些人在自己的专业领域内也为我提供了帮助：西尔韦尼亚欧司

朗公司（Osram Sylvania）的鲍勃·蓬齐尼（Bob Ponzini）和芭芭拉·雅各布斯（Barbara Jacobs）提供了关于色彩与设计的建议；肖氏工业公司（Shaw Industries, Inc.）的黛安娜·范克托（Diane Facteau）和英特时尚概念有限公司（Inter Fashion Concepts, Ltd.）的黛博拉·舒沃斯（Deborah Szwarce）为本书的色彩预测部分给予了指导；柏城公司（Parsons Brinckerhoff）的安妮·罗宾逊（Anne Robinson）还特别热心地对本书"照明"章节进行了审阅。还有些设计师根据个人的设计经验，提出了有益的建议和观点：瓦莱丽·柯蒂斯（Valerie Curtis）和劳里·巴顿（Laurie Barton）——关于教育机构设计；艾琳·爱尔欣渥斯基（Irene Elsinovsky）——关于医疗机构设计；杰夫·奥恩斯坦（Jeff Ornstein）——关于服务空间设计。马尔格·迪翁（Marg Dion）异常丰富的历史建筑保护的工作经历对本书特别有帮助，而约翰·拉富斯（John Rafuse）提出了关于生物化学机构设计的创造性观点。

我还要感谢其他的专业人士：克里斯·英杜（Chris Indoe）让我发现了电子色彩工具的价值；希拉·塞尔比（Sheila Selby）和黛安·里士满（Diane Richmond）充分展示了他们的摄影技艺，本书用到的摄影作品证明了这一点。当然，没有优秀技术人士的帮助，也就没人能处理好这些图片。当出现技术问题的时候，迈克·安德列亚（Mike Andrea）简直就是我们的救星。

最后，要谢谢我的伴侣——卡罗尔·科帕茨（Karol Kopacz），他让我重新明白了什么叫"另一半的支持"。这样我才能专心致力于本书，对此我真心感激。

感谢所有曾经给予本书以帮助的人！

# 前言

今天，关于色彩三维应用的信息非常丰富。其中有些信息来源于科学界，他们在寻找证据的过程中通过系统分析来得出结论。其他观点则来源于艺术直觉，对人类反应的观察，以及个人的经验，但是这些观点都来源于实践。所有关于色彩三维应用的信息都加深了我们对色彩的理解，也使我们认识到色彩对21世纪设计的影响。

在设计过程中，我们都是以当时对色彩的认识为基础进行设计的。我们在实践过程中得到的经验越多，向其他人学习得越多，当面临新情况时，设计效果就可能越有效——和我们所预期的效果一样。我们需要考虑其他人都认可关于色彩应用的结论，但是我们在使用这些结论的时候，要评估它们在具体情况下的可行性。许多色彩学家和专业人员把他们观察到的色彩反应记录下来。但是，有一个简单的理由使得我们不能对所有的信息进行验证。因为我们没有足够的时间进行研究。而且，由于读者有限，所以任何一位色彩学家的文章的生命周期都是短暂的。这意味着许多有意义的色彩著作已经出版了，而许多同样精彩的色彩著作可能已经不再销售了——许多专业设计人士甚至还没来得及意识到它们的存在。如果我们能够从过去那些色彩学家所写的精练的文章中，选择性地吸收它们的精华，我们的工作将变得更有效。

本书就是以那种比较精练的形式出现的。它的目的就是要用色彩工具武装设计师，让他们成功地将色彩用于三维空间。色彩的美学问题争论是主观而且是多方面的，但是他们很少真正考虑到有关色彩的生理方面的问题。这样的色彩问题只有通过理性的标准才能得到确认，进而成为色彩选择的基础。这个方法使我们能够以已知的色彩关系为基础，预见到设计的效果，并且保证最后的成功。深度感知的影响、平衡感、用户的心理反应和对比的强调——我们都能直观地将这些东西用于空间设计中以保证色彩方案的有效性。本书提供了传统（也有非传统的）的色彩理论，所以专业人士在具体工作中可以考虑使用它们的可能性。此外，本书还向大家展示了色彩的现代应用。本书提出了两个问题：“设计师怎样使用这些信息”和“怎样使用色彩来得到这样的视觉效果”。

本书按照学术著作进行编排，按照基本概念→实际应用的线性逻辑来组织内容。首先解决理论问题。每个部分都是以前面内容基础，本书最开始从感觉和心理入手阐明了三维设计的概念，还补充了许多影响色彩选择的技术方面的问题。最后，我们分析了环境设计中色彩设计的具体问题。本书尽力保证专注于色彩问题。当然，其他方面的内容也会涉及，在合适的地方还提供了补充注解。书中还提供了色彩使用建议，以方便大家将本书作为工作中的参考工具书。因为色彩知识来源于实验，那些第一次涉足本学科的人最好亲自动手，将本书中的实验演练一遍。

读完本书，你至少能够增加进行三维色彩表达的可能性。而我希望出现的最好结果就是：读者能够自己梳理出一套有用的色彩理论，增强控制色彩的能力，加强三维设计的效果。好的信息就是有价值的工具，但如何使用好这些信息只取决于我们自己的创造力。

# 第一部分

# 色彩理论与实验

# 第一章
# 色彩基本知识

人们可以用每种色彩所独有的特征对其进行描述。当许多色彩同时映入眼帘时，人们往往把那些特征相近的色彩融合起来，而把那些特征差异较大的色彩区分开来。这就是一座红色的谷仓在一片绿色原野上会如此显眼，而黑色门框则与门框内精美的胡桃木面板融为一体的原因。

色彩使我们的物质世界多姿多彩，而设计则捕捉到了色彩所带来的这种视觉效果。对色彩的特性以及人们的色彩视觉反应了解得越多，我们就越有能力借鉴自然界中的色彩现象去完善我们的设计。在过去的400多年里，理论家们所积累起来的色彩知识是今天人们进行设计的基础。他们的真知灼见已经被许多事实所证明，并代代相传，为后人提供了有关色彩知识的基本框架。而这个基本框架又为我们的色彩体验奠定了系统的基础，在此基础上，我们才能够理解各种复杂的色彩体验，进而预见其视觉感受，并最终将其服务于设计工作。

要想理解色彩理论并将其运用于设计实践，首先就得熟知那些能够影响人们视觉感知的色彩基本特征。这些特征既可以用来区分各种不同的色彩，又可以建立大家在合作中互相沟通的共同语言，所以它们成为许多色彩理论和色彩度量方法的基础。本章对色彩的基本要素进行了总结，并建立了可以清楚解释所有色彩的三要素理论。运用这些知识就可以知道对色彩的视觉感受是如何产生的。

## 基本色彩术语

“色彩”一词适用于所有的视觉感受，它既包括苍白和漆黑，也包括唇膏般的鲜红和红砖似的黯淡。在色彩分析中，我们用明确的术语来表述色彩之间的区别。它们可以作为色彩度量的绝对指标，或者对照性的相对指标。

比色法是各种色彩度量方法的综合，可以精确地表述色彩之间的区别，以达到区分它们的目的。色彩的三种主要属性——色相、明度、纯度结合起来就可以定义任何一种可见的色彩。在科学研究中，我们运用精密仪器将这三种属性进行准确的量化。色光的绝对波长（色相）和色光的相对灰度参考（明度）是用一定的数值范围来表示的，而色彩的纯净程度（纯度）则是用百分比来计量的。在设计中，单个颜色是通过它与其他颜色所进行的比较和它在色相环中的位置来表述的。

当然，为了清楚地描述色彩混合时的相对属性，我们也使用诸如亮度、补色和色温之类的其他一些术语。由于各个专业使用这些术语对色彩进行区分的目的不同，所以它们的定义往往是不确定的。本书中接下来所定义的色彩的一些重要特性，主要是从设计实践的角度出发的。

## 色相：色彩的基本属性

在色彩体验的过程中，人们首先感受到的色彩属性就是色相。色相有时被定义为色彩最基本的属性，甚至是色彩的纯粹本质属性。色相涉及色彩的波长和它在两维色相环中的位置——换言之，也就是它所包含的红、黄、蓝三色的数量。我们可以通过色彩之间的比较来定义色相，比如可以参照橙色来定义偏红的橙色的色相，或者参照偏绿的蓝色来定义蓝色的色相。自然界中有无数可定义的色相，但是它们都可以根据常见的三个原色和三个间色（紫色、蓝色、绿色、黄色、橙色和红色），用相对性的色彩术语对其进行描述。色相环见图1.1，它包括24个色相。

**图1.1** 该色相环包含24种不同的色相，但是，除此之外还有很多其他可以辨识的色相（作者绘制）

同样，我们也可以用色调来区分色彩。当我们说某种色彩具有蓝色色调时，是指它在色相环上的相对位置是在绿色和紫色之间。如果一种蓝色调具有明显的绿色属性，那么它应该归属于绿色族，它在色相环中的位置更接近蓝色，而不是黄色。

## 明度：明暗程度

明度是用于描述色彩明暗程度的术语。当两种色彩的相对明暗程度不同时，它们就具有了不同的明度。一般而言，颜色越浅明度越高。明暗不同的两种非彩色或者具有类似色相的颜色之间的相对明度是最容易被人们所识别的。然而，有时色相不同的颜色之间的明度差异也是非常明显的。例如，米黄色墙壁（具有黄色调）的明度显然比与其相邻的红褐色木门（具有红色调）的明度要高得多。

如果在某种颜色中加入黑色和白色，其明度将发生变化。当我们在某种本色中加入白色的时候就能够产生与其相应的浅色。浅色由于更接近白色，所以比其相对应的本色要亮一些。例如，粉红色是红色相应的浅色。而在一种色彩中加入黑色就能得到相应的暗色。我们在红色中加入白色可以得到红色的浅色——粉色，如果加入黑色则可以得到红色的暗色——栗色。在一种色彩中混入黑色或者白色就能够获得无数的暗色和浅色。图1.2显示了两个明度变化的序列，一个是灰色的明度变化序列，另一个则是浅红色等步调的明度变化序列。

**图1.2** 不管色彩是否具有明显的色相特征，都可以产生明度的变化

当我们使用不同的介质时，调整明度的方法也不一样。对于固体颜料，加入白色颜料可以使其颜色变浅，而水彩则要靠加水来使其色彩变淡。对于印刷品，如果底色是白的，可以通过加大色点的间距来使某部分的颜色变浅。而在计算机上，则要靠增加三种色枪（红、绿和蓝）的光束数量来使显示器上的颜色变浅。

## 不同色相的明度

大多数人都能够轻易地区分出各种灰色的明度高低。可是对于那些色相和纯度差别较大而明度相近的色彩，判断其明暗就很困难了。通过摄影来测量明度的方法并不完全可靠，因为照片通常加强了灰色调的明暗对比，这样的做法不但扭曲了我们肉眼所见的明度，而且简略掉了中间明度间那些细微的差别。在这里我们有更简洁有效的明度测量方法。

用相应的灰度标尺来区分不同色彩在明度上的区别就是一种有效的方法。灰度系列样本色带是可供设计者参考的一种简单的明度测量工具。如图1.3所示，从白色到黑色逐渐增加灰度就能得到这样的色带。越浅的色彩所对应的灰色也越浅。如果在每一种灰度样本上打一个孔，然后把色带放置在纯色样本之上进行比照，就可以找出最为接近的明度。小孔中的待定灰度的色彩比周围大面积的灰色少得多，这样就可以避免它对确定灰度值的干扰。对于纯粹的非彩色，由于它们不显示任何的色相，所以更适合用灰度标尺测量明度。

色彩越纯净，人们对其明度的感知就越接近于

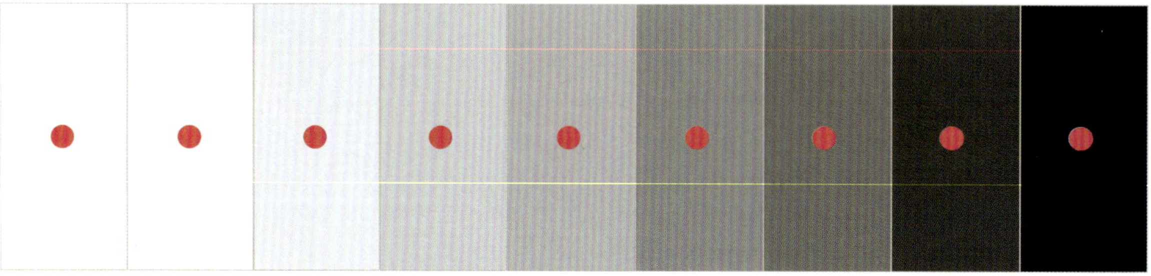

**图1.3** 在研究明度时，一个适宜的灰度标尺应该具有等比增加的灰度样本系列，而且其中部应采用中等灰度

该色彩本身所固有的明度值。明度测量的方法可能很难区分明度相近的高纯度色彩之间的差异。因为人们很容易受到色相对比的影响，从而以完全饱和状态的色彩之间的对比关系为前提，做出某些不正确的假设。例如，人们可能仅仅因为在完全饱和状态下的橙色比紫色的明度高，而认为某种具体的橙色比某种特定紫色的明度高。但是，如果我们在橙色之中加入深褐色从而使其明度降低，同时又在紫色之中加入白色使其明度提高，那么此时紫色的明度则可能比橙色更高一些。

当我们对黄绿色和紫红色进行比较时，其色相的差别是十分明显的，而确定它们的明度高低却很麻烦。艺术家约瑟夫 · 阿尔伯斯（Josef Albers）提出了一个简单的方法（《色彩的交互作用》，第12页）来确定两种色彩之间的相对明度。方法如图1.4中所示：将一种色彩样本覆盖在另一种色彩样本之上，使两者叠合，然后凝视上部的色彩样本数分钟，接着将上部色彩样本移开，而目光则仍然停留在曾经交叠的区域。如果此时交叠区域看起来比下方的样本色彩浅，则上部样本的色彩较深（明度较低）。反之，如果交叠区域看起来更暗，则上部样本色彩较浅（明度较高）。如果很难确定它们的明暗对比，就调换两种色彩样本的上下位置并重复该试验。

## 纯度：色饱和度

纯度指的是某种色彩中所含色相的多少，或其色相的饱和程度。为了降低色彩的纯度，可以在其中加入与其明度相同的灰色或者其补色。以色彩的中性纯度为参照物，我们可以用色彩浓度这一术语来表述色彩纯度的相对值。色彩浓度越高，则越接近纯色。当我们降低色彩的浓度，就只是降低了它的纯度。

色彩的饱和度通常用作纯度的同义词。色彩的饱和度越高，则其纯度越高，或者说其浓度越高。

**图1.4** 重叠样本技术是一种确定两种色彩的相对明度的便捷方法

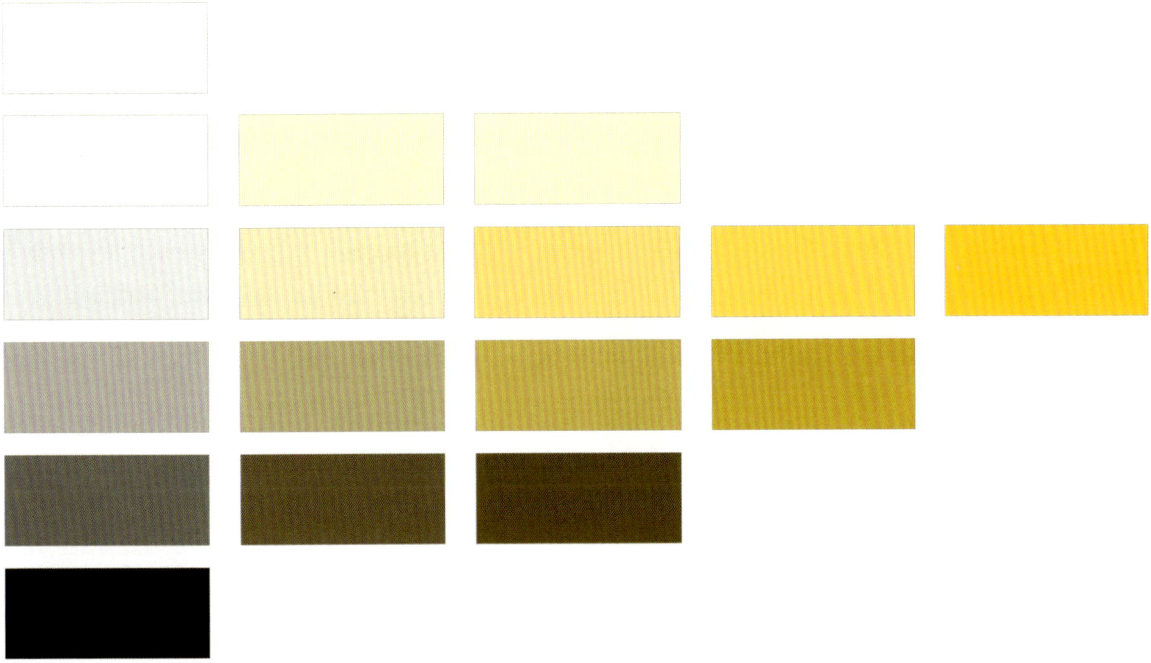

**图1.5** 在这个色彩矩阵中，处于同一水平方向上的矩形色块的明度相同，而处于同一竖直方向上的矩形色块则纯度相同

调整色彩的饱和度就是指改变色彩的纯度水平。色彩的饱和度也用于描述色相的特征，例如，“色彩饱和度的转换”就描述了相关色相之间的转变。人们可以通过色度来了解色彩的所有属性，并只用色相和纯度（也就是特定的色相和确定的浓度数值）就可进行表述。色度也可以用一般性的术语来描述，例如可以把淡紫色描述成“一种介于蓝色和红色之间并且纯度适中的色彩”，或者使用一些参考数值定量地对它进行描述。

为了展示明度和纯度的区别，图1.5仅仅只显示了黄色调的色彩矩阵。在某种色彩中加入与其同等明度的灰色之后，就得到了该色彩的另外一种色调。通过改变色相和灰度，就能够得到许多不同的色调。在图中，左侧第一列色块只展示了灰度系列的明度变化，而根本没有涉及纯度。左侧第二列色块中每个明度不同的色块的纯度明显相等，所以该列中各色块的色彩纯度相同而明度不同。在该图中的每个水平色块组则展示了一系列明度相等而纯度（或色饱和度）各不相同的色彩。图中纯度最高的色彩是矩阵最右侧色块中的色彩。

## 亮度：鲜艳程度

尽管亮度和鲜艳程度这两个词在使用时其词义微有不同，但是仍然可视其为一组同义词。在设计中，通常这两个术语与色彩的浓度相关。浓度大的色彩最容易吸引人的视线。所以如果某种色彩越希望引起人们的注意，则其浓度也要越高。因为色彩浓度越高，就会显得越明亮。在设计的环境构成中，也可以通过增加光线照射来提高明亮度：当光线增加时，该色彩表面的明亮度就增加了。而当整体光线水平降低时，该平面上的色彩就会变暗，并且其纯度也会降低。

亮度的高低与两个因素相关：明度和纯度。增加明度或纯度都会使色彩更强烈、更明亮、更鲜明。图1.6中，最左边这一列是精选出来的一组色彩。与该列相比，第二列的纯度增加，明度保持不变；第三列与该列相比则明度增加，纯度相近；第四列的

**图1.6** 那些高纯度和高明度的色彩最明亮

明度和纯度都增加了。在这四列中，第四列中的色彩最明亮。当两种不同色彩进行比较时，最先引起注意的就是两者之中纯度较高的，或是明度较高的。如果两种色彩的明度相同，纯度越高的色彩越能吸引我们的注意力。如果其纯度相同，两者之中明度较高的更强烈或者更具吸引力。例如，纯黄的明度比纯蓝更高，所以两者对比时纯黄比纯蓝更显眼。如果降低纯黄色的纯度，使其更接近暗棕色，从而具有明显的中性纯度，对比的结果将会发生变化。此时，因为高纯度的蓝色比中性黄色的纯度更高，所以蓝色就更显眼。通过色彩纯度和明度水平的非常规变化，人们已经创造性地合成了许多色彩。

## 补色

在色相环上位置相对的两个色相互为对方的补色，它们的关系如图1.7所示。如果用一个均匀分布的色相环来作为参照，就可以找到任何色彩的补色。从一种色彩出发，画一条穿过色相环中心的直线，就会在对应的位置上找到它的补色。这种互补关系常用于色彩的对比与协调。因为色相环既可用于加色系统（色光），也可用于减色系统（物体色），所以两个系统产生的补色也不一样（在本章的后面部分将更详细地解释加色和减色的情况）。

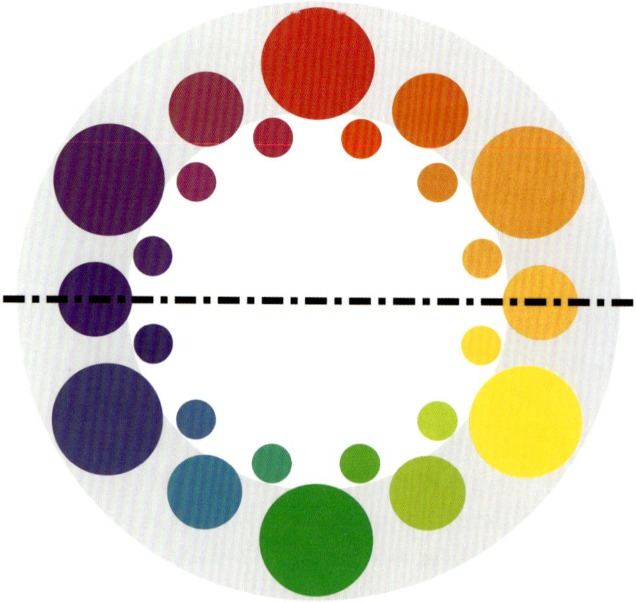

**图1.7** 图中所示为横贯圆心、连接两个补色的对角线（作者绘制）

**图1.8** 沿着弧形橙色带的色调为暖色调，而顺着弧形蓝色带的色调则为冷色调（作者绘制）

## 色温

不同色相的色彩因属性各异，所以给人不同的冷暖感觉。许多人认为这种感觉十分强烈，甚至可以引起人们的生理反应。琳达·克拉克（Linda Clark）在其著作《古代色彩疗法》（The Ancient Art of Color Therapy）一书中引用了一个例子：在某个温度固定的房间里，即使不改变室内的温度，只是改变室内的色彩，也会使待在室内的人觉得房间变得过热或过冷。大多数善于用色的画师都认为人们对不同色彩有不同的冷暖感觉。图1.8阐明了色彩和冷暖之间的这种关系。黄色、橙色和红橙色被认为是暖色调，而从蓝色到绿色被认为是冷色调。黄绿色和紫色的冷暖感觉则取决于与其相邻的色彩，它们的冷暖感觉和与其相邻之色彩的冷暖感觉相反。在空间设计实践中，可以在较冷的气候条件下使用暖色，同样，也可以在较暖的气候条件下使用冷色。

## 色彩的视觉感受

视觉的形成过程分为两步。首先，要有接受视觉刺激的器官——眼睛；其次，大脑中有辨识色彩的功能区域。眼睛是视觉器官，它使我们能够分辨物体的形状和色彩，并感知物体的运动。简而言之，眼睛一旦受到刺激，头脑中就能形成视觉图像。这种认知的过程类似于做梦的经历。在梦中，虽然眼睛已经闭上了，但是大多数人仍能看到大量色彩逼真的三维形象。

人们能看见什么完全取觉于眼睛对光线刺激的反应和大脑对这些刺激的加工处理。所以，色彩感觉正常的人和色彩感觉有偏差的人对于同一物体也会形成不同的视觉图像。其实物体本身并没有变化，只是每个人的视觉反应受到各自色彩辨识能力的影响而已。某些色彩感知的偏差是可测量的，而其他的偏差则是主观的，但也是真实的。正因为个体视觉感受的这种独特性，所以不可能对周围的环境有绝对真实的映像。相反，即使大家看同一个人的系列绘画作品时，对于每一个人而言，只有自己的视觉图像是“绝对真实的”。但是，因为每一个人的观察都是以人们以往的色彩体验为基础的，所以每一个人对视觉图像的表述可能听起来又是相似的。现在，让我们单纯从物理层面来分析对于色彩的认知。

## 人眼“照相机”

说明人眼视觉成像功能最简单的办法就是把它比作一架照相机。照相机可以假想成一个空盒子，它的前壁有一个可调节尺寸的圆孔——光圈，光圈的前面是几个能够聚焦的光学镜头。它的后壁则是用银箔衬底的感光材料——胶片。

图1.9是人眼“照相机”的图解。眼睛的四个组成部分所承担的功能类似于照相机的机身、镜头、光圈和胶片。眼球本身起到机身的作用。虹膜中心的孔洞——瞳孔则类似于可调光圈。如果从外面向眼睛里看，其中有颜色的部分就是虹膜。当光线穿过虹膜孔洞（瞳孔）时，虹膜张大或缩小以补偿所射入光线的变化。光线越少，瞳孔张开得越大。眼睛中类似于透镜的是眼睛最靠外侧的一层弓形透明体——角膜，以及紧挨着虹膜之后的晶状体，它像照相机中的透镜一样起聚焦作用。聚焦后的光线在眼球后部的视网膜上形成一个上下颠倒的小图像。因此，可以把视网膜当作我们的“胶片”。视网膜上的感光神经细胞通过眼睛后部的视神经把这些视觉信号传送到大脑。

晶状体可以通过调节改变聚焦后的光学图像，使近处的物体看起来大些，远处的物体看起来小些，这就使得视觉的三维感知成为可能。为了接收这些大些的图像，照相机的镜头已经发展到可以根据透视效果进行调整。一张打印出来的平面图片，即使在其边缘部分也能够始终保持形状与色彩的真实性。相反，球形视网膜使得产生的视觉图像弯曲，所以在视觉图像中那些靠近边缘的部分会发生形状与色彩的细微失真。视网膜的中央凹处色彩感受最强烈，成为视网膜的敏感中心。因此物体图像越靠近视觉

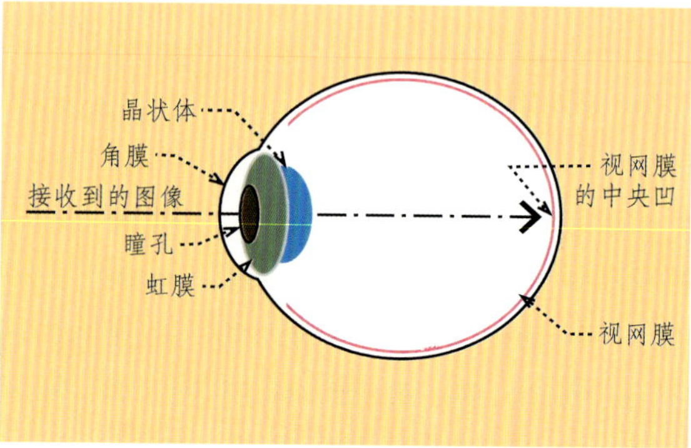


**图1.9** 这是我们对于眼睛这一复杂器官的简单图解

轴线，色彩就越清晰。但是，视神经集中的视网膜上的盲点是一个例外，尽管穿过眼球表面的神经纤维在盲点处将视网膜和大脑联系起来，盲点却完全不感光。此时，只能靠大脑根据周围环境中的物体将该点上的图像补充完整。

## 空间范围

人们通过一系列具有外部边界的图像来感受空间的存在。这些外部边界直接影响我们对所见形体的视觉感受。大多数人在某一位置上的垂直视角范围大约是140°。由于个人面部特征的不同，可能会导致视角范围的缩小。每一只眼睛都有其各自的视角范围，而这两个视角在眉心前面会重合在一起，如图1.10所示。两只眼睛目所能及的视角范围大于180°。两只眼睛同时都能看见的区域就称为双目视域，它的范围略大于90°。我们能够清晰地看见双目视域内的三维物体。这个范围之外物体的视觉图像就像广角镜所拍相片的外边缘一样变得扁平，而且眼睛在这一外部区域里对于色彩的分辨能力也会减弱。

## 色彩范围

通常大家都认为人类最多能区分700万～1200万种不同的色彩和300多种色相。我们所看见的色彩来源于以光的形式存在的电磁能。传播速度达到每秒

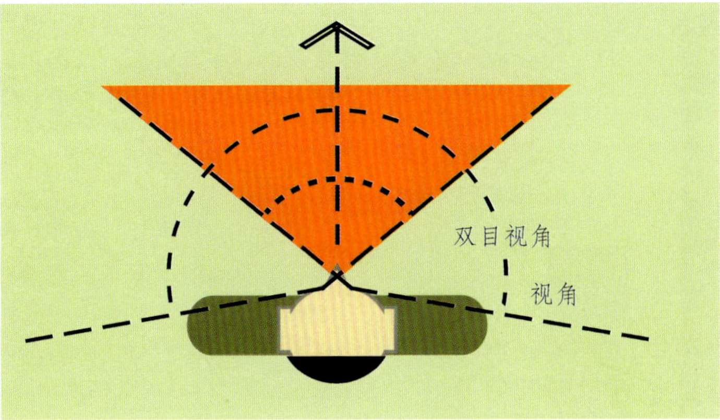


**图1.10** 我们的视角远远大于如图中所示橙色部分的双目视角

186000mile（299274km）的电磁波产生了电磁能。色相的变化源自波长的变化。波长以米（m）、纳米（nm）和埃（Å）为计量单位。1纳米相当于一百万分之一毫米或十亿分之一米。1埃相当于一百亿分之一米。眼睛所能感知的电磁波波长范围决定了可见光的范围。人类对于某些波长范围内电磁波的感知能力可能比不上其他的动物。例如，蜜蜂能够感知人类不可见的紫外线（其波长短于人类所能感知的波长范围），但是，蜜蜂却无法察觉某些波长较长的光线（如红色光）。

人眼能感知的电磁辐射范围就是光。我们以色彩的形式感知光的存在。人类可识别的光波的波长是在400（紫色）～750nm（红色）之间。紫外线比我们能看见的紫色光的波长略短、频率略高。红外线则比可见红光波长略长、频率略低。可见色光根据其相应的波长顺序进行排列后可得到如图1.11所示的光谱图。

其他形式的电磁能在宇宙中创造着人类肉眼不可见的电磁波。据测量，已知的最短波长小于百万分之一纳米的电磁波，是来自于外太空的危险的宇宙射线。地球大气层的外层则将这些宇宙射线反射回太空之中。其次是伽马射线，它是在核爆过程中所释放的对生命有害的一种电磁波。当电流变化时会产生波长极长的电磁波，我们可以通过导线传导这种电流，这种电磁波技术被应用于雷达探测、电视信号传送和无线电波发射。微波的波长则介于可见色光和通信电波之间。

### 视锥和视杆

视网膜上接受光刺激的细胞有两种：视锥细胞和视杆细胞。在白天主要由视锥细胞负责感知光的刺激。视锥细胞中所含的色素对色彩的差别十分敏感（也就是说它们能够识别不同的光波长度，并且建立色彩纯度和色相的相应感觉）。尽管科学家们对于色彩的视觉机理还没有达成一致的意见，但是大家都认为存在三种视锥，它们分别用来感受不同范围的可见光。它们分别是红色、绿色和蓝色视锥。眼睛在感知白色光线时，这三种视锥将同时受到刺激，因为白光包含所有的可见光。视锥都以像素的形式接收光信号，并且每种视锥都将各自的视觉感知传送给大脑，大脑再将所有的点组合成一幅完整的图像。个体色彩感知能力产生差异的生理原因就在于这一色彩功能区域的不同。

视杆细胞比视锥细胞略少，包含一种称之为视紫质的视觉色素，这些色素能在光线黯淡时发挥作用。它们只能产生没有色彩的图像，仅仅提供色彩的明暗差别而不是色相差别。有趣的是，夜间活动的动物实际上都是色盲，因为它们的视网膜几乎只

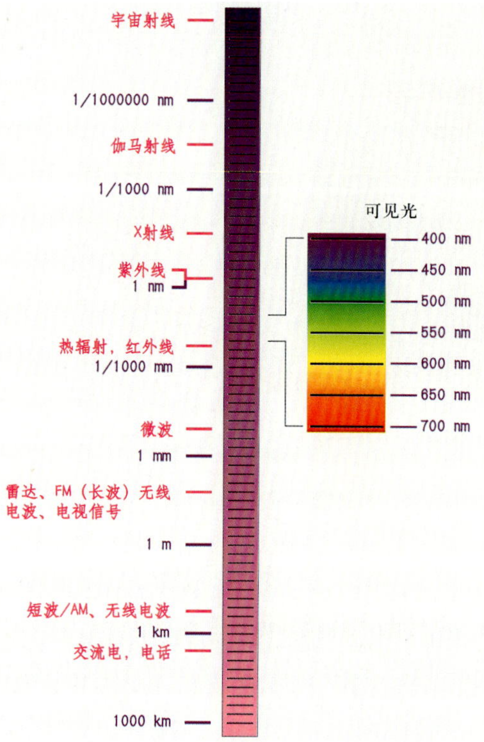


**图1.11** 可见电磁波的范围只是已知电磁波中的一小部分

有视杆细胞。而那些在白天非常活跃的鸟类，其视网膜中发挥作用的几乎只有视锥细胞。生活在阳光下的动物一般比那些生活在阴暗处的动物的色彩感觉要好，皮毛的色彩也更明亮。

## 光谱

光谱是由组成白光的所有色光排列组合而成。要清楚地看见这些色光，必须透过三棱镜（一个断面为三角形的透明玻璃体）来观察白光。真正的无彩光，或者说白光，是由波长在380～760nm之间的所有色光组合而成的。所以请注意，可见光就是由波长最短的紫色光逐步变化到波长最长的红色光这一系列色光组成的序列。

相同波长的色光被称之为单色光。使用棱镜可以将白光中的某种单色光与其他单色光分离开来。大家熟悉的激光就是一种单色光。激光实际上就是集束的高亮单色光。光谱中短、中、长波部分的单色光混合起来，就能再造一个和谐的光源。

## 加色法

色光和物体色之间色彩作用机理的差别曾让几代色彩学家陷于困惑。色光的色彩是加色法混合的效果，我们也称之为以前文所述的光谱为参照的光谱色。而固体物质的色彩和使用了物理媒介的物体表面的色彩则是一种减色法混合的色彩。在这两个不同的领域中，色彩混合和控制方法差别较大。艺术家、科学家和哲学家从各自的角度对色彩的性质进行了总结，但是由于所选择的色彩介质不同，他们的陈述有时会彼此矛盾。幸运的是，今天的色彩学家们已经认识到这两种色彩形式之间的区别，并总结和创造出分别适用于这两种不同形式的有效方法。任何三维空间中的可见色彩都是以下列两种方式处理后的结果：有形实体的减色（如印刷、染色、绘画以及其他形式的物体色）和色光的加色。光线使我们能够体验色彩，如果没有光也就没有色彩。光和物体色都能被混合或者改变。在三维设计中，我们用这两种类型色彩的实践知识来预期它们彼此之间的相互作用。

加色原理所关注的是白光的合成。所有的色光必须组合在一起才能形成一道真正的白光。各种色光的数量越多，合成色光的色彩会越淡。从实用的角度出发，人们常用三种基本的色光来合成所有的可见色光。如果把绿光（波长546nm）、偏橙色的红光（波长700nm）和具有紫罗兰色调的蓝色光（与波长435nm的靛青相近）混合起来，就可以得到白色的光。通过调整以上三原色色光中的一种或几种的亮度，就可以得到所有其他的色光。

黄色、青蓝和洋红是加色中的间色。间色一般比三原色的色光要明亮。两种互补的单色光混合，例如红色光和青蓝光，可以产生三原色光混合后的结果——生成同样的白色光。这是因为两种互补的色光，和白色光一样，都含有所有的可辨色光。在实际应用中，三原色中任意两种色光的混合有时十

### 艾萨克·牛顿

如果不提及物理学家艾萨克·牛顿爵士(Sir Isaac Newton)的巨大贡献，任何有关色彩的著述都是不完整的。他于1666年在位于英国剑桥的三一学院（Trinity College）完成了光与色彩的科学实验，从而奠定了现代色彩理论的基础。牛顿最著名的研究是：当阳光穿过三棱镜之后，光线会分散成几种截然不同的颜色，就像一道彩虹。这道分散的色光按照红、橙、黄、绿、蓝、靛、紫的顺序排列，牛顿称之为日光的全光谱。然后他让每一种单色光穿过三棱镜，试图寻找它们的衍生物，却发现这些单色光不可再分解。同时，他还发现这些分散后的色光缺失任何一种，都不能再合成白光，而且剩下的六种色光合成的色光就是所缺失那种色光的补色。

分有效，但是其结果有时却出乎我们的预料。例如，波长适中的绿色光与波长较长的红色光混合后形成黄色光，绿色光与波长较短的偏紫的蓝色光可以合成青蓝色光，红色光与偏紫的蓝色光可以合成洋红色光。图1.12说明了这种合成关系。

加色混合原理应用广泛，最常见的就是应用于各种滤镜。例如，红色滤镜只能通过波长较长的色光，所以透过红色滤镜就只能看见红色光；而绿色滤镜则只能通过波长适中的色光——绿色光，蓝色滤镜通过波长较短的色光——蓝色光。通过两种色光的重叠或两种色光在极短的时间内相继出现都可以完成色光的混合。从前我们通过往墙上投射光线来进行色光的混合；现在，依赖于计算机的图形处理能力我们可以十分精确地完成这一工作。现在的视频显示器都具有红、绿、蓝三种电子枪，相当于合成色光的三原色。在进行实验时，只需要调整这三种色光的有无和强弱，就可以在屏幕上合成我们所看见的各种色彩。而且现在有些计算机程序甚至可以完成以前只有机械三棱镜才可以完成的加色混合。

## 减色法

物体表面反射的可见色彩是减色性的色彩。这些现象涉及颜料和水彩之类的固体介质的色彩混合。当光线照射到物体表面的时候，某些特定波长的色光被吸收，剩下的色光则被反射，从而形成减色性的色彩，这样就产生了我们所看见的各种色彩。例如，一片绿叶吸收除绿色光以外所有的色光，从而仅把绿色光反射进我们的眼睛。而另外一个用以描述减色原理的术语就是着色剂，它是对颜料以化学方法来进行的定义和分析。

总之，当减色性色彩混合生成新色彩的时候，各种色彩的数量越多，则最后所生成的色彩越暗。这一点和加色混合正好相反。减色混合也有三原色，即：红、黄和蓝，如图1.13所示。同加色混合一样，这里的三原色通过混合可以形成各种其他的色彩，但是其本身却不可能由其他色彩混合得到。当我们

**图1.12** 该色相环所显示的是加色法的原色和间色

进行三原色混合的时候，使用不同的介质会导致不同的结果，可能产生深褐色、深灰色或深黑色。当加色性色彩和减色性色彩同时发生共同存在的时候，要正确地运用色彩就决非易事，因为这两种混合原理是完全相反的。减色性色彩的间色也是通过三原色中任意两种混合生成的。黄色和红色的减色性混合可得到橙色，红和蓝混合生成紫色，绿色则是黄和蓝混合的结果。从理论上来说，一张纯白的纸会将几乎所有的色光全部反射回去，而一个呈现黑色的物体则几乎将所有的色光全部吸收。炭黑色是目前已知最深的色彩，照射到它表面的日光有97%被它所吸收。

## 色彩的形象化

要做到色彩的形象化通常都是一件困难的事情，即使对专家而言也是如此。一般来说，色彩的各种特征都不是在具体的场景下，而是在特定的实验条件下对照色彩样本来确定的。所以一旦涉及具体的环境，比如一个实体或者是一个房间，很多人往往都会无所适从。许多人都有这样的经历：在选购衣服的时候，只是意识到手中衣服与身上衣服的颜色不协调，而不能将这种感觉具体化。个体差异会促进或阻碍人们在特定背景下预测色彩的能力。人们在色彩记忆和色弱这两个方面的差异决定了个体对色彩的不同感受。大家都受色彩记忆的影响，它对人类色彩感知的阻碍作用是可以预测的；色弱则有些随机性和条件性，而且其影响不太好预测。但是它们都会影响我们对色彩的感受。

## 色彩记忆

如前所述，人类具有识别成千上万种色彩的能力。我们一般从以下三个方面来辨别两种色彩之间的区别：其各自不同的色相（由红、蓝和黄三原色定义）、明度（明暗对比）或者浓度（饱和度）水平的变化。长期的强化训练可以提高这种色彩的辨识能力，艺术家和设计师就是很好的例证。但是我们却不能通过类似方法来提高色彩记忆的能力，因为人类精确保存色彩图像的能力是有限的。我们中的很多人具有灵敏的听觉，只要听过一两次的曲调一

**图1.13** 这个色相环显示的是减色性色彩之间的关系，请注意比较它与图1.12的不同之处

### 约翰·歌德

约翰·沃尔夫冈·冯·歌德（Johann Wolfgang Von Goethe），德国诗人、剧作家和自然学家。其作品对西欧浪漫主义运动产生了巨大的影响，其中包括1774年创作的小说《少年维特之烦恼》（The Sorrows of Young Werther）和1808的舞台剧《浮士德》（Faust）。他从生理和心理的角度对色彩的属性进行了研究和记录，是名符其实的色彩学家。牛顿的色彩分析主要是从自然科学理论着手，而歌德则是从人类的身心状态出发，对色彩现象进行解释。1791年他著作出版了《光学的机理》（Contributions to Optics）一书，书中提出了色彩和谐、色彩温度和色彩原理等一些与艺术有关的理论，其中包括色彩的明度对比和色彩的心理感受。歌德不但注意分析了人类对色彩的感觉，还留意了“残留影像”这类色彩现象的研究。这些珍贵的见解对当时的画家产生了巨大的影响。并且他还从牛顿的加色原理中衍生出新的减色理论。牛顿和歌德有关色彩的理论留传至今，并且被翻译成各种语言，在今天仍发挥着巨大的作用。

般都能哼唱出来。相反地，一种色彩即使我们看过很多次，也很少能够在头脑中把它精确地再现出来。即使这种色彩和其他几个相近的色彩同时呈现在面前，我们也未必能把它识别出来。这一点可以从下面的例子中得到佐证：把一系列红色样本展现在人们面前，让他们从中选出可口可乐商标所使用的是那一种红色。这时，他们会根据自己的记忆选择一种红色，每一个人都相信自己是正确的，而事实上他们的选择却是五花八门。因此，**最好的色彩辨识方法就是用手中的色彩样本去进行直接的比照，与其仅仅依靠间接的色彩记忆，还不如相信直观的视觉判断。**

缺乏色彩记忆的能力会对视觉的形象化造成阻碍，因为我们习惯于将新摄入的信息和头脑中已经存在的信息进行比较以强化我们的认识。对某种色彩体验的记忆会极大地影响我们对一种新的类似色彩的感知和某种特定混合色彩的认知。所以色彩记忆能力的缺乏只会使事情变得更复杂。当我们看见一种色彩后，可能会唤醒色彩记忆中某种似是而非的色彩体验，而事实上两者却是截然不同的。但是，在认知一种未知的色彩时，这种在记忆中正确再现色彩能力的缺乏也使得我们没有办法得到一个适宜的色彩参照物。比如，在没有背景衬托的情况下进行色彩感知时，人们往往根据各自的色彩记忆进行随意的色彩再现。可见，背景成为我们削弱这种影响的关键。在设计一幅新作品时，设计师要根据具体的设计意图选择相应的色彩。为了避免以往的色彩经验对创作新作品时的色彩选择造成影响，设计师们往往尽可能地通过绘画、色彩样本和彩色照片等形式在大脑中建立起清晰的色彩图像。通过这种途径建立起新的色彩记忆，设计师对其所用的色彩会有更清晰的认识和更准确的评价。

## 色弱

我们每个人对于由三原色混合而成的各种色彩或多或少都具有一定的分辨能力。但由于遗传、年龄和各种药物的原因，这种能力却各有不同。这种在色彩分辨能力上有缺陷的情况我们通常称之为色盲，其实“色弱”的说法应该更精确一些。我们出生时就有的某些生理缺陷也可能导致色弱。肝脏和眼睛的疾病、多发性硬化症和衰老的过程也有可能会导致色弱。即使这些问题不会直接导致色弱，它们的影响也会使得人们的色彩辨识能力比常人要差一些。

在北美洲许多地方和欧洲大部分地区，色弱的比例较高，根据海伦·瓦利（Helen Varley）编著的《色彩》（Colour）一书中36页所述，色弱的比例大约为1:12，而在亚洲大部分地区这一比例为1:20；在南美洲大部分地区、非洲和新几内亚这一比例大约为1:50。这可能是由于各个地区人们对色彩辨识能力的要求不同，导致眼睛进化的不同。比如，在某个地区辨色能力与人类的生存关系不大，那么该地区人们的辨色能力可能逐渐退化。另外一种解释认为，其原因是各个地区阳光照射的不同。据统计，男性中色弱更普遍一些。这是因为决定色盲的基因是由X染色体所携带的。除非父母的X染色体都携带这种基因，女性才会因遗传导致色盲。否则，她只是该基因的携带者。而男性只有一个X染色体，只要父母双方中有一人的X染色体携带这种基因，他就可能会因遗传而导致色盲。

色弱可以分为若干种，根据巴特内森(Bartleson)、伯纳姆(Burnham)和汉斯(Hanes)的解释［参见《色彩——基本现象和概念入门》(Color：A Guide to Basic Facts and Concepts)第四章］，主要有以下几种：

- 非正常的三色视者。这种色弱不太严重，而且比较常见。他们可以正常地分辨从蓝到黄和从红到绿的所有色彩以及各种色彩的深浅，只是他们的色彩辨别能力与正常人的色彩辨识范围不相符。
- 二色视者。他们主要以某两个色相和色彩的深浅为基础来感知各种色彩，他们能识别的要么是从蓝到黄的各种色彩，要么是从红到绿的各种色彩。在他们看来，所有的色彩都不过是这两个色系中各种色彩的混合。
- 单色视者。这种情况不常见，却是最严重的色弱。这类患者只能看见没有色彩的图像，就像黑白电影一样。

假若一个设计师有某些色弱的倾向，知道自身的这种缺陷后他才有可能在适宜的时候去征求别人的意见。比如，某个设计师对绿色的深浅变化不太敏感，如果遇到有类似冷色调的使用时最好与对此敏感的人合作。如果客户对色彩认知有缺陷或者有这种倾向，那么设计师在进行设计时的用色可能要考虑到这一点。这时，最好避免使用客户不可见的色彩，以保证你所用的色彩都在他们的可见色彩范围之内，这样你的作品才能真正被人所欣赏。

到目前为止，我们已经认识了色彩体验的每个过程，也熟悉了那些用来揭示复杂色彩问题的基本术语。接下来，我们将认识色彩实验中常用的工具，了解颜料为适应设计要求而不断发展的过程。

# 第二章
# 色彩模型

在历史上，各个时期的色彩学家都建立起了自己的色彩参照工具。它们能满足特定的需求，使色彩学家能够对色彩进行系统地分类和选择。以此为基础，就可以系统地研究其他各种色彩，并对其进行合理的分类。

这些系统的方法是将色彩进行分类和组合以建立适宜的色彩体系。本章不但会涉及这些方法，还将深入地探究两位著名色彩学家——奥斯特瓦尔德（Ostwald）和孟塞尔（Munsell）——所使用的方法。这种评价的目的有两个：一是使大家对设计者可以使用的标准色彩体系有一个基本的认识；二是从大家学习色彩的色度出发，概要地提供一些他人创建的色彩研究方法以资借鉴。但是色彩有关技能的学习是一个过程，只有自己动手才能真正地掌握这些方法。因为只有在实践中应用这些原理，我们才能获得有关色彩的直接经验。所以在学习这些色彩体系时，就要考虑如何将它全部或部分地再造出来，这样才能真正见色彩学家之所见。尽可能多地再创造，还会增强色彩鉴别能力。为了更好地理解色彩实验，本章将首先简单介绍目前所使用的各种色彩混合工具。

## 色相环

色相环是过去200多年许多色彩学家所依赖的基本的色彩工具。色相环可以使我们很快找出色彩之间的色相关系。色相环本身的作用就是为了显示主要的色彩关系。在设计实践中使用色相环可以帮助我们相当精确地再现色相，这就是它的价值所在。作为色彩工具的色相环的另一个作用就是：每种色彩与其补色的位置正好相对。在历史上，由于各时期人们对色彩了解的程度不同，色相环上各种色相的位置曾有过一些变化。某些主要从科学角度研究色彩本质的色彩学家，曾将蓝色与黄色放在色相环上相对的位置。而从实用的角度出发，艺术与设计界今天所使用的色相环中，则是将黄对紫、橙对蓝、红对绿。在高质量的色相环中，所有与环心距离相等的色彩都具有相同的纯度。图2.1～图2.6是一些常用的色相环。

### 色相环的制作

要想识别更多的色相，最好的办法就是自己动手建立一个最少有12个不同色相（每种色相都处于最高纯度）的色相环，具体可参见图2.4。衡量一个色相环优劣的标准主要是看它的连贯性如何。色相环上由于增加色相而增加的色相过渡应该尽可能产生步调一致的均匀变化。选用纯灰色作背景最为理想，主要是因为其色温正好是中性，既不暖也不冷。否则，就用黑色或白色作底色。无论用何种色彩作为底色，你都要知道由于底色的衬托，多少会影响

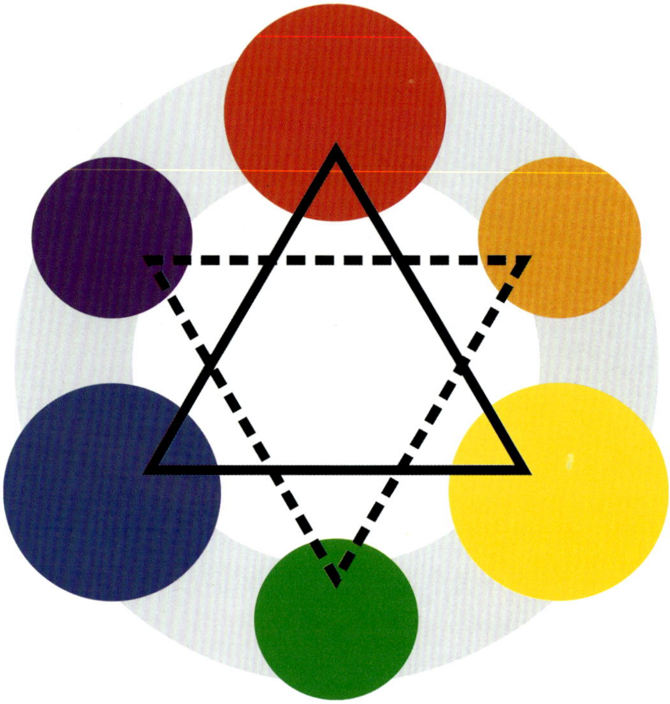

**图2.1** 在大多数的现代物体色色相环上，三原色（黄、红、蓝）之间的距离相等，三点连线形成一个等边三角形。间色（橙、绿、紫）处在三原色两两之间，也形成另一个等边三角形。英国画家和雕塑家雅克·克里斯托夫·勒·布隆（Jacques Christophe Le Blon，1670～1741年）因发现物体色的三色混合原理而闻名于世，他还首创了全彩色画法

到色彩样本本身的明度。黑色作底色，会使浅色的明度增加；而白色的底色则会使深色显得更暗。

如果我们在建立色相环时能用上既没有黄色调也没有蓝色调的红色颜料、既没有蓝色调也没有红色调的黄色颜料和既没有红色调也没有黄色调的蓝色颜料，那将会十分完美。有些制造商就生产这类颜料，并称之为“原红”或“纯蓝”。如果不能直接得到这些纯色颜料，就只能用偏冷或偏暖的红、黄、蓝三种颜料混合以获取三原色。颜料管中的油画颜料、聚丙烯类颜料和水彩颜料一般都有偏冷或偏暖的各种色彩（比如偏冷和偏暖的黄色等）。所以，如何运用色彩混合对那些比较传统的画家十分有用，迈克尔·威尔科克斯（Michael Wilcox）所著的《蓝色和黄色的混合不能生成绿》（Blue and Yellow Don't Make Green）就对这类色彩混合应用提供了指导。选定三原色之后，就可以在任意两种原色之间寻找中间色相以获取间色。然后，将相邻的原色和间色进行混合，就产生复色。在制作色相环时，按照先原色、后间色最后复色的步骤，在色相环上每两种相邻色彩之间变化的步调应该一致。色相环若是被分割成均匀的扇形，那么扇形之间色相的变化最好相同。但是这种均匀变化的色相环可能会产生一种不均衡的感觉。色相环要达到24色相，最后还要在相邻的原色、间色和复色之间寻找四次色，它们才能构成24色相。图2.5显示了这24色相。

建立色相环另外一个必需的步骤是建立明度的

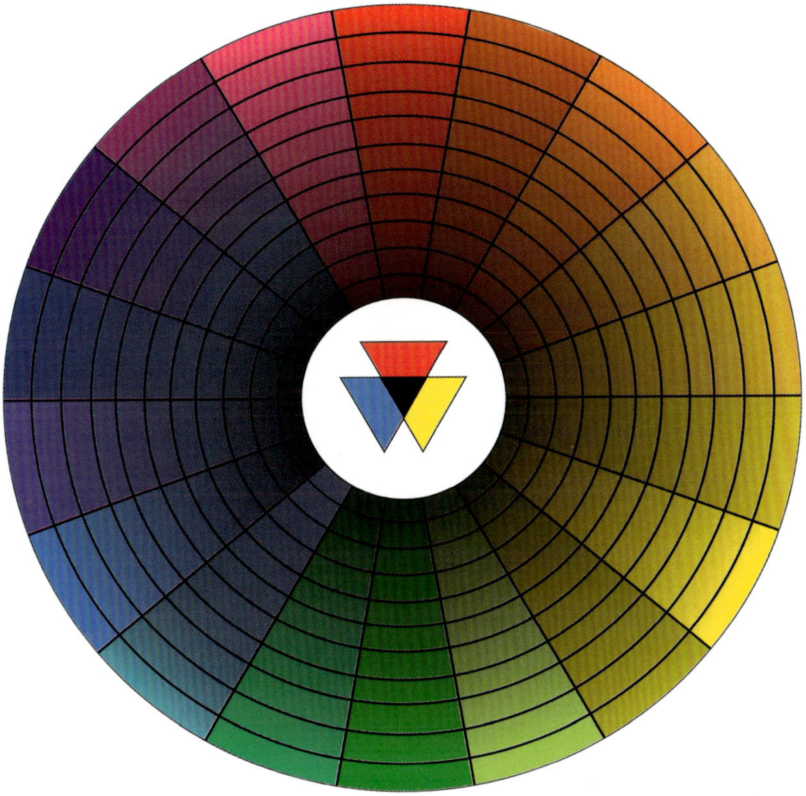

**图2.2** 英国的雕塑家和昆虫学家摩西·哈里斯（Moses Harris，1731～1785年）在1766年首次公开发布了以三原色为基础绘制的一个完整的色相环。其后虽然出现了许多类似的色相环，但是其后100多年里，摩西色相环始终是色彩学家的基本工具。在摩西色相环上，三原色将色相环三等分，三间色则正好在两两原色之间。在原色和相邻的间色之间的是复色。摩西将色相环均分成一系列同心的圆环。同一色相形成一个扇形，在扇形外边缘，该色相的明度最高，越接近中心明度越低（通过添加黑色）。在摩西所著的《色彩的自然体系》（The Natural System of Colours）一书的书后附有摩西色相环

变化。为了揭示色相环中各种色相的明暗变化，与20世纪初德国包豪斯学校有些渊源的几位色彩学家就创造了一些特殊的色相环。例如，约翰尼斯·伊滕（Johannes Itten）的有12个端点的色星体和赫伯特·舒曼（Herbert Schumann）使用的沿圆周方向布置的色方块系列。图2.6就是一个拓展后的色相环实例，每种色相在中心处呈现为较明亮的浅色，往外边缘去则逐渐变成较暗的深色。纯度最高的色相处于中心向外第三阶的位置上。

## 色立体

色立体就是所有的可见色彩依据其色相、明度和纯度所组成的整齐的三维立体模型。这种模型使得我们可以参照其属性把每一种色彩从所有其他色彩中选择出来。它也是比较任意两种具体色彩的实用工具。我们可以通过两种色彩在模型中的位置，很快确定它们之间的明度和纯度关系。即使它们的纯度不同，也同样可以确定它们之间的色相关系。

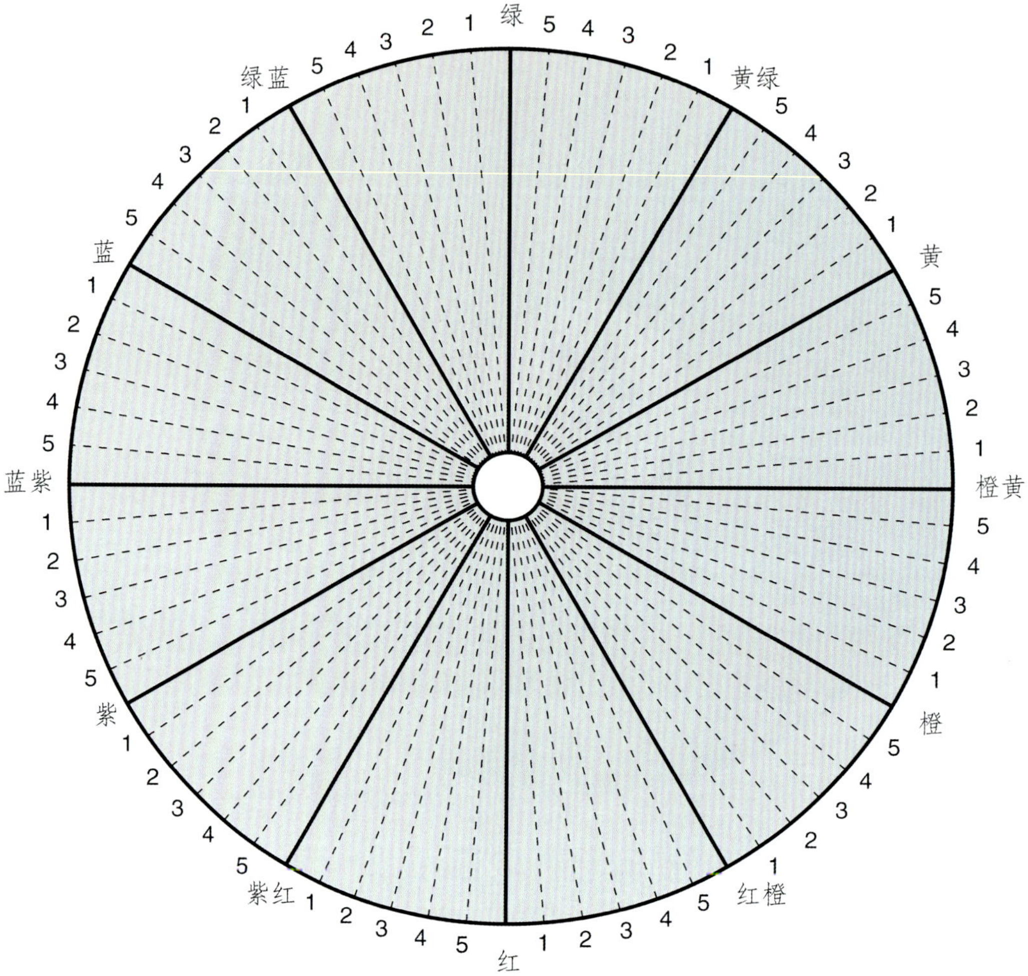


**图2.3** 随着时间的流逝，色彩学家们所做色相环的复杂程度与日俱增。M.E.谢弗勒尔（M. E. Chevreul，1786～1889年）在他的著作《色彩和谐与对比的原则》（The Principles of Harmony and Contrast of Colors）中用到了一个具有72色相的色相环。它是用三原色、三间色和五种复色绘制而成的，并且它还包括一套编号系统。这样每种色彩都可以进行编号和归类，正如本图中所表示的那样

色立体明显优于色相环、色三角和色星体。二维模型的局限性在于只能充分考虑色彩的一种或两种属性，要么只考虑色相，要么只考虑色相与明度，要么就是明度和纯度。色立体却可以在同一个对照系中同时表现出色彩的色相、明度和纯度之间的关系。在过去400年中，色立体不断完善。这些色立体大体上可以分为两种：一种色立体只是二维色彩模型的简单三维形式的表现；而在另一种色立体中，色彩被精心地安排在平面和断面上并组织成一个三维模型。

## 色块矩阵

色块矩阵是用来比较色彩两个属性的二维对照工具。它最简单的形式就是由行和列所组成的色彩格栅。纯度-明度格栅常用以区别色彩的属性差别。

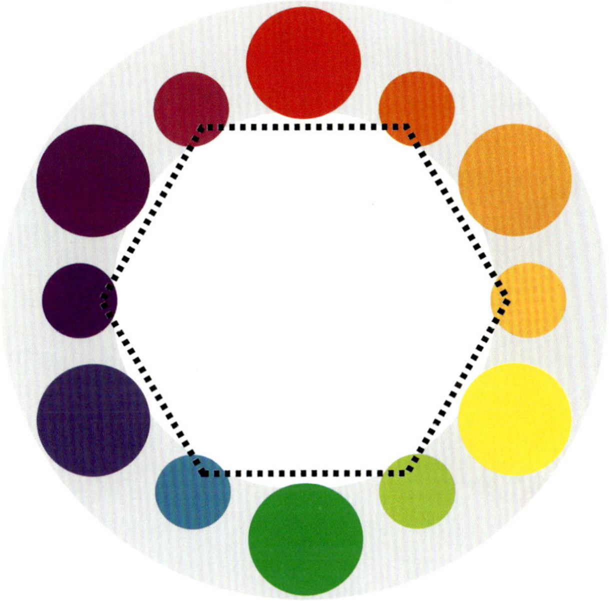

**图2.4** 在原色和间色之间的色彩是复色（作者绘制）

**图2.5** 在复色和与其相邻的原色或间色之间的是四次色（作者绘制）

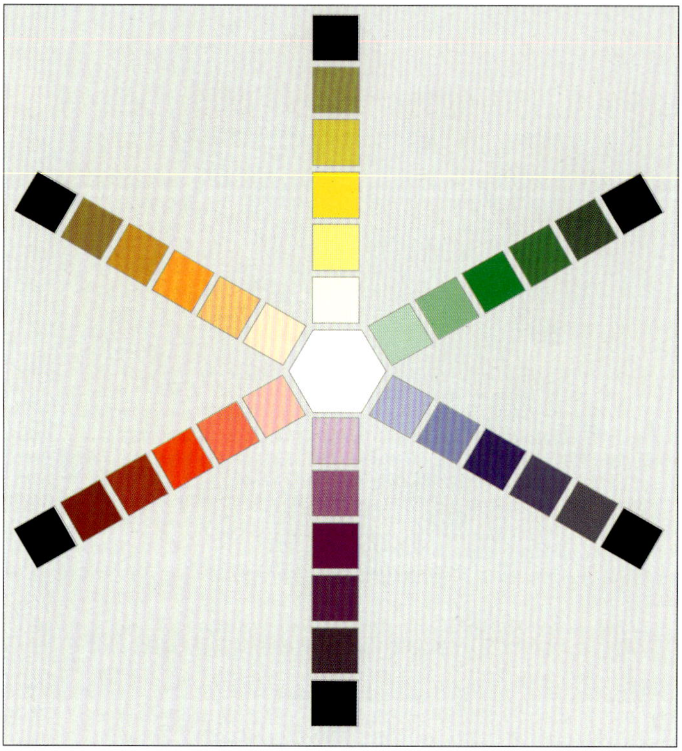

**图2.6** 该色相环已经扩展到每一个色相都具有一系列明度的变化

图2.7就是这样一个色彩格栅。

在某些三维的色彩模型中，比如在球体、柱体和金字塔模型中，它们的表面有时也会使用二维的色彩矩阵，这样就能扩展色彩矩阵的功能，并能够更好地根据色相来展示色彩的连续性。这些简单的几何变化给色彩提供了逻辑上的组合。二维矩阵的三维应用，为三维模型提供了连续变化的平面，从而可以充分展示色彩间两个关键属性之间的关系。色彩可以沿着一根表示色相的轴线和另一根表示明度或纯度的轴线进行布置。既然这些三维模型只是对色彩矩阵的改良，那么它们被称为矩阵模型或二维模型应该更合适一些。

几位色彩学家曾试图用半球形这类物理空间模型来表示色彩。球体模型的优点是可以在展现色相的同时展现高低明度。这种模型水平截面的中心或赤道圆上布置的色彩具有最高明度，然后明度沿着水平截面的半径方向变化，而其纯度则沿顶部和底部方向逐渐降低。可是球面曲率较大，明度的变化步调很难保持均匀。所以人们尽力发掘三维形体的优势，逐渐出现了真正的三维模型，这就是我们通常说的色立体模型。

## 色立体模型

三维色彩立体模型是为了同时展现色彩的三种属性而建立起来的。由于它自身形体的复杂性，因此可以更明确地表示色彩属性。每个模型都是由一些平面组合而成的三维形体。每个平面都是一个二维的色彩矩阵，该矩阵根据色彩的两个属性进行布置，比如色相和明度或明度与纯度。这些平面则根据剩下的那个属性进行排列。因此，每个模型实际上都是一个矩阵集合，有纵横两个方向的属性定义。

**图2.7** 在这个色彩矩阵中，每种单一色相的色彩都有各种不同的明度和纯度。明度由顶到底，逐渐减少；纯度由左至右，逐渐增加

这个模型很有价值，色彩学家可以根据色彩的色相、明度和纯度查找和比较各种色彩。同许多的矩阵模型一样，大多数立体模型也会采用球体或金字塔的形式。图2.8中的兰伯特（Lambert）模型采用的就是金字塔形；图2.9中的伦格（Runge）模型采用的就是球体形式。

伦格的色彩模型像一个球体。在垂直于轴线的剖面上，圆心处是非彩色（即色相的纯度最低），外围圆周上色彩纯度最高，中间色调的纯度就处于圆心和外圆周之间。在通过轴线的剖面上，各种色彩由明度最高的白色（位于轴线的北端）逐渐过渡到明度最低的黑色（位于轴线的南端）。在1810年出版的《色彩球状体系》（The Color Sphere）一书中首次公布了伦格模型。伦格为了解释该模型的功能，沿着其轴线的中点画了一个剖面，以展示包含所有色相的色彩圆平面，所以该模型尽管也使用了二维矩阵模型，但人们一般将它归入三维模型。通过这个球体模型，各种明度和各种纯度的色彩都得以展现。

曾有一些色彩学家想用锥体作为三维色彩的模型。德国人威廉·冯·贝措尔德（Wilhelm von Bezold，1837～1907年）于1876年就建立了一个锥体色彩模型，该模型中黑色和白色的位置和兰伯特模型正好相反。在锥体的水平圆平面上，外圆周上色彩的纯度最高，轴心最低——为白色。色彩的明

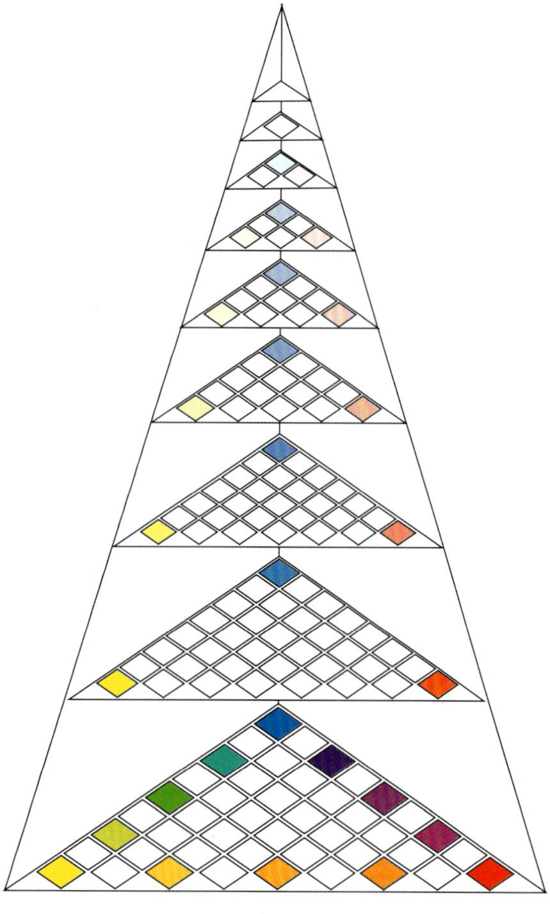

**图2.8** 德国人约翰·海因里希·兰伯特（Johann Heinrich Lambert，1728～1777年）既是一名物理学家，也是一位心理学家。他建立了金字塔形的色彩模型。模型底部是一个三角形，三角形三个顶点上分别是黄色、红色和蓝色，向中心逐渐转化为暗黑色。由底部向顶点延伸是一系列平行的三角形，三角形的色彩逐渐变淡，直至在顶点转化为最浅的色彩——白色

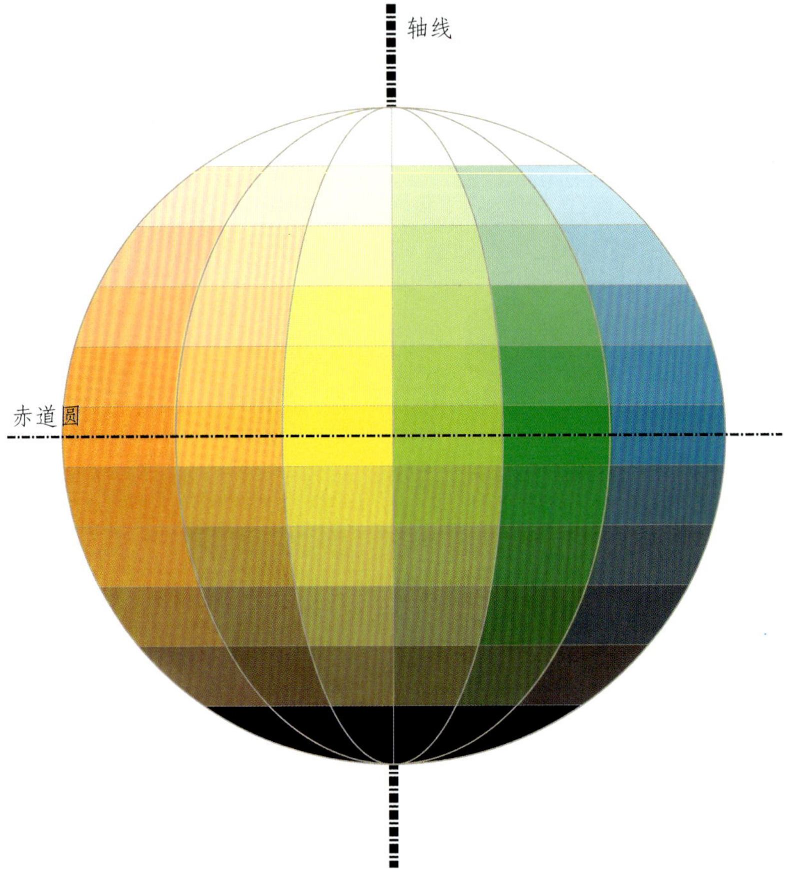


**图2.9** 法国画家菲利普·奥托·伦格（Philipp Otto Runge， 1777～1810年）尝试用球体的12个圆来展现色彩明暗的均衡变化

度由下至上逐渐降低，至锥顶最暗——变成黑色。若干年后，美国人奥格登·鲁德（Ogden Rood，1831～1902年）改进了贝措尔德模型，建立了一个由两个锥体组合而成的模型，这两个锥体的顶点色彩不同，分别为黑色和白色。鲁德用这个双锥体模型清晰地展示了色彩在色相、明度和纯度（饱和度）之间的区别。直到今天，色彩学家还会将明度和浓度混淆。瑞德尝试根据色彩的三个属性对色彩进行分类，并尽力构建色彩模型以阐述它们之间的区别。正是他的这些工作，为后人建立更复杂、更精确的模型奠定了基础。

## 轴线与赤道圆

轴线与赤道圆的概念可以帮助我们将伦格和其他几位色彩学家所建立的模型形象化。赤道圆是垂直于轴线的最大水平剖面的外圆周，正好处于顶部和底部（或称南北极）的中间。在伦格模型中，它是一个包含了所有色相的圆周，而且每种色相的纯度都处于最高状态，这也是模型的初始色相环。沿着水平方向剖切球体所得到的圆平面是一系列的同心圆环，最外层的圆环是各色相的纯色，从外环到圆心是由一系列同心圆所组成的逐渐变化的过渡色调。这些色调不但表达了所有的色相，还表达了纯度的变化，即：从外环的最高纯度逐渐减至圆心处的最低纯度——纯灰色。因为轴线的两极分别达到了明度的极限，所以伦格模型的赤道圆上色彩的明度正好居中。

鲁德、伦格和其他色彩学家充分利用基本的二维色彩模型——包含非彩色的轴线和包含各种色相的赤道——建立起真正的三维色彩模型。这些模型的外观可能不尽相同，却有一个共同的特征——充分利用空间的三维性来表现色彩的色相、明度和纯度。那些分布在赤道圆最外边的纯度最高的色彩形成一个色相环。模型的轴线是由北向南贯穿整体的垂直极轴，它也是模型的非彩色中心。因为在轴线上分布着明暗均匀变化的灰色系列，轴线的顶端一般为明度最高的白色，底部为明度最低的黑色。如果任意截取某种色相的两个垂直剖切面来观察，可以发现色彩的纯度沿水平方向均匀变化，明度则沿垂直方向均匀变化。而这一切都是通过模型内部的二维色彩矩阵来表达的。那些处于上部的色彩矩阵一般明度较浅，下部的则较暗，这和轴线上灰色的明暗变化是一致的。

如果沿着赤道圆截取某种色相的剖切面，可以清晰地看见色彩与白色或黑色混合后的渐次变化。越靠近中心轴线，则色彩的纯度越低、越接近非彩色；相反，越靠近赤道圆的外围，则色彩的纯度越高、越接近纯净色。沿着模型的表面，我们可以发现各种色彩的明暗变化（即赤道圆上之各种纯净色的明度逐渐变化）：向北极过渡到明度最高的的色彩——白色，向南极则过渡到明度最低的色彩——黑色。而纯度的变化则用水平面上的变化来表示：由赤道圆的纯净色过渡到中心轴线上的纯灰色。

## 色彩体系

色彩工作者经常使用已有或自建的三维色彩模型为基础来建立色彩体系。色彩对照就是我们常用的色彩图册，它以三维模型为基础对色彩用文字或者数字进行属性定义。每种属性定义只对应于一种色彩样本。这样，我们不用进行深入地研究也可以很容易地把握色彩调整的结果。图册的制造商还可以记录下每种色彩样本的调配方式，使用者就能依葫芦画瓢地再造出同样的色彩。一些配色师就是用这种方法来保存历史档案；也有些配色师用这种方法来控制印刷品中色彩的质量；还有些制造业配色师则用这种方法建立了其产品的色彩标准。

建立这些色彩体系的最大好处就是色彩表示的确定性。如果没有它们，我们则只能用一些诸如“带点浅灰色的玫瑰红”或者“庞贝红色”之类的典型专用名词来描绘色彩。不同年代、不同地点和不同经历的人对于这类描述性语言所表示的意义的理解是各不相同的。自然科学家不会使用“大嘴鲈鱼”来区分某种特定的淡水鱼，而是使用其“属”和“种”——太阳鱼科鲈形目——来进行辨识。如果我

### 色彩体系

本书只介绍了现有色彩体系中极小的一部分。但是，必须提及下面几种在设计中可能会用到的色彩体系：

- 潘通配色系统（The Pantone Matching System）是1985年发展起来的一种色彩应用规范，它使用定量的方法对色彩进行分类。在平面设计和工业设计中应用较广泛，当然在其他领域中也有应用。
- 国际照明委员会于1931年制定的CIE体系（Commission International de l'Eclairage）。该体系是国际公认的科学表色方法。这个源自工业实践的体系没有使用参考色彩样本，而是以加色混合原理为基础建立起来的。
- Coloroid体系，源自20世纪80年代的匈牙利，是一种建筑师专用的表色体系。它使用三数字体系来分别表示色彩的色相、纯度和明度。

## 威廉·奥斯特瓦尔德

弗雷德里希·威廉·奥斯特瓦尔德（Friedrich Wilhelm Ostwald，德国人，1853～1932年）建立了一个完善的双锥形三维模型，从而确立了其作为色彩专家的地位。奥斯特瓦尔德最擅长的领域是化学和生物，1909年还因在物理化学方面的成就获得了诺贝尔奖。他也是最早有意识地对光源色与物体色加以区分并进行实验的色彩理论家。他阐述了人们眼睛所接收的光线和大脑中所产生的色彩感觉之间的差别。在研究这些差别的过程中，他将色彩的色相与明度两个属性分离开来。他创造的色彩体系在1916年出版的《色彩初级读本》（Colour Primer）一书中公开发表，其后被摘抄翻译成其他几种语言。如果想了解这个色彩体系，可以参看埃格伯特·贾各布森（Egbert Jacobson）的英文著作《基本色彩——奥斯特瓦尔德色彩体系释义》（Basic Color：An Interpretation of the Ostwald Color System）。

们使用一个色彩体系，然后给某种特定的暗红色以确定的数字代码，那么色彩学家就可以以此为基础对色彩之间的细微差别进行定量分析并达成共识。他们所用的数字代码可以控制所选色彩的色相、纯度和明度水平。把色彩的三个属性与现有的数字代码进行对照，不但可以产生新的色彩，还可以建立新色彩的属性代码，然后将这些新色彩加入已有的参照体系中去。换言之，就是说根据特征分析，这些新色彩是在已有色彩样本的范围之内。如果需要，我们还可以建立色彩公差。如果某种材料已经褪色，或者将要褪色，色彩体系还可以定量地对这种变化进行描述。

20世纪初期，弗雷德里希·威廉·奥斯特瓦尔德和阿尔伯特·孟塞尔（Albert Munsell）分别创立了十分完善的色彩模型，并用色彩参照图册真实地记录了他们的发现。当然还有许多其他的色彩学家及其成果都值得一提，但是奥斯特瓦尔德和孟塞尔这两位同时代的色彩学家所建立的色彩模型却是非常关键的。下面将对这些模型的特点和优点进行简单的介绍。

### 奥斯特瓦尔德模型

弗雷德里希·奥斯特瓦尔德试图根据已知的可定量描述的六种基本色彩来生成预期的色彩。这六种色彩分别是两种非彩色（白色与黑色）和四种基本的彩色（黄色、红色、蓝色和绿色）。通过某种系统化的方法，他认为任何色彩都可以根据其彩色、黑色和白色的含量加以确定。

因为奥斯特瓦尔德使用了四种基本色彩，所以他的色相环与大多数画家所使用的色相环相比，多了些绿色含量，而少了些红色含量。他最后使用的基本色包括八种：黄色、橙色、红色、紫色、蓝色、青色、绿色和黄绿色，每种色相依照其位置进行排序。其色立体的中轴线上设立了八种不同的灰色调，顶端为白色，底部为黑色。

该模型的优点在于使用者可以便捷地查询到和谐的色彩配合。其理论中有条贯彻始终的原则，颜料由其中所含的彩色量、白色量和黑色量的百分比所确定。位于赤道圆上的二十四种色相，每种色相都有一个类似于图2.7和图2.10所示的关于明度-饱和度的色三角形。每个位置上的任何一个色调都按照日常的惯例进行了固定的编号。这意味着编号为3GA的淡杏色（黄橙色）样本和编号为16GA的浅蓝绿色中相同的GA说明了他们两者的白色量和黑色量相同。根据公式可知，其各自的彩色含量——黄橙色和蓝绿色——也应该是相同的。色立体中所有后两位编号为GA的色调都有相同之处：67%的彩色量、22%的白色量和11%的黑色量。这种一致性可以保证某种色相范围内或几个色相范围内的色彩之间的和谐关系。所有处于GA位置的色彩的明度和纯度相同，因此它们是和谐一致的。而所有位于同一垂线上的色彩因为具有相同的彩色量而协调一致。同一对角线上的色彩则具有其他一致的特性。

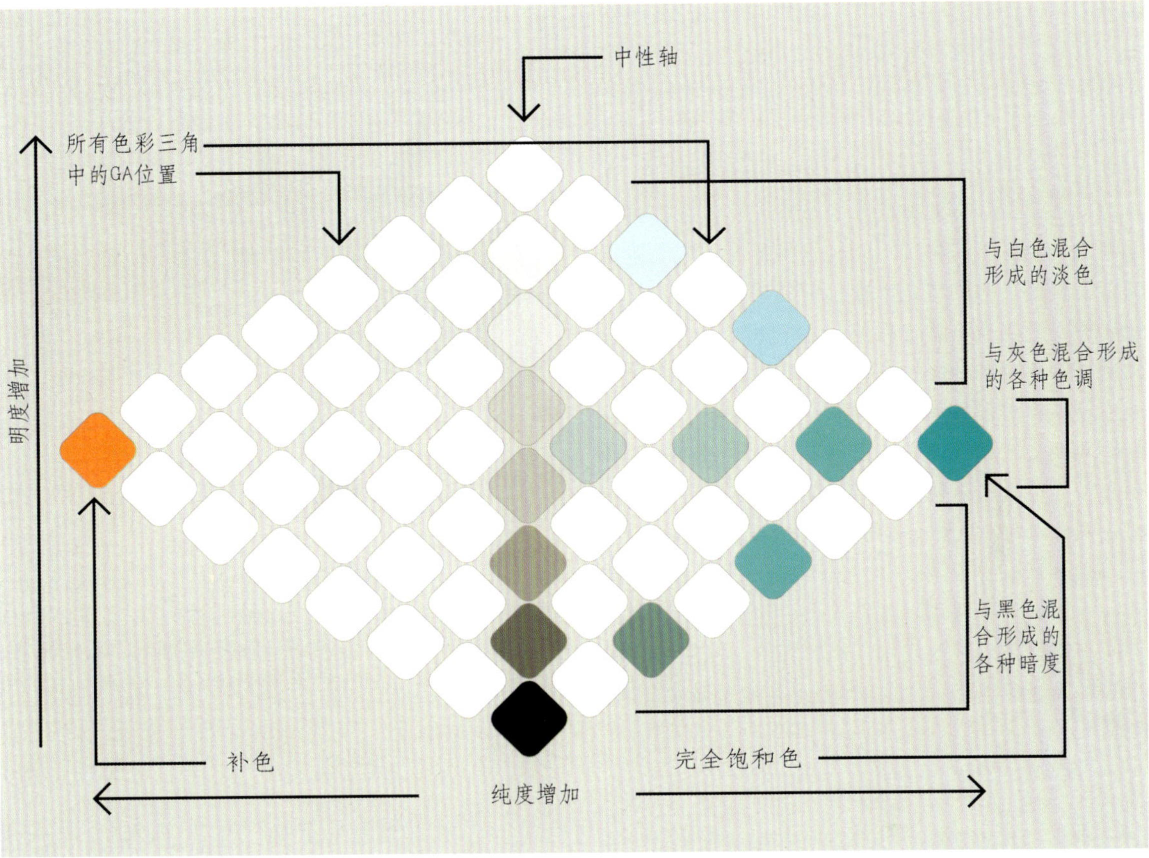


**图2.10** 本色彩矩阵阐明了奥斯特瓦尔德色彩模型的相关概念，它是由两个对称于轴线的色三角形组成。每个色三角形的具体组成细节可以参看图2.7

一个完整的二十四色相的奥斯特瓦尔德模型是由两个三维锥体组成的。纯度最高的色彩都分布在最外侧的边缘或赤道圆上。处于模型上的每个水平色相环都具有相同的明度。位于赤道圆上方的是均匀变化的明度较高的浅色，直至顶点变为明度最高的白色；下方则是均匀变化的明度较低的暗色，直至底部为明度最低的黑色。模型的垂直剖面呈钻石形，是由对称于非彩色轴线的两个色三角形所组成的。每个色三角形包括了某种色相纯度和明度的均匀变化。同时，轴线左边的色彩与右边的色彩是补色关系。位于相同高度的色彩具有相同的黑色和白色量，而相对于轴线和赤道圆周处于相同位置上的色彩则具有相同的纯度。从形体上看，这个模型很像一个双顶点的陀螺。

像奥斯特瓦尔德色彩体系这类使用相同几何形体组成色立体的模型都有一个相同的缺点：为了保证形体的一致性，所有饱和色相的色彩尽管明度可能不同，也必须处于相同的水平位置。这样尽管使得模型简洁端庄、形体一致，却使得完全饱和的黄色和蓝色似乎明度相同，而这显然不正确。这种明度的不均衡导致那些偏暗色相的色三角形上部的明度变化步调明显偏大，而其色三角形下部的明度变化步调又偏小。那些偏浅色相的色三角形的情况则正好相反。

## 孟塞尔模型

孟塞尔色彩体系是另一个系统化的数字字母编

码色彩工具，而且它采用了一种独一无二的三维形式。我们可以称这种形式为树形结构。它之所以要采用这种形式是基于这样一个假设：即使同样是完全饱和的色彩，它们之间的明度也是不同的，所以色彩模型应该反映出这一点。这种形式可以建立真正的明度带，从而实现色相的对称互补。色彩纯度越高则离中心轴线越远，同时这种纯度的变化是从某中心轴线上与其纯色明度相同的灰色开始，并在水平方向上变化至其饱和色相才停止。由于各种色相达到饱和时的纯度并不相同，所以色相纯度枝的长度并不相同，如图2.11所示。这样保证了不同色相的色调变化幅度一致。孟塞尔模型尽管没有说明色彩的混合，却体现了按照色彩的三要素进行排列时色调变化的一致性，如图2.12所示。

在孟塞尔色彩体系中，色调变化的一致性导致了从非彩色中心轴线过渡到某一色相时变化步数的不同。这就使得某些色相（比如纯红）从非彩色的中心轴线过渡到最外边的饱和状态需要的步数较多，所以它们的纯度枝比其他色彩（比如浅绿）的纯度枝长。模型中纯黄色（明度为8级）比纯红色（明度5级）或纯蓝色（明度4级）的位置要高，而且纯度枝也长一些。但是暗黄色的变化步数则要少一些，这是因为其暗色系偏绿。奥斯特瓦尔德色体系由于提供了彩色、白色和黑色的含量而便于色彩的复制，而孟塞尔色体系通过数字字母编码提供了不同色相之间相对稳定的属性对照。

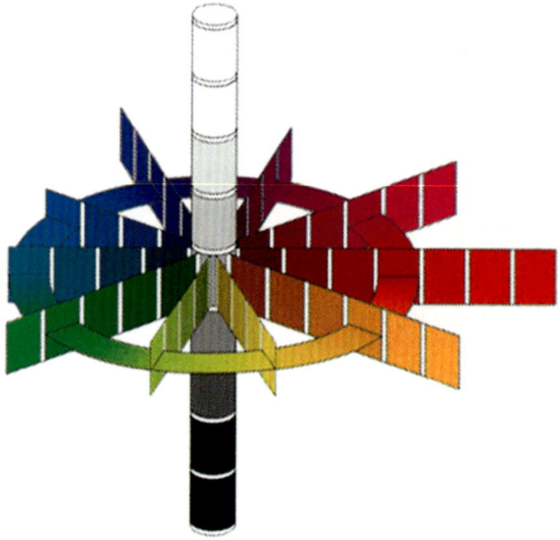

**图2.11** 孟塞尔模型具有明显的色彩一致性，形体却缺乏规整性。图中某些纯色超出或没有到达赤道圆，可见纯度的长短是不一致的。如果要了解某种色相的垂直截面，可以参看图1.5［格灵达-麦克贝斯（GretagMacbeth）惠赐］

## 阿尔伯特·亨利·孟塞尔

阿尔伯特·亨利·孟塞尔（Albert Henry Munsell，美国人，1858～1918年）是一位画家和色彩理论家。他于1890～1915年在马萨诸塞艺术师范学校（the Massachusetts Normal Art School，也就是今天的马萨诸塞艺术学院）教授色彩和解剖。他发明了一种能够测量颜料表面反射光线的光度计，并在1915年研制出一种三维色彩模型——色彩图册。后来，他的儿子亚历山大（Alexander）对该模型进行了完善，并发布在《孟塞尔色彩工作手册》(Munsell Book of Color）一书中。该模型一直沿用至今。1918年，他成立了孟塞尔色彩公司，生产色彩参考工具销售给色彩教育者和从业者。

## 综合色彩模型

人们创造了许多三维色彩模型，提供了系统的方法让设计者对各种色彩进行组织、创造和比较，但是没有一个系统能够适应各种不同的具体使用要求。所以人们又创造了更多的色彩模型以供人们进行选择。不同的色彩模型体现了不同的设计思路，既展现了数量众多的具体色彩，也为设计者快速确定用色提供了便捷。我们既可以采购现成的色彩模型商品，也可以自己动手制作。那些具有中轴线的

**图2.12** 本图展示了孟塞尔模型，它的矩阵剖面具有明显的不规则的特征（格灵达-麦克贝斯）

三维立体模型尽管看起来漂亮，却有些不尽如人意之处。各种色相的完全饱和态之间的差异较大，而纯度接近零（接近中心轴线）时相互的差别却比较小，所以这两种状态下使用的色彩样本数量应该是不同的。工业设计和图形设计中经常使用纯度较高的色彩，而在建筑设计和室内设计中因为追求和谐与柔和往往倾向于使用不太明亮和纯度较低的色彩。所以制造商常建立自己的色彩标准以适应产品生产的具体要求。

一般来说，色彩模型是以个人背景出发对色彩进行的理论研究。随着新工具的不断出现和人类认知的不断深入，使得色彩应用也变得日益复杂，色彩学家也在不断创造新的色彩模型以适应新的需要。1983年米歇尔·阿尔伯特-瓦内尔（Michel Albert-Vanel，法国人，1935～ ）提出了行星体色彩体系。他尝试通过将色彩进行分组归类的方法来解释三维设计中的色彩复杂性，而不仅仅只是从单一色彩的角度来进行说明。他建立的理想色彩模型不仅仅考虑了色彩的三要素，而且还兼顾到色彩在混合特性和应用材质方面的差异。他通过这个最为完整的色彩模型告诉我们：除了表现色彩三要素，还应该体现颜料与光源、透明与不透明、表面光滑与不光滑之间的数值关系。为了体现色彩组的属性，他建立的色彩模型就不是单一的几何形体，而是一个卫星围绕行星旋转的模型。这样，每一个色彩组都具有行星内部和太阳系两个参照坐标。

瓦内尔的思想极具挑战性。他建立的模型有点难懂，也不好加以评论。尽管如此，他创造性地提出了某些基于色彩应用在生理学层面上的假设，并在三维设计中得到了证实。下文将涉及他所提出的这些生理学问题，以及色彩之间相互影响的原则。人类色彩感觉的个体差异十分复杂，但就某一方面而言却又是孤立的、可分析的，所以我们控制色彩感觉的能力也在不断加强。

## 模型和实验

许多色彩工作专业人士都建立了自己的色彩参照工具，以便进行色彩实验来增强自己的专业技能。由于持续不断的实验，人们区别色相、明度和纯度的能力不断提高，对于色彩的感知能力也不断完善。我们的眼睛也变得“明察秋毫”，能迅速而准确地捕捉到色彩之间的细微差别。这些实验经常从前面所提到的色相环、明度/纯度矩阵开始，最后却都强调在色彩相互影响中的应用，在本书第四章“色彩协调”中我们将对其进行具体的论述。

在绘画过程中，我们要对复杂形体的轮廓进行色彩填充，而在色彩实验中，却可以使用单纯的色块，所以我们可以更直接、更方便地观察到色彩混合的效果。统一规格的色带或色块可以让我们专注于颜料本身的变化。一旦在实验中确定了某种色彩混合的效果，在具体应用过程中我们就可以随心所欲地调整色彩的形状以适应具体的情况。

色彩混合的特性在不同介质中的表现不尽相同。例如，同样是黄色和红色颜料的混合，如果分别使用印刷油墨、纺织染料和光源束，三种情况下所得到的结果是不同的。这是我们在使用不同材料时必须考虑的问题。理想的材料应该能够最有效地解决具体设计中的关键问题。初次使用某种介质，大多数人首先会进行直接观察以确定它的优点和缺点。最后，他们都会建立自己的参数体系。例如，计算机图形设计者使用特定的CMYK色彩匹配系统［它建立在印刷油墨的基础上，涉及四色印刷过程中的色彩混合。CMYK分别代表青（cyan）、品红（magenta）、黄（yellow）和黑（black）四种色彩］。建筑师则可能会觉得剪纸拼贴是个不错的选择，因为这样不但能勾画出其轮廓，而且可以保证设计和建造的一致性。而如果希望寻求色彩的细微变化，颜料就是比较实用的介质。颜料混合、印刷色纸和计算机软件是色彩实验中最常见的三种工具，下面将对这三种色彩混合工具进行简要的比较。

### 颜料

颜料是可供色彩行家选择的一种传统的介质。它的地位是在美术绘画中逐渐建立起来的，所以使

#### 使用颜料的技巧

当我们对颜料进行混合的时候，两种颜料混合后产生的颜料一般比这两种初始颜料中最亮那种颜料要略暗一点，甚至可能比这两种初始颜料中的任何一种都要暗得多。这就意味着如果希望两种颜料混合后得到的第三种颜料与两种初始颜料明度距离相等，所用的两种初始颜料的含量就不能完全相同。只有使用更多的浅色才能得到真正的中间色调。

根据使用材料的不同，明度调整的方法也多种多样。对于固体颜料，加入白色就能增加明度。如果是水彩，加水稀释不但可以改变其明度，而且也同时改变了其纯度。在固体颜料中加入灰色可以只是降低其纯度而不改变其明度。我们可以采用三种方法来产生灰色：①在任何一种色彩中加入其补色，其结果是向灰色转变；②用三种基本色——红、黄、蓝进行混合也可以产生灰色；③黑白混合也能够得到灰色。在这里我们要注意的是，由于各种颜料所使用的色相不尽相同，混合后产生的灰色也会有所不同。

如果你要建立一个明度和纯度的色彩矩阵，可以从那些你用过的色彩入手，否则色彩混合后的结果将非常难以控制。既然你将长时间、高频率地使用这个矩阵，那么就选择一种你所喜欢的色彩来建立色彩矩阵。在色彩矩阵的练习中，刚开始最好不要使用黄色，因为明度降低时它的色调会偏向绿色。

用它可以很容易地得到各种色相和色调的颜色。颜料是一种固体材料，通过对其进行色彩混合我们可以创造出无限数量的色彩，而且还可以实现色彩的微调。

在进行色彩实验时使用颜料也存在着缺点。因为混合介质是流体状的，所以其浓度很难控制。当我们在绘画中使用画笔力度不同时会产生半透明物和纹理，而这样可能会降低色彩本身所应产生的效果。此外，我们要用颜料再造出现实中某种特定的色彩也不太可能。如果在以前的实验中得到了某种黄绿色，以后几乎没有任何希望再次准确无误地把它复制出来。颜料的使用还需要一些配套的工具，如画笔、容器和调色板等。除非这些工具只是用来作摆设，否则它们也要耗费不少的金钱。另外一个需要注意的事情就是：事实上根本没有哪种颜料具有真正的三原色。颜料因为自身的不纯净而导致了这一问题，而这会使得在色彩应用时产生偏差。一些颜料制造商已经尽力提供尽可能接近红、黄、蓝三原色的颜料，事实却是，绝对纯净的三原色根本不存在。颜料中的各种红色都有点偏橙或偏紫，各种蓝色都会稍微偏绿或偏紫，各种黄色则会稍稍偏橙或偏绿。尽管在某些颜料产品中这些偏差很小，但是它们累积的效果却足以引起职业艺术家的充分重视。那些善于用色的人通常都会在手头备好三原色偏冷和偏暖的两种颜料。

如果要做基本的色彩实验，可以考虑使用水粉颜料。因为水粉颜料中有适宜的原色，当我们把它作为一种不透明的薄层介质来使用时，就可以减少半透明性和纹理带来的影响。水粉是设计者进行正式色彩渲染时使用的传统颜料。水粉可以产生光滑而且完全不透明的色块；也可以像水彩画那样用水稀释来对透视图进行渲染。

## 色纸

近两代人转而将色纸作为色彩工作的重要工具，这种现象部分归因于性能稳定的有色材料的可靠供应。现在的纸张制造商可以提供无数种色纸，包括各种暗色（非彩色的暗色系）、浅色（非彩色的浅色系）和中间色调（非彩色的中间色系）。这些色纸我们采购回来即可使用，比用传统的色彩混合来寻求所需色彩要节省时间得多。色纸的制造商可以保证所用纸张材料具有相同的质地和不透明性，当然也可以刻意使用不同的材料来制造色纸，以达到对色彩样本进行比较的目的。这样做显然是有益的，因为实际应用中可以选择的材料是多种多样的，那么这些不同材料上的色彩混合样本可以作为我们参考的样本，便于日后选择合适的纸张精确地复制出所需的色彩。使用色纸比使用颜料所需的工具要少，但是色纸能提供的样本数量是有限的，所以有时我们可能找不到所需的色彩样本，而不得不用最接近的色彩来代替它。用色纸作辅助工具可能也会比较

### 使用色纸的小技巧

偏爱使用色纸的人也可以找到一些省钱的方法：对杂志海报、废弃的办公样书、印刷或装订废品进行裁剪后自己动手整理成册。包装纸、壁纸和颜料样本也可以拿来用。由于折纸工艺在色纸中的逐渐普及，色调一致并且变化步调较小的色纸越来越多。

如果对色彩的细微变化要求甚高，那么我们可能很难找到完全匹配的色纸样本。这时就可以通过使用不同的材质来解决这个问题。多数表面光滑的纸张可以反射更多的光线，所以其上的色彩样本可能比表层粗糙的色纸样本显得明亮一些。多数质地粗糙的材质则可以产生暗色调，而且当我们转动它们时，由于表面光线反射角度的变化还会引起明度的进一步改变。这对我们区别同一色相的不同色调十分有用。我们还可以将几张透明的色纸叠合以达到色彩混合的效果。对于印刷品，像素点之间的间距可能会影响整体的明暗感觉，所以当间距较大时可能会产生整体偏亮的感觉。

## 使用计算机的小技巧

使用计算机作为色彩工具有两个缺点。最大的缺点是价格问题。计算机色彩工作站对于设计者而言依然是一种昂贵的选择。这是由于图形处理对于内存和CPU的处理速度要求很高所导致的。幸运的是，有些零售商提供钟点色彩工作站的租赁服务，如果只是零星色彩设计工作，这也是一个可以考虑的途径。

第二个问题是在显示器上所显示的效果和打印输出的效果不一致。这个问题可部分归因于使用了两种不同的色彩混合方法。显示器使用了色光的加法混合，而打印机使用的却是墨水这种实体颜料的减法混合。两种方法的机理不同，其显示效果自然会有细微差别。在实际应用中它们的色彩公差各不相同，我们一旦改变了设计文件的存储格式，其色彩就可能会产生某些不同。在编写本书的时候，情况正在好转；但是对于我们寻求精确色彩表现而言，显示与输出的矛盾仍然是使用计算机进行色彩设计的一大障碍。我的建议是固定使用相同的色彩工作站和输出设备，这样我们就可以基于平素的经验积累来解决两者之间的矛盾。例如，如果想打印输出某种绿色，根据经验，显示器上的绿色可能要偏冷才能匹配，相应地对其进行调整就可以了。

昂贵，因为色彩样本的数量要靠自己平时不断的积累。当然，市场也有几种收集了大量色彩样本的价格不菲的图册可供选择。“Color-aid”是一个很流行的丝印色纸品牌，其产品既有色纸图册，也有单独的色纸可供选择。

### 计算机

计算机作为色彩工具越来越流行。它首先涉及基本硬件配置（个人计算机及显示器、键盘、鼠标和外设）、可以进行色彩选择和进行色彩混合的应用软件以及色彩的打印输出（硬拷贝）。计算机的显示器有三种色光的电子枪，即分别发射红、蓝和绿三色光的电子枪，它们在显示器屏幕上进行加色混合。当它们进行加色混合时，可以产生并得到全彩系列的所有色彩。我们可以通过增加投射到显示器上光线数量的方法得到明度较高的色彩；同样，我们也可以通过减少投射光线数量的方法得到明度较低的色彩。

我们使用计算机进行色彩实验的最大优点是它能够提供无穷无尽的各种色调和相应的色彩混合。严格依照规范就可以实现色彩的复制。我们可以记录下那些行之有效的色彩调配方式，从而实现色彩的再造。在计算机上我们还可以实现对色相、明度和纯度的微调，而且这些色彩只要经过调校就可以与其他介质上的色彩标准相匹配了。当我们最开始使用计算机进行色彩设计时会受到一些技巧方面的限制。因为此时色彩是由色光而不是颜料产生的，所以明度较高的色彩一般纯度也较高。计算机只能通过减少色枪射到显示器屏幕上的光线数量来产生暗色，所以制造黑色和其他明度较低的色彩就困难得多。显示器所能产生的最暗的色彩取决于关机状态下屏幕的自然色彩，而早期计算机显示器所显示的不是黑色而是暗绿色。最近随着技术的发展，这个问题已经解决，所以现在网上十分流行使用黑色来追求强烈的对比效果。

# 第三章
# 色彩对比

色彩间的某些特性差异可以引发我们的极度刺激与兴奋，或者至少引起我们对色彩构成的兴趣。把这些差异组合起来就是我们所说的色彩对比现象。当两种或更多种色彩同时使用时会表现出十分明显的差别，这时就产生了对比。这种关系构成了视觉色彩混合中独一无二的复杂性。人们对色彩对比的反应取决于头脑中对该色彩对比强弱效果的记忆。

可以用7种（三维设计中则是8种）方法产生两种或更多种色彩之间的对比。这些色彩对比方法提供了对色彩进行调整的方法，以达到强化色彩间差别的目的。同样，精心选择背景色也可以加强主色调之间的显著对比。色彩对比通过强化色彩之间的差异而使色彩本身的特性得到加强，这样就会激发个体色彩体验时的某种反应。当设计意图就是刺激观众时，色彩对比肯定可以加强这种效果。但是如果希望产生一种微妙的效果，使用色彩对比就会适得其反。

本章将探求色彩对比的有效途径。为了清楚地说明这一点，在这里首先介绍一下二维设计中某些有趣的色彩对比现象。本书还会提供这些色彩对比效果在三维设计中应用的实例。

## 强烈对比

各种色彩对比所产生的效果是不同的。某些色彩对比的效果十分强烈，而有些色彩对比则十分微妙，须经过仔细地观察才能发现。为了区分色彩对比的效果，我们将它们分为三类：①大家很容易感受到的强烈对比；②某些微妙复杂场景下使用的弱对比；③对创造最具挑战性的综合对比。我们首先说说它们之中效果最为强烈的一种——强烈对比。

## 明度对比

已知的最强烈的对比形式应该是明度对比，或者称为明暗对比。明度对比涉及明暗色彩共同作用时双方的相互作用。几乎每一个人无论其是否存在视力缺陷，只要能够看得见东西，就可以感受这种对比效果。诸如灰色、黑色与白色等非彩色的各种明暗色调与某些色相或某一色相的色调就可以产生这种对比效果。如果为了增强对比效果，构图中可以把最亮和最暗的色彩安排在一起。明度对比的效果强烈而且使用起来也很方便，所以可能是设计实践中应用最广泛的一种色彩对比。

## 用法

美术设计中明暗混用以产生对比效果，也就是人们所说的“明暗法”。许多著名美术作品根本不用任何色彩，仅仅只是使用了“明暗法”就取得了非凡的效果，如铜版画、亚洲山水画和现代漫画就是其典型代表。印象派画家尽管大量使用各种浅色和深色，但是他们经常依赖于明度对比产生视觉冲击。建筑设计中，经常使用白色强调建筑的形体，它和建筑阴影可以产生对比的效果。黑色常常用以达到建筑结构溶入阴影而“消失不见”的效果，例如，在具有通透的开敞式格栅结构吊顶的建筑顶面。

明度对比产生的原因是物体表面吸收和反射光线的能力不同。黑白对比是最强烈的色彩对比，这是一个使用色彩数量最少而效果最强烈的极端性色彩对比实例。黑白对比最强烈是由于黑色和白色对视网膜的作用完全相反所导致的。白色使视网膜兴奋，而黑色使它平静。当两种色彩同时作用时，眼睛会同时作出反应，瞳孔不得不快速膨胀和收缩。明度高的图像根据其明亮程度在眼睛中留下相应的刺激，这时的视觉余像是偏暗的；而明度低的图像的视觉余像则是偏亮的。

深灰和浅灰所产生的明暗对比效果就要和缓一些。每个人所能辨识的灰色数量是不同的。但是通过不断地实践，任何人都可以提高自己对灰色的分辨能力。值得注意的是，我们对亮色的分辨能力优于对暗色的分辨能力。为了展现色彩明度由最高到最低的变化顺序，我们建立了明度等级。基于上述原因，越接近暗色则明度等级间变化的百分比就越大。这意味着在连贯一致的灰阶变化中，最亮两种色彩所含灰色差值大约只是明度值排在第二位和第三位两种色彩所含灰色差值的一半。如果要保持灰阶变化的一致性，那么第三位和第四位间的差值会是最亮两种色彩间差值的4倍。图3.1就展现了这种对比的效果。图中左边是算术递增的灰阶变化，其灰阶变化的百分比是相同的，但是看起来好像最上面两种灰色间的明度变化值要大一些。右边是几何递增的灰阶变化，其灰阶变化的百分比是根据几何级数增加的，用以说明人类对于明度变化的真实

**图3.1** 左侧算术递增的灰阶呈现了一种明度变化百分比相同的均匀变化。右侧的几何级数递增的灰阶尽管明度变化幅度是倍增的，但是看起来其变化却好像更加均匀

感觉。

非彩色系和同一色相明度系列的变化很容易分辨，不同色相的色彩之间的明度差异则不太显著。如果它们的纯度不同，要比较它们的明度就更加困难。色彩构成中使用的色相越多，则影响视觉感受的因素也越多，这时色彩之间的明度差异感觉可能会变得模糊起来。图3.2中，由于有效地控制了色相范围和色彩纯度，明度对比成为主要的表现手法。

## 色相对比

另一种人们可以马上感受到的色彩对比就是色相对比。色相对比强烈与否同色彩构成所选各种色相之间的区别是否明显有关。在这里所选用的色相至少要有两种或三种，甚至更多。如果选用的色相之间没有互补关系，那么它们在色相环上相距越远，效果就越明显。所用色彩纯度越高，这种对比效果就越强烈。但是用来产生色相对比效果的色彩不一定要具有相同的纯度。它们的色彩浓度也不一定要相同。某些色彩在构成中可能占据了大部分的空间，这样可以突出主色调，其他色彩则成为从色调。有些色彩构成则通过保持色彩之间的空间均衡达到一种强烈的平衡感，图3.3就是用的这种方法。

另外一种增加色相对比效果的方法是用黑色与白色作为衬托。白色可以使其他的色彩显得更加丰满，而黑色则会让其他色彩更加明亮。根据所选色相的不同，这两种方法都可以增加色相对比的效果。这就好像黑色污渍使玻璃变脏的效果一样。

### 约翰尼斯·伊滕

瑞士画家约翰尼斯·伊滕（1888～1967年）对色相对比的诠释也许是最好的。他以画家的身份开始其职业生涯，1919年成为德国魏玛包豪斯学校（the Weimar Bauhaus school）的一名教师。他的同事包括建筑师瓦尔特·格罗皮乌斯（Walter Gropius）和路德维希·密斯·凡德罗（Ludwig Mies van der Rohe）、画家保罗·克利（Paul Klee）和瓦西里·康定斯基（Wassily Kandinsky）。这个工作团体选择了色彩工作的不同方向：建筑设计的训练是通过选择材料而致力于物体色的表达；美术家则侧重于研究色彩行为和色彩心理。伊滕作为后一个阵营中的一员，将色相的物理特性和色彩行为的心理解释作为设计的核心要素，并以此为基础建立了第一个关于形态与色彩构成的基本课程，该课程中包括了色相对比和色彩调和。1924年他离开包豪斯学校，在柏林开设了自己的艺术学校，直至1934年为止。

### 用法

服装、刺绣和人造珠宝经常用到色相对比。在中世纪以来的美术作品中也大量使用了色相对比。现代只有皮埃特·蒙德里安（Piet Mondrian，1872～1944年）和康定斯基（Kandinsky，1866～1944年）等少数几位画家经常使用色相对比。在建筑设计中，当材质差异不明显时，则经常用空间上的色相对比以产生强烈的对比效果，如图3.4所示。

## 色彩的面积对比

所有的色彩都有某种程度的固有力量或者吸引注意力的趋向。根据明度和纯度的不同，每种色彩所表现的这种力量的大小也不同。两种色彩如果处于完全饱和状态——也就是浓度最高的时候，其中明度较高的将会显得更有力量。同样，如果它们的明度相同，则纯度较高的将会显得更有力量。为了验证这一点，可以参看第二章图2.6中的扩展色相环，哪一个色块会首先引起你的注意呢？色彩的面积对

**图3.2** 本图中室内设计的明度对比效果强烈，所以每个色块的界限非常清晰［设计：弗兰斯博格联合建筑事务所（Flansburgh Associates）；摄影：格雷格·普雷鲁（Greg Premru）］

图3.3　这幅作品是一个色相对比的例子［设计：萨拉·休因斯（Sarah Hewins）］

图3.4　此处色相对比的应用使得我们更关注其空间特征。色相对比的布置成为达成这种效果的有效工具［室内设计：格里斯伍尔德、海克尔和凯莉联合建筑师事务所（GHK）；摄影：© 托马斯·林纳/超能镜公司（Thomas Lingner/The Able Lens）］

比或范围对比是一种刻意追求的效果，人们希望以此打破具有不同视觉冲击力的色彩之间固有的力量均衡，从而产生视觉紧张或视觉兴奋，或者在色彩合成中产生强调的效果。色彩的吸引力来自于两个方面：首先是相对力度，它由明度和纯度所决定；其次是范围大小，也就是它所占据面积的大小。改变所选各色彩的具体用量可以突出各种色彩视觉力量的不同以产生强烈的对比关系。为了保持任意两种色彩在构成上的平衡，必须使用一些范围虽小却力量较强的色彩。经过色彩面积调整，如果各种色彩得到了整体力量的均衡，也就达到了我们所常说的面积平衡。这时各种色彩所占比例就反映了其自身的视觉力量——在整体布局中视觉力量较大的色彩所占比例反而较小。这时如果对色彩用量进行调整，就会打破已经建立的平衡。把所有的原色和间色的纯色放在一起进行比较时，可以发现黄色由于其自身明度较高，即使用量比紫色和蓝色少也可以保持较强的视觉力量。红色和绿色的视觉力量几乎相等。对于各种色彩的纯色，歌德建立了量化的相对明度值，他称之为光线明度。与歌德同时代的亚瑟·叔本华（Arthur Schopenhauer，波兰人，1788～1860年）用歌德明度值的倒数建立了他的“色彩协调面积”，他指出了各种色彩为了保持平衡应该占用的相对面积。图3.5用实例说明了歌德和叔本华所建立的指标。

在面积对比的某些极端个例中，那些用量较少

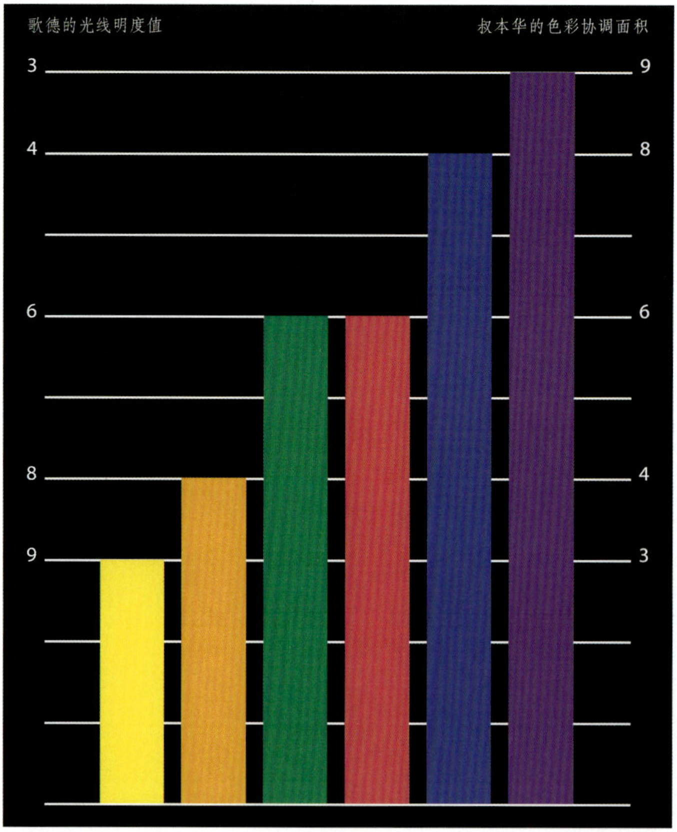


**图3.5** 本图展示了6种基本全饱和色与其视觉力量对应的用量比例。紫色用量必须是黄色的3倍才能取得均衡（叔本华的观点）。换言之，黄色的视觉力量是紫色的3倍（歌德的观点）

## 用法

在设计中如果只有色彩工具可以利用，关于色彩范围对比的知识将会十分有用。例如，如何设计一个顶棚很高的特大型起居室？像这样一种空间的主色调通常要采用明度中等的浅色，且是非彩色或低浓度的色彩。作为对某一大面积色彩的平衡，可以在主色彩之外采用面积很小但视觉力量较强的局部强调来吸引人们的视线。这种作法在图形设计、展览设计和工业设计应用中都十分有效。面积对比经常用来产生视觉焦点——公司标志、关键词目或贵重装饰物。在图3.6所示的面积对比的实例中，该零售空间的设计中刻意使用了非彩色以突出商品的高饱和度，这样可以吸引顾客对商品的注意。

的色彩可能会发生某种抵制性的反作用，从而产生视觉摇摆，如图3.7中的两个实例所示。在纯文本环境下，这种效果会显得十分明显。这种由于色彩之间的极度不平衡产生的运动也可能使人产生空间上的混乱感，所以在室内设计和建筑设计中用得很少，除非是夜总会或者是娱乐中心。

**图3.6**　这个设计说明了应该如何运用强烈的色彩面积对比牢牢地吸引顾客的注意力［卡洛斯-博格麦尔联合建筑事务所(Carlos-Bergmeyer Associates)；摄影：©陈露西（Lucy Chen）］

图3.7 这些色彩组合展示了运用色彩面积对比时可能出现的摇摆现象。要体会这种感觉，可以覆盖其中一个图块，注视剩下的那只图块；过一会，交换着看另外一个图块。大多数人都会发现至少一个图块（或者两个图块）发生了运动

## 弱色彩对比

前面提及的色彩对比都具有强烈的视觉效果，但并非所有色彩对比都是如此强烈的。有些色彩对比的效果比较温和，在较为保守的用色中它们更加有用。这些色彩对比和强烈的色彩对比一样清晰明白，但是认识它们却困难得多。为保持一致性起见，我们称之为弱色彩对比。

## 色温对比

同时使用冷色和暖色产生的色彩对比效果就是色温对比，我们也称之为冷暖对比。根据色彩给人的感觉，暖色包括黄色系列、黄橙系列、橙色系列和红色系列；冷色包括绿色系列、蓝绿系列、蓝色系列和蓝紫系列。而黄绿系列和紫色系列的冷暖取决于相邻色的色温，如图3.8所示。蓝色和橙色是色温的两个极端，给人的冷暖感觉最强烈。越靠近这两种色彩，则逐渐变得越冷或越暖。

当设计中所用色相数量有限时，冷暖对比是最有效的表现工具。如果能使冷暖色调具有相似的明度同时又保持相互间的冷暖对比，将有助于色彩对

### 用法

印象派画家雷诺阿（Renoir）、莫奈（Monet）和塞尚（Cézanne）经常使用色温对比以激发观众的情绪和吸引他们的注意。在现代社会中冷暖对比的实际应用也比较多。在进行大空间、运动保健和类似治疗场所设计时，色温对比的直接效果对于主要色彩的选择具有一定的指导意义。想想20世纪50年代的管道安装工程，水温是由色彩加以区分的——红色表示热水，蓝色表示冷水。深红色经常用以标识燃具设施；按传统的做法，我们使用具有不同对比色彩的毯子（粉红色和蓝色）来区分新生儿的性别。色温对比作为空间设计的一个要素，经常应用于大型公共建筑的设计。图3.10和图3.11的例子中，建筑师将一侧的墙面设计成暖色，对面的墙面则设计为冷色，从而在主要通道上成为为人们指示方向的手段。暖色将人们引向活动的功能区；而相对较冷的色彩则将人们引向安静的功能区——图书馆。

**图3.8** 这两个色彩组合显示了色温对比的效果。两个色彩组合采用了相同温度的绿色，但是，由于贯穿每一种组合的色温方面的差异导致我们对这同一种绿色产生了不同的冷暖感觉。其实，左上角和右下角的绿色是完全一样的

比效果，不过此时明度对比就成为了次要手段。与色相对比一样，增加色彩的纯度可以强化色温对比的效果。但是，非彩色的冷暖对比也是一种有效的弱对比，如图3.9所示。

大多数人对色温产生的对比效果较为敏感，这可能是由于生理反应所产生的结果。当我们注视波长较长的色彩（如红色）时比注视波长较短的色彩（如蓝色）时，眼睛的晶状体要凸起和弯曲一些，这与近距离视物时的情况一样。而注视水平线时人们的眼部肌肉是放松的，这和眼睛专注于冷色时肌肉调整的方式非常相似。这种生理调节会引起我们对于色温变化的注意。在某些极端的个例中，比如当强烈的暖色红色与强烈的冷色蓝色或绿色相邻时，可能会令人产生交界线在摇摆的感觉。

## 补色对比

当使用两种互补的色彩时，就形成补色对比或称互补对比。它在本质上是两种色相完全相反的色彩之间的色相对比。由于补色间是一种协调的平衡，补色对比的效果往往是生动的，而且也比其他的色相对比更容易被肉眼所感知，这也就使得补色对比的应用比较普遍。如各补色的色彩纯度越高、所占面积越大，则对比效果就越强烈；特别是当两种补色直接相邻时，其效果尤为强烈。如果同时使用不同的纯度和明度，可以增加补色对比的深度和复杂性。请记住：每种色彩有且只有一种相应的补色，但是非彩色却可以与亮色调或者暗色调都构成互补。

加色法混合或者色光混合的工作机理与颜料混合的不同之处在于：**两种互补的色光混合后会产生纯白的光**。使用视觉残像的方法可以找到任何色光所对应的互补色光。人眼看见某种色彩，特别是某些强烈的色彩，会自然而然地寻找与其相对应的加法性补色，从而产生相应的视觉残像。即使这种补色本身并不存在，我们“意识”中的眼睛还是看见了它。从生物学角度来说，这种“意识”中的补色可以让受到感觉刺激的视锥立刻松弛下来。这就意味着我们实际看见的减法性互补关系和标准色相环上所表示的并不一致，它们的实际关系更类似于加法性互补关系。例如，黄色所产生的视觉残像经常是紫蓝色；绿色的视觉残像则是紫红色。为了体会

### 用法

在三维设计中使用补色对比时，如果两种补色的用量不同则效果更为明显，所以我们通常都会采用这种方法将两种色彩并置，用以强调其中一种色彩。例如，灰绿色的颜料可以和少量红色搭配着使用以产生强调的效果。补色经常用于时尚设计以强调主要特征，也用于建筑设计以勾画空间形体轮廓。图3.12的例子中，建筑师使用了互补的橙色和蓝色与中性的亮灰色来描绘建筑的外部形体构成。

**图3.9** 此处的色温对比使非彩色呈现偏冷和偏暖两种状态，从而营造出复杂的色彩氛围［设计：弗兰斯博格联合建筑事务所；摄影：©理查德·曼德尔科恩（Richard Mandelkorn）］

**图3.10** 本图中的暖色调和图3.11中的冷色调使同一个公共空间表现出不同的特点［设计：佩里·迪安·罗杰斯(Perry Dean Rogers)及其合伙人建筑师事务所；摄影：©史蒂夫·罗森塔尔（Steve Rosenthal）］

**图3.11** 文字说明参见图3.10（设计：佩里·迪安·罗杰斯及其合伙人建筑师事务所；摄影：©史蒂夫·罗森塔尔）

这种互补规律，你可以以白色的墙体为背景来观察某种高纯度色彩的色彩样本，盯着看几分钟后移开色彩样本，而视线则停留在墙上。这时，在先前放置色彩样本的位置上，会出现一个与原先的样本形状类似、色彩互补的色彩样本。这是因为当我们专注于一种色彩，而移开色彩样本之后，在头脑中会自然产生视觉残像以松弛视锥的缘故（提示：如果用某种色彩进行尝试并不成功，我们可以尝试用其他不同色相的色彩。因为视锥和身体其他器官一样，对不同补色的反应是不同的）。

## 纯度对比

色彩的纯度对比主要涉及某种色相内部各种浓淡色彩的运用。色彩的纯度对比依赖于对色彩饱和度控制的能力，所以只有减法性色彩才能产生这种效果。因为白色光中各种色彩都是同样的最高纯度，这意味着要降低它的强度，只能减少光线数量。

降低减法性色彩纯度的方法很多，其中一种方法就是加入白色。这种做法可以使色彩更柔和，在彩色蜡笔画中这种效果就十分显著。另外一种方法就是加入黑色，这样可以产生宝石般丰富的色调。当然黑色和白色同时使用也可以降低其色彩的纯度。如果希望在改变色彩纯度的同时又保持其明度不变，在色彩中加入相同明度的灰色就可以了。图3.13的色彩构成中不同纯度的彩色圆点构成了色彩对比，而它们的明度是相同的。只有在背景色的明度较高时，纯度对比才考虑同时加入明度变化（提示：如果你要确认你所用的色彩只有纯度对比而不希望明度对比，可以试试用黑白复印机影印，色彩只要明

图3.12　这个科技中心充分应用了色彩对比来表达建筑体系。它的外部色彩就形成了色彩的互补对比［设计：佩里·迪安·罗杰斯及其合伙人建筑师事务所；摄影：爱德华·雅各比（Edward Jacoby）］

## 用法

在绘画中，纯度对比通常与其他形式的对比同时使用，以将人们的视线从背景逐步吸引到前景，或者产生相反的效果。在高档室内装饰中材料变化会导致纹理的多样性，从而产生设计中常见的细微纯度对比。这些微妙的纯度对比不但不会转移人们对细部特征的注意，反而更加强调了这些细部。纺织品通常采用纯度对比的方法进行编织以表达其纹理的深度，因为其他较强烈的色彩对比形式会使纹理显得平板而单调。纯度对比也以更复杂的形式用在建筑立面或室内空间之中从而使建筑物更具秩序感。在图3.14的实例中为了强调而使用了一种较为夸张的纯度对比。

**图3.13** 这幅作品中使用了纯度对比来改变圆圈中的色彩。这里使用了降低强烈色彩的浓度以使其色调柔和的表现方法

度相近而不管其纯度如何，其影印效果是相同的）。

## 综合对比

某些情形下的色彩对比是不能被相片捕捉，而必须由肉眼去体验的。在这里我们称之为综合对比，因为它们更难以运用并会在某些无意识的时候发生。要理解这些对比，必须体验自发的残留影像所产生的效果（参照“补色对比”的练习来建立这种联系）。简而言之，色彩刺激越大，则所需的色彩调剂也越多。当使用强烈的色彩时，眼球的视网膜会对

## 米歇尔·谢弗勒尔

米歇尔-尤金·谢弗勒尔（Michel-Eugène Chevreul，1786～1889年）］是一个有着广泛爱好、多才多艺的法国人，色彩是其爱好之一。他研究语言学、数学、物理学、化学、矿物学、博物学、哲学、考古学、占星术、巫术和精神现象。1824年，法国国王路易十八任命谢弗勒尔在戈博兰（Gobelins）皇家制造厂担任染色主管的职务。在这个位置上，当他试图解决顾客对戈博兰染织品品质的抱怨时，发现了环境对色彩感知的影响。为了解决环境的影响，他系统地分析了色彩的视觉效果并把他的发现以图集的形式进行了公布。其资料包括平版印刷、手绘和染制的色彩样本。谢弗勒尔的学说在法国的艺术学校产生了巨大的影响，影响的人群包括印象派艺术家和新印象主义艺术家。谢弗勒尔更进一步地阐明了明度和色相对比的效果、色彩调和、色彩对环境的影响等问题，特别是阐明了同时对比与视觉残像（也就是他所提到的连续对比）的现象。

图3.14 当许多方案使用纯度对比这种更为微妙的对比手段时，该空间的瓷砖设计者使用了极端的纯度对比以突出标志图样和家具这类关键物品（设计：ADD有限公司； 摄影：©陈露西）

这种色彩刺激产生反应——寻求一种对立形式的平衡来缓解这种刺激。色彩在完全饱和状态下可以产生这种效果，例如高纯度的红色。或者，色彩在极端明度条件下也能产生相同的结果，例如黑色和白色。人眼寻求缓解刺激的这种倾向会影响人们对于相邻色彩的感知，并引起下列两种对比效果。

## 同时对比

同时对比，或者称之为同时发生的对比，是在一种强烈的色彩对另一种色彩产生影响的时候发生的。当不止一种强烈的色彩同时呈现在人们面前的时候，色彩的同时对比会对每一种色彩都产生影响。在这种强烈的刺激下，人眼对色彩浓烈时的色彩反应是以其色相的补色的形式来寻求和谐，而对于极端明度时的色彩反应则是以与其相反的明度的形式来寻求和谐。在这种期望出现某种色彩而没有出现的地方，人眼因自身的调剂所作出的搜寻会引起余像（即残留影像）的自发产生。当人眼产生某色彩的补色余像时，该色彩所展现的色相就会发生变化。当眼睛从一种浓烈色彩移到另一种浓烈色彩的时候，依照相邻色彩的浓度的大小，我们的色彩感受会受到不同程度的影响。如果中间灰度的纯灰色块被暖色包围，它将呈现出一种偏向于与该暖色互补的冷色调的浅灰色。而如果它是被一种深色包围时，它则会变浅。但是，如图3.15所示，当两种强烈的色彩并列呈现在人们面前的时候，它们倾向于相互产生影响。在这个例子中，人眼在寻求作为橙色的补色的蓝色，这就使得蓝绿色变得更冷，而同时浓烈的绿色又使得橙色显得更红。这就是同时对比。

同时对比可以在任意两个色相的色彩之间产生，即使它们两个不是真正的补色关系。两种色彩中浓度较低的受余像的影响最大——灰色最容易受到同时对比的影响。而两种色彩浓度相同时，余像的作用就比较弱。每一种色彩都以补色的方式影响着其他的色彩，改变着人们对两者的审美体验。同时对比的加强可以通过加强以下三个方面获得：浓烈色彩的纯度；浓烈色彩的相对比例；或者两种色彩实体接触面的边界数量。为什么会这样呢？这是因为，纯度越高就意味着视锥的工作强度越大；大面积的色彩比小块散碎的色彩更容易引起同时对比；这种对比的影响主要沿着两种色彩相邻的边界发生——更多的边界意味着更多的影响。图3.16显示了这种效果。由于同时对比的影响，初次看见这幅作品时，要确定其中的色彩数量是很困难的。

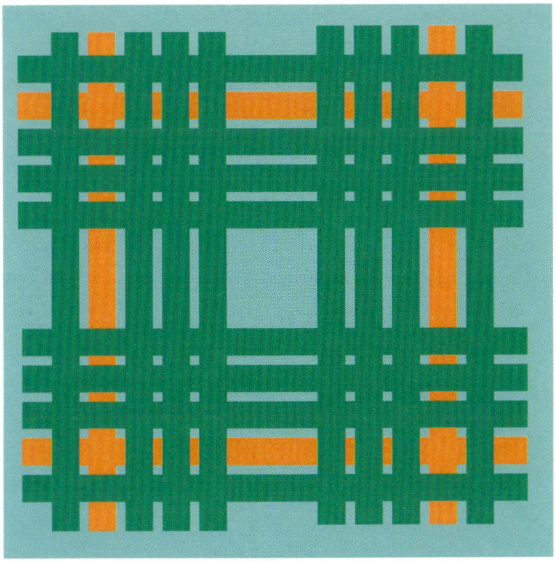

**图3.15** 在这幅作品中，由于同时对比的作用，橙色和绿色互相强调

M.E.谢弗勒尔第一个使同时对比这一概念成为人们普遍接受的术语，而这一术语是在他的《色彩协调与对比的原则》(The Principles of Harmony and Contrast of Colors) 一文中首先提出的。他指出，余像会赋予视觉动态的品质。它们会发生转移和消退是由于人们目光注视的地方不同从而使得它们看起来更大或更小。如果当它们消退的时候我们眨眨眼睛、转移视线或者调整一下视域范围内的光线水平，那么它们又会重新呈现在我们眼前。他还相信，当色彩的明度相似的时候，同时对比的效果会更强烈。当然，要真正感受这种效果，你必须

## 用法

在绘画这个艺术世界里可以找到许多同时对比的实例。作为一个群体，17世纪欧洲的肖像画可能是最好的例子。为了使顾客皮肤的色调充满健康的光彩，艺术家们通常都会给背景加上浅色的调子。因为背景的面积很大，其简朴的色彩会引起面部色调丰富的同时对比，使得主体变得更为逼真而且富有活力。在建筑设计中，同时对比作为一种刻意追求设计效果的手段，既流行，又不流行。它应用于小尺度的图形以产生穿透力，或者用于边饰以突出焦点物体。我们需要了解同时对比在设计中的影响的最主要的原因就是，当这种对比不自觉地发生的时候能够对其进行控制。当两种完全不同的色彩相邻时，同时对比可能会出现在它们相互接触的表面上。为了消除这种影响，可以调整其中一种色彩的色相让它们更相似，也可以降低其纯度，或者在其中间使用过渡的非彩色。当色彩边界用非彩色（比如黑色、白色或灰色）勾勒时，可以将同时对比的效果降到最低，因为这些非彩色形成的边界允许眼睛在两种色彩之间得到休息。

**图3.16** 在这幅作品中有多少种色彩？事实上只有三种：橙色、暖绿色和深蓝色

亲自尝试，**因为同时对比纯粹是眼睛的生理反应所产生的结果。**

## 连续对比

我们最后所要讨论的一种能够在三维设计的应用中产生重大影响的对比就是连续对比，这种对比的产生类似于同时对比，而它与同时对比的不同之处就在于，连续对比是由于物体或者眼睛的运动而产生的。当我们在注视二维作品的时候，眼睛在相邻色彩表面滑过时就会发生连续对比。而在三维作品中，这种移动就涉及从房间到房间的转换。同时对比的影响是立竿见影的，而连续对比则要过一段时间才会发生，尽管这只是很短的一段时间。与同时对比一样，在纯度和明度水平都处于极端状态的那些色彩是最容易产生连续对比的。在这一过程中，眼睛首先会适应一种色彩，而这种适应会影响到我们对紧接着出现在视野中的其他色彩的感知，这种影响就是产生与其色彩互补的余像。当观者注视着一种非常强烈的色彩之后紧接着就去看一种不同颜色的背景时就会发觉背景色将受到前一种色彩的影响。连续对比可能会造成色温、色相或明度的改变。为了体验这种影响，请参考图3.17中两个部分的图解。

### 用法

尽管同时对比现象早在19世纪中叶就由谢弗勒尔所证实，但是相对于其他的对比形式而言，它目前仍然未得到充分的利用。它最经常地是用于强调整体色调的变化。当电影场景从一种状态转变到另一种状态时，比如从午夜后色彩昏暗的夜总会场景转变到黎明时日光照耀的明亮海滩场景时，电影摄制者就会使用连续对比的手法。前面的那一个影像对紧随其后的场景的影响力会更大一些。如果这是一个连续稳定的变化过程，连续对比就能够加强这一系列空间变化的影响。一个冷的空间会使其后的空间感觉更温暖，一个黑暗的过道能够使其后的空间感觉更明亮、更宽敞。在其他场景设计中，可使用能改变光源的彩色透明滤光板来变化某空间内的色彩组成。当我们旋转一个彩色碟片时，它所投射出来的变化的色彩会引起该空间内色彩的连续对比。

## 解析对比

每种色彩对比都能够强化相互的色彩关系，增加色彩的复杂性，引起每种色彩感知的微妙协调。为了确保作为一种工具的色彩对比的效力，我们必须注意两种倾向：一种是对比色彩之间相互影响的倾向；另一种是色彩对比趋于极端或对比色彩之间相互消融的倾向。在这里我要提出些忠告。

### 色彩影响

我们都知道眼睛会不知不觉地把相邻的色彩进行特征比较。如果色彩没有共同特点，每种强烈的色彩都会在其他色彩上显现出它的补色。如果这两者是补色关系的话，可以使这两者的浓度都得到加强；而如果它们不是补色关系的话，就会产生同时对比。下面给出一些控制色彩对比的小提示。

**图3.17** 该图旨在阐明连续对比。盯住左面的方形图案几秒钟后把视线聚焦在其中心的小×上，然后把视线转移到右侧方框中的×图形上，一个连续的图像将出现在白色方形所限定的空白区域内

• 当几种冲突巨大的色彩拥有共同边界的时候，**对比的效果得到加强**。换句话说，要对一种现有的色彩产生影响，就要在与其紧邻的地方布置大量对其有影响力的色彩。两种色彩彼此在形体上靠得越近，其对比的力量就会越强。

• 相对于整个区域面积来说，如果**两种不同色彩之间边界区域（拼接表面）的面积越大**，则对比就越强烈。两种色彩的一系列小面积对比较之两大块色彩的对比更有效，因为它们在外形上拥有更多的边界。如果增加相互影响的色彩之间的实体面积，或者在它们之间插入另一种色彩，那么色彩对比就会减弱。非彩色的边界处理弱化效果最大。

• 如果不想通过调整色彩自身来**减少一种色彩对于另一种色彩的影响**，那么就应该减少两种色彩中浓烈色彩的色块面积。

• 至于**色彩明度**，则是在很暗的背景之下，任何色彩都会显得更浅；而在很淡的背景之下，色彩就会显得更深。这一点对于非彩色和彩色来说都是一样的。白色会使色彩的色相更暗，而黑色则会使该色相更明亮（见第四章图4.17）。

• 处于暖色调环境下的**中性色彩**显得偏冷，而处于冷色调环境下的中性色彩则显得偏暖（见图3.8）。如果对比更强烈，例如明度对比时，色彩温度的影响则很少。实际应用中，色彩对比越强烈，则色彩之间的温度关系影响就越小。

• 当背景色比它的前景物体的色彩更浓时，物体的**浓度**将降低（见第四章图4.17）。相反地，如果背景色比它的前景物体色彩更中性化时，物体的浓度就将增加。灰色使色彩的色相更丰富、更纯，并由于其中性而展现出更少的明度影响。

• 如果两种色彩在色相环上彼此远离且不直接正对，那么它们两者将会彼此影响。**要使这种影响减到最小**，两种色彩的纯度水平都要降低。

在设计实践中，上述每一种色彩对比都得到了广泛的应用。通常我们会将这些对比彼此结合起来运用以形成更为复杂精细的对比效果。**当两种或者更多的对比混合运用时，通常有一种对比会最为显著而突出地呈现在观者的面前**。例如，当中等浓度的黄色和紫色在一起时，它们的明度对比较之色相

**图3.18** 在这幅《一月夜景》(Januray Noctarne)作品中，明度对比给予该幅图画以戏剧性的影响。商店的橱窗因其相当明亮的对比吸引着人们的目光。色相和纯度的变化只占了这些显著差别的一小部分，明度对比才是造成这种强烈对比的主要因素［由马萨诸塞州普罗文斯镇(Provincetown， Massachusetts)西米耶·玛丽莱斯画廊(Simie Maryles Gallery)提供］

对比或补色对比更为强烈。当橙色和蓝色被当作补色对比而组合在一起时，在精心的选择之后它们之间的色温对比可能更为明显。在大多数情况下，明度对比会因为它对眼睛的巨大影响力而凌驾于与其共存的纯度对比之上。色相对比能够却并非总是使共存的面积对比变得模糊而不明显。面积对比倾向于加强其他已经存在的对比效果。因此，它通常和其他形式的对比混合使用，例如色温对比和同时对比。

画家西米耶·玛丽莱斯因其发展了复杂的色彩组合而闻名。她的彩色蜡笔画和油画通常从近处看呈现出许多的色相对比，从远处看则其他的色调对比更为显著，正如图3.18的例子中所显示的那样。这幅作品证明，如果明度相近，则使用某个系列的色彩完全是可行的。但是，这种色相对比的效果却比不上其他更强烈的色彩对比方式——在该例子中这种更强对比指的是明度对比。因此，关键就是要认清在支持设计意图的色彩对比方式中，哪一种是统领全局的，哪一种是次要的。如果次要的色彩对比的效果与统领全局的色彩对比效果相近，那么为了保持这种主次关系，就必须进行适当的调整。

这里所描述的各种对比效果在本文的设计中都得到了运用。它们是用来强调重点、创造戏剧性效果和阐明作品深度的工具与手段。每一种色彩对比都能够以其自己的方式增加色彩组合中视点的层次感。但是，如果不能取得平衡，太多的色彩对比反而会显得过于强势。除了对比工具之外，还有几种保持色彩组合统一性的方法，它们能够使眼睛的视觉体验更为轻松。在下一章里我们将介绍这些方法。

# 第四章
# 色彩协调

在设计中，色彩可以用于唤起一种心情或情感。当我们的目的是要达到感官刺激的效果时，就要用大量极端的色彩对比；而当我们想要创造一种平静的环境时，就要选择那些拥有更多共同特点的色彩。我们所说的色彩协调就是指视觉的舒适，或者说是一种宁静的美感。

为了产生色彩协调，我们要把注意力集中于色彩组合的整体效果，而不是色彩的个别属性。在一个和谐的色彩组合中，色彩是非常容易被感知的，眼睛也能轻松地将所见的色彩传递至大脑。这时的视锥并非绷紧的，所以即使色彩之间存在持续不断的对比增加了视觉兴奋点的数量，也不会增加眼睛的负担。眼睛是放松的，却不是完全不工作。

有两种方法可以产生色彩协调的效果：一种方法是选择那些彼此之间比较类似的色彩；另一种方法是选择那些混合在一起能够形成光谱平衡的色相进行组合。本章将探讨这两种方法。

## 一致性的协调

如果使用彼此不同的色彩能使色彩组合更具刺激性，那么这也是我们减少色彩对比以增加颜色组合整体性的理由。因此，产生协调效果最简单的方法就是选择那些属性相类似的色彩。色彩越一致，效果越协调，因为眼睛浏览整个一组色彩更轻松。当色彩之间彼此越一致，它所包容的物体在人眼中就越容易以一个大团块的形式组合成为一个组群。为了方便，本章将这些方法统称为一致性的协调。在每种情况下，协调的感觉都来自于彼此之间相类似的色彩的组合。根据特征一致性的强弱，可以将协调分为以下四种类型：非彩色的协调、单色的协调、相邻色的协调和多彩色的协调。它们是基于合理控制色彩的一些相对而言比较直接的解决方法。

## 非彩色协调

只使用了单一的一种非彩色，或某种非彩色系列，就称为非彩色协调。这也就是大家熟知的非彩色设计。我们用于非彩色协调的色彩实例是灰色、米色、黑色和白色。各要素之间的变化是仅通过明度对比来实现的，而这种对比是可以通过改变物体表面的色彩和改变投射光线的位置以形成不同的阴影来实现的。

非彩色协调因其雅致的朴素而非常容易被人们所理解。在某些情况下，我们需要通过表面材料的不同来引起人们的注意力，如图4.1所示。在另一些

**图4.1** 这个政府部门接待场所使用了典型的简单非彩色设计，其中各平面或材料的变化都更容易被察觉。当日光照射在大面积的非彩色表面上时，这种效果更加明显［室内设计：格里斯伍尔德、海克尔和凯莉联合建筑师事务所；摄影：吉姆·威斯特法伦，威斯特法伦摄影工作室（Jim Westphalen, Westphalen Photography）］

情况下，它们被用作一些短时间出现的物体的背景，如在画廊中和食品供应区。使用这种色彩设计的风险在于它很容易流于过分简单，如果没有丰富的细节设计，观者就会对它失去兴趣。这种设计的另一个困难是设计者需要有极高的控制水平来进行最终的打磨。没有任何可以投机取巧的地方，因为最细微的色彩偏差都会使这种缺陷变得引人注目。

## 单色协调

单色协调涉及同一色相内的色彩选择问题，它们在明度或纯度上有变化，或者两者都有变化。通常我们都是通过逐渐增加色调、浓淡和（或）深浅来实现单色协调的复杂变化。正如非彩色的协调一样，这种形式的协调在视觉上也是易于领会的，但是如果它缺少变化的话就会随着时间的流逝而令观者失去兴趣。明度上的对比可以使单色协调更易于识别，我们也可以通过表面色彩或者光线的变化来使之易于识别。纯度对比可以在不使其形态发生变形的情况下增加观者的兴趣。在三维设计中，单色设计有时也会使用少量的浓重色彩以增加观者的兴趣，如图4.2所示。

## 相邻色协调

这里有几种使用两种以上的色相来产生色彩协调的方法。其中之一就是把那些在色相环上彼此紧紧相邻的色相（或者至少要非常靠近的那些色相）组合在一起。这就是我们所说的相邻色协调，或者正如某些色彩学家所提到的类似协调。由其复杂性

**图4.2** 该设计使用了冷色调的底色和一系列的明度对比，从而形成了自己的特点，其中所用的唯一浓度较高的色彩将我们的视线吸引到了设计者想要突出的焦点上［室内设计：格里斯伍尔德、海克尔和凯莉联合建筑师事务所；摄影：史蒂夫·霍尔（Steve Hall），©赫德里奇·布莱辛（Hedrich Blessing）］

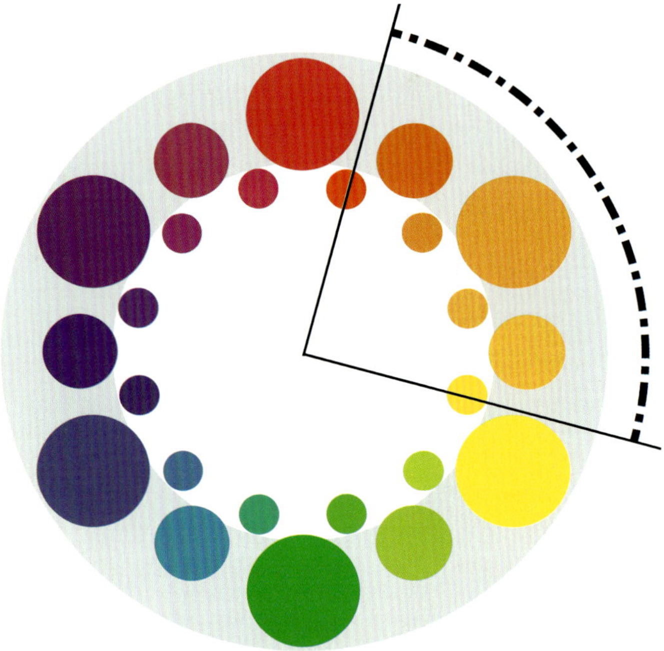

**图4.3** 只要相邻的色彩在色相环上相距不远，就可以产生相邻色协调（作者绘制）

可知，这种协调是在一致性色彩设计的基础上发展而来的。它的形成来自于这样一个事实：对于两种或者多种在色相上彼此接近的色彩，人眼倾向于以更多的类似性和谐地将它们混合在一起来认知它们。谢弗勒尔认为，两种相邻色相的同时对比会自然地引起它们的相互中和。无论如何，在相邻协调的情况下，它们所呈现出来的相似性比其他任何情况下都多。

两种或三种色相足以在不超越相邻距离限制的条件下建立一个和谐的色相系列。任何原色、间色和它们之间的三次色都可以被看成是相邻色。相邻协调通常都是围绕一种占主导地位的色相而展开的，与其组合的另外两种色相一般用量较少。在色相环上，这两种色相与主导色相紧紧相邻，分布在它的两侧或一侧。**问题的关键在于要限制色相的数量，包括限制主导色相之间的衍生色相的增量**，如图4.3所示。约翰·派尔（John Pile），一位著名的室内设计方面的教育家和作家，提出相近色彩的范围是在色相环上90°范围之内［《室内色彩设计》（Color in Interior Design）第90页］。在这个范围之内同时对比的影响增加了作品的复杂性，并引起视觉兴奋。在相邻色的设计中也可以进行明度和纯度上的变化，但是它们通常要受到整个作品协调的限制，不能超越其协调的范围。图4.4中的建筑外部色彩设计即是相邻色设计的一个例子。

在相邻色设计中，利用非彩色进行隔离可以使不和谐的色彩显得更为相似。当两种看起来一样而事实上却不是真正相同的色彩放在一起的时候，它们的差别沿着它们彼此相接的边界受到强化。但是，如果这两种色彩被非彩色隔离开的时候，它们之间看起来就会显得非常匹配。在时装设计中，为了使一件衣服或者针织套衫与着装者眼睛的色彩相协调，通常会采用这类方法。比如用颈部皮肤将服装与眼睛分开，或者使用构成色彩对比的围巾，从而使服装的色彩与眼睛近似来突出眼睛。着装者的眼睛也由于与其相邻的衣服颜色而显得更有神采。

**图4.4** 如果相邻协调在一个较小的色相范围内进行色彩选择，也可以包含较多或者数个不同色相的色彩。这里使用了小规格的面砖，并且辅之以色彩的变化，从而为一栋大型建筑建立起适宜的住宅尺度。其令人愉悦的视觉效果部分源于其所用色彩的色相范围较小［设计：弗兰斯博格联合建筑事务所；摄影：©罗伯特·本森（Robert Benson）］

## 多色协调

最后一种一致性协调是多色协调，有时也称之为差别细微的协调。在这种方法中几种在色相环中位置不同的色相被同时运用，并且只进行色相方面的对比。这就是它建立一致性的基础。它意味着色彩能使用的明度和纯度范围较小。只要能保持整体设计的亮度，可以选用的色彩范围就会较大，而且不会出现明显的混乱。**这时的和谐感来自于超越色相特征的一致性**。多色协调更常使用（但却不总是使用）低或中纯度和低或中明度的色彩，如图4.5所示。

有时一个多色协调的方案通过使用具有一致性的底色使得各种色彩紧密地联系在一起。这使得所

**图4.5** 该室内空间中的色彩丰富繁杂而不混乱，其原因就是所选用的色彩形成了多色协调。尽管选用了好几种色相，但是明度和纯度被控制在很小的范围内，使得它们和复杂的形式有效地结合起来了（设计：ADD有限公司；摄影：©陈露西）

选用的色相具有了某些类似性，尽管这些色相的选择并没有遵循某种统一的限制。底色可以由具有纹理的基本色彩构成，也可以是以印刷为媒介的纸张的本色，或者是由经纬纱线所构成的复杂纹理。当作品中所有的色彩都具有了统一的底色，各种色相的突出感觉就降低了。另一种在多色协调中常用的方法是使用浅淡而柔和的色彩，即几种颜色较浅且明度较低的色彩。还有一种不太常用但是也很协调的方法是使用暗底色，如用于衬托璀璨珠宝的底色。纯度极高的多色协调方式也有可能使用，例如儿童游戏区域的设计常常使用这种协调方式。可是，在高纯度色彩的组合中，必须遵守确保色彩协调平衡的指导方针以保证和谐的效果。这一点在使用高纯度色彩的组合中非常重要，因为此时眼睛的视锥很容易疲劳。为了保证眼睛的视锥能够得到休息，色相的平衡是非常必要的。在下一部分里我们再来对其进行详细的探究。

## 平衡的协调

接下来所要谈到的问题就是平衡的协调，因为它是以光谱色的平衡为基础的。在前文中我们已经提到过视锥的作用是将色彩摄入到人眼之中，并且为了缓解眼球受到的压迫它总是在自觉地寻找它所观测到的色彩的补色。**光谱色平衡协调的概念涉及如何在设计中选择那些能够松弛视锥从而令眼睛舒适的色彩。**色彩平衡是令眼睛愉悦的，因为它所给人的感觉是轻松的。通过整体的光谱平衡，观者能够感觉到一种视觉的平衡。在色相环上选择需用的色相时，其基本原则就是要令具有这些色相的色彩混合后能形成和谐的色彩。如果色彩组合所用色彩都依照彩色平衡来确定，就可以达到平衡的协调。换一种说法，如果色彩组合中所用的色彩能够混合起来，并且该混合能形成一种中性的灰色，这样的组合就是色彩的平衡协调。这种类型的协调有时也被称为对比协调，因为其色彩是从色相环中各个不同组成部分中得来的，它们本身就存在着对比关系。但是，在较复杂的色彩组合中，依靠选择和谐的色相来创造色彩的和谐平衡可能比前面讨论的其他方法更可行。

色相环是使色彩平衡取得协调的便利手段。一般而言，当我们横穿色相环画一条对角线时，沿着对角线对称分布的任何色相都是和谐的。该理论的前提就是，如果选择色彩时能根据色彩的波长加以平衡，这样产生的色彩组合总是会令人产生审美快感的。你可以绘制符合审美要求的色彩组合来测试这种方法。如果进行色彩设计时，色彩的一致性协调太过复杂，可以先试试在色相环上找到每种颜色的相应点，再把这些点连起来就可以看到该色彩集合所创建的多边形。如果该色彩集合看起来偏离了色相环的对角线，那么就调整其中的一种颜色使得它们所围合成的多边形的中心线能向对角线移动。每种色彩所占的数量比例不需要一样多，只要它们的相应波长能够取得平衡就可以了。

## 成对协调

令人印象最深刻的协调是补色组合。两种补色所创造的成对协调也被称为补色协调。其中任何一种色彩只要是从两种补色中的一种之中派生出来的，即使明度和纯度有变化，也可以称之为补色协调。在更加复杂色彩组合中，色彩的简单数量平衡转化为某种色相压倒其他色相而占据主导地位的情形。如果这时仍然取得了色相的平衡，其总体效果依然是和谐的。

利用成对协调能够得到一些生动的色彩组合而不会引起不和谐。一种办法是以一些小面积的浓烈、纯净的色调为主，环绕这些色彩布置大面积与其互补的阴影、浅色或色调。在使用两种低纯度的补色时成对协调同样有效。使用两种饱和色彩形成的完全补色对比会给人以强烈的刺激，但这仍然是一种光谱平衡，只要它们在色相环上是沿半径方向直接相对的两种色彩，如图4.6及图4.7中的三维实例所示。如果在室内空间设计中使用成对协调，那么这两种色彩最好不要使用相同的强度。对于一种强势的高纯度色彩，如果使用其补色，可以获得一种有益的缓冲。但是，如果它们具有相同的均衡势力，那就会失去视觉中心，因为它们会同时产生强烈的视觉冲击。所以最好让其中一种色彩占据主导地位，而另外一种则处于从属地位。

## 三元组协调

三元组是接下来要介绍的另一种比较复杂的色彩平衡。正如其名字所暗示，它涉及色相环中三种不同的色相。如果用直线把它们连接起来，就可以组成一个等边三角形。只有三种在色相环上分布均衡的色彩才可能产生这种平衡。如果使用三原色构建色彩平衡，其效果往往具有强烈的动感，如图4.8和图4.9所示。如果使用三间色，则效果会温和一些。如果在三元组中同时使用原色和间色，则可能产生类似于色相对比的弱色彩对比效果。一般而言，三

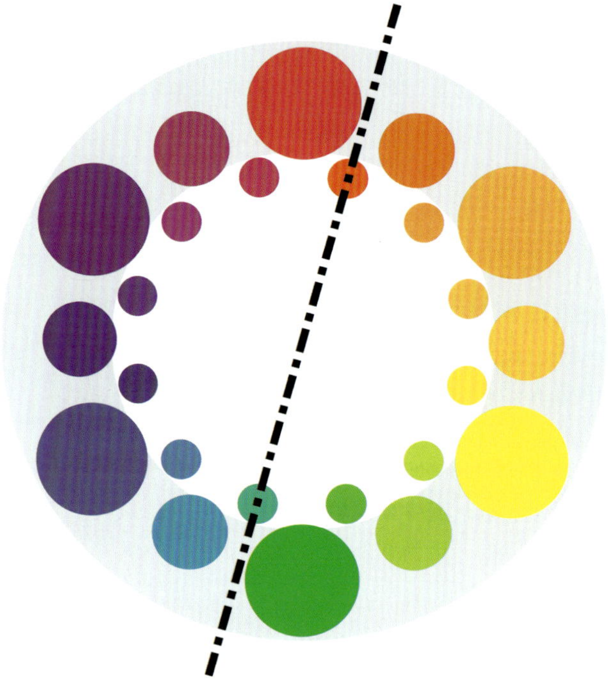

**图4.6** 在色相环图中，成对协调是光谱平衡协调的一种最简单形式（作者绘制）

**图4.7** 双色或补色协调可以使用纯度很高的色彩。本图使用的是光谱色的平衡，这种色彩协调让眼睛感觉十分舒适［设计：雷迪厄斯－博格麦尔联合建筑事务所（Radius-Bergmeyer Associates）；摄影：©理查德·曼德尔科恩］

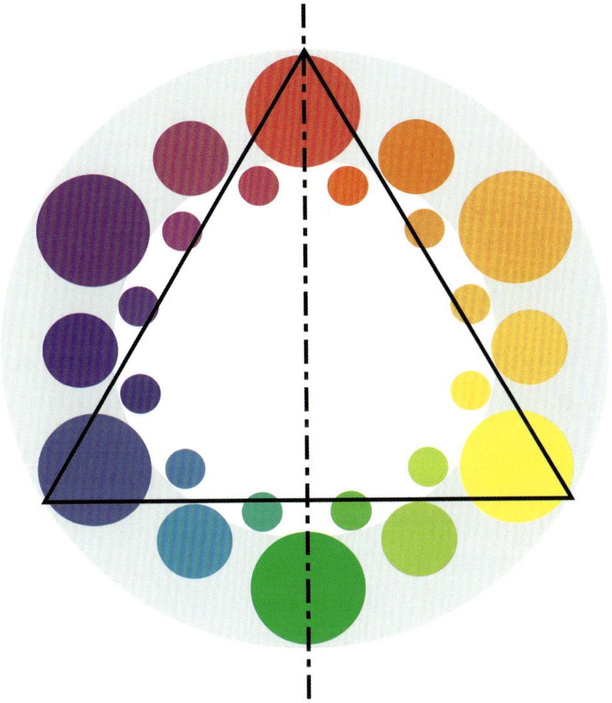

**图4.8**　色相环中的三元组组成一个等边三角形（作者绘制）

**图4.9**　在这个三元组中，其中各原色的纯度由全饱和逐次递减［设计：布莱尔建筑师事务所（Bryer Architects， LLP.）；摄影：©托马斯·林纳］

## 变化了的色彩协调形式



在某些要求使用多色混合的设计中，它们并不依赖于色彩的完全协调。有些人甚至建议使用四色、五色或者六色作为常用光谱平衡的补充。但是，这些色彩混合的协调有效性就远远比不上本章中讨论的其他几种传统形式了。通过教学试验，我们可以肯定这些传统色彩混合模式比随意的色彩混合要更协调。从理论研究的角度来说，这完全是合乎逻辑的，因为在色相环上这些协调构成的多边形具有平衡的中心线，还以色相环的中心作为重心，同时这些色彩还可能形成统一的灰色调。但是，接下来我们要说的色彩混合，其协调性就不如本章前边图示的色彩混合。这涉及一个“度”的问题。因为色相环上的色彩协调的位置特点决定了它在几何上是协调的，而在现实应用中色彩位置具有随意性，所以看起来就没有那么协调了。但是，这些不同色彩的混合建立了某种新的关系，可能不是很和谐，但或许它本来就不需要协调。

为了解释这种说法，有人举例说，任意两组沿中心轴线对称的色彩对，只要它们在色相环上形成的梯形中心与圆的中心重合，它们就可以形成四元协调。这可以参看图4.14上边的色相环，因为其几何形状为梯形，所以我们称之为梯形四元组。但是这种梯形协调远不及其他某些协调来得有力，因为它没有补色混合的直接性，相反它的某些色彩成分还缺乏某种必要的共生性。如图例所示，纯绿色和蓝－紫－蓝色相互之间过于游离，这可能会对观者产生不良影响。

同样地，将某个补色以其定位点为中心进行分离后进行色彩混合，或者互补的色相沿各自的定位点分离，都可以得到和谐的色相混合。其理论依据就是，如果两种分离色是真正平衡的，那么它们只要关于轴线对称，就必然形成一种均衡的协调。图4.14底部左边的图中，色相的位置就形成了一个五边形；如果加入另一个定位点，就可以变成六边形。在任何一种情况下，所有的三角形都必须包含圆心。传统色彩学中对此没有相应的定义，这里姑且称之为双重补色分离，其一致性类似于矩形协调，比较弱。这样的色彩组合比任意的五色或六色组合显得更平衡，因为它们的几何图形是沿着轴线对称的。从互补的色彩关系衍生出协调关系好像很容易，但是以此为基础形成眼睛所见的协调色彩组合却并非如此简单。在复杂的色彩组合情况下，各种色彩之间并不是非常协调，而且也不要求使用传统的色彩协调方式，这时双重补色分离就很有用。我们只需要将所用的色彩如图4.14所示那样在色相环中标出，就可以发现一种更协调的色彩解决方案，而且只需要对其中的某种色彩进行调节即可，并且这个调整方案只涉及纯度。总之，源于补色关系建立的协调关系将总是比那些不太在意眼睛视觉原理的色彩方案更有效。

元组协调并不要求明度或纯度的一致。和成对协调一样，三元组也是一种光谱平衡。在三元组中所用色彩的明度和纯度可以相似也可以不同。有时也可以使用两种纯度较低的色彩，而将另一种纯度较高的色彩作为突出的重点，但是即使这样也不会破坏视觉的均衡。

### 分离补色协调

分离补色协调基于补色关系。它和成对协调具有相同的前提：在色相环上直接相对的色彩相互混合后可以产生色相的平衡。不同之处在于，与某种色彩相对应的不是它的补色，而是补色两边对称的

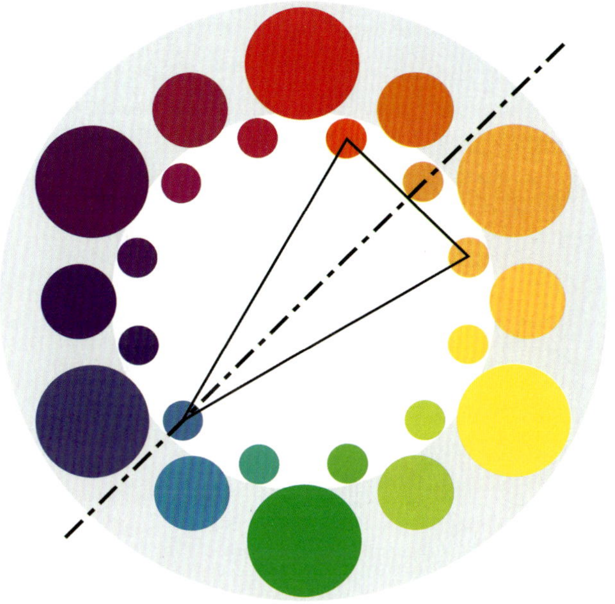

**图4.10**　本图展现了一个补色分离组合，这里两种颜色均匀分布在补色的两边（作者绘制）

两种色相。如果观察它在色相环上形成的几何图形，则它形成一个包含圆心的等腰三角形（见图4.10）。这意味着如果忽略分离点之间的距离，则定位点和三元组平面在圆心的两侧。可以这样说，三元组是补色分离的一种形式，但不是所有的补色分离一定是三元组。

这样，补色分离协调就为我们提供了更多的选择。如果使用这种方法，那些固定的补色平衡就可以使用不同的纯度，以加强同时对比和色相对比，还不会产生令人不快的不和谐。有时，三种色相中的一种采用低纯度，以突出另外两种。有些情况下，可能三者都略微采用中性一些的色彩，这就类似于多色协调了。图4.11的例子中，在垂直面上采用了一种非常中性的色相，而家具所用的色相就使用了更为强烈的色彩。

## 四色协调

四色协调提供了许多可能的选择方案来完成四色混合。它是色彩协调的一种更为复杂的形式，有时可导致非常生动的组合并形成非常令人愉快、深奥微妙的色彩。因其复杂性，我们最好通过在图4.12中的色相环的几何学关系来阐明这种协调方式。这种概念就是，任何两个间距相等的成对色彩都会产生和谐的色彩协调。它可能是间距相等形成正方形的四种色彩或任意两对形成矩形的补色。因为是以补色的集合为基础，所以这两种情况中的任何一种都是四色协调。四色协调产生一种更为复杂的色彩配置，这种色彩配置在色调上可以更为柔和，或者在浓度上更为大胆，如图4.13所示的自助餐厅的配色。当我们留意到光谱协调时就会发现不等量的典型色彩会产生更为有趣的色彩组合。如图中所示，少量的霓虹灯使第四种色彩成为重点。

## 六色协调

要发现一种和谐的六色组合，六边形在色相环上所起的作用和四色协调（见图4.15）中的正方形和矩形所起的作用是一样的，其效果就是我们所知

**图4.11**　该私人俱乐部正式而传统的外观要求使用一种平衡的色彩协调，这里所用的就是分离补色的组合（设计：佩里·迪安·罗杰斯及其合伙人建筑师事务所；摄影：©理查德·曼德尔科恩）

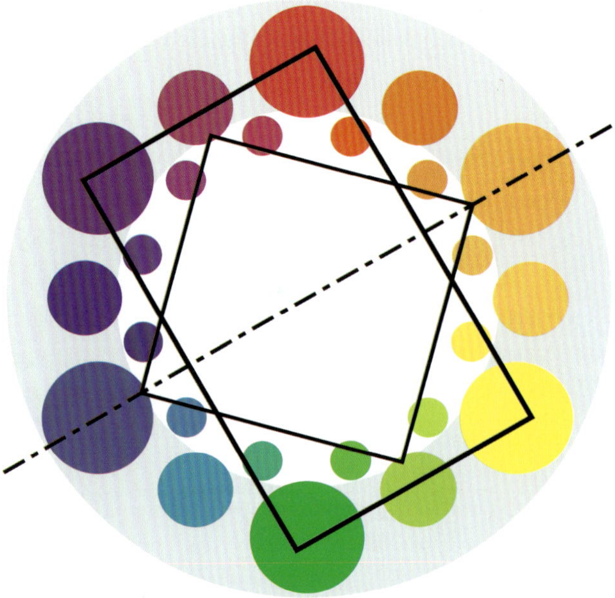

**图4.12**　该图显示了两种可能的四色组合——一种是正方形，另一种是矩形（作者绘制）

**图4.13** 这家自助餐厅设计中的大尺度空间和强烈的几何图案通过不同色相的运用得到强化。它的亮点在于诸多色相组合时所创造的光谱平衡［设计：库比里斯联合建筑事务所（Cubellis Associates）；摄影：©彼得·范德沃克（Peter Vanderwarker）］

道的六色协调。就几何学而言，这是三对等距离的补色组合。我们最熟悉的的两种六色组合是：①三原色和三间色的组合；②六种三次色（复色）的色彩组合。其他不常用的六色组合可由刚才所提及的六边形旋转来得到，所使用的也是色相环上不常用的那些色相。由于色调的数量众多，这种协调通常适用于较复杂的多色协调，或者色彩浓度较高的地方，例如儿童活动区域，如图4.16所示。

## 整体对比和协调

前面所述的协调都是依靠色彩本性自然形成色彩协调的例子。当然，并不是所有的色彩配置都要求和谐。使用或者根本不使用某种特定的色彩协调方法，这只是个人的选择——这依赖于其整体的设计理念。通过这些方法，以一致性或光谱平衡为原则，可以形成无数能够产生平衡协调的色彩组合方

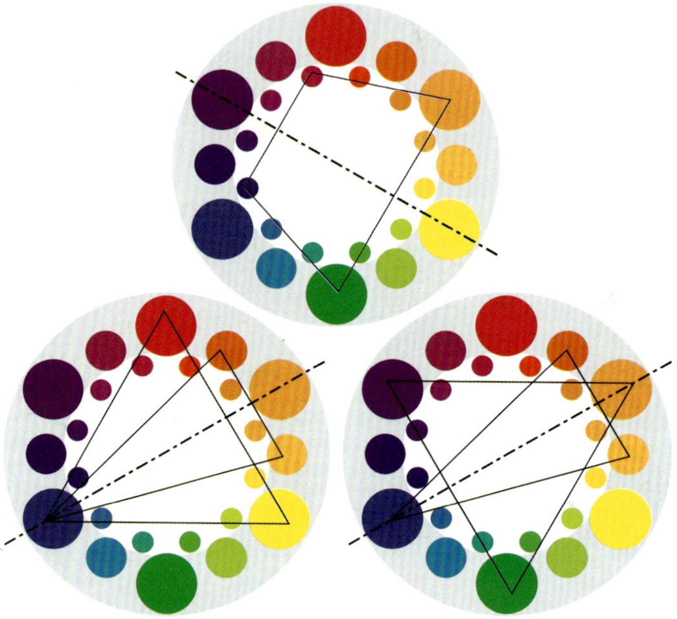

**图4.14** 这些色彩组合不是传统的色彩协调方式，却是在理论上协调的几何图形。中间顶部的图形显示的是一组梯形的四种色彩组合；左下角显示的是共用一个定位点的两组分离补色；右下角显示的是当定位点是互为补色的两种颜色时的两组分离补色（作者绘制）

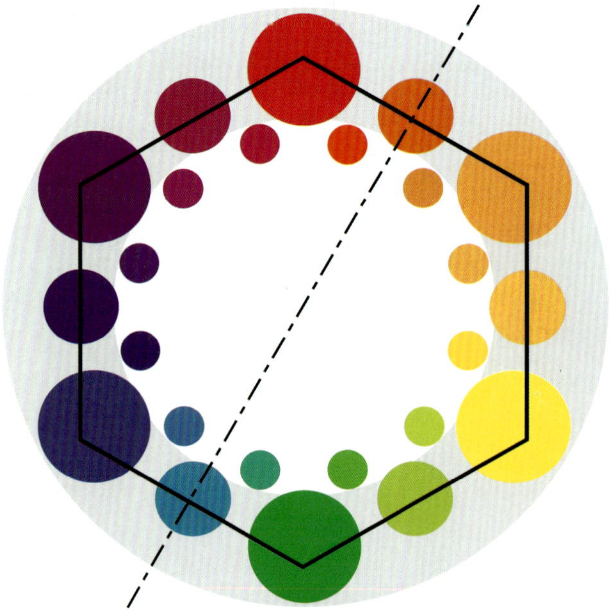

**图4.15** 六色协调中色相环上的均衡间距清楚地说明了其基于互补而产生的平衡协调所具有的力量（作者绘制）

**图4.16** 在该儿童教育中心所使用的色彩组合虽然采用了很多浓重的色彩却没有引起人们在视觉上的不适，它依赖于选择那些在色相环上间距相等的色相来维持这种平衡［设计：ADD有限公司；摄影：汤姆·邦纳，汤姆·邦纳摄影工作室（Tom Bonner，Tom Bonner Photography）］

案。当一种色彩组合不太协调时，有很多方法可以使该色彩组合在视觉上更加令人愉悦。

- 尝试将所用的色相绘制在色相环上，从而找出最需要调整的那种色相，然后使其更为平衡。
- 如果一个方案中的任意两种色彩不能很好地彼此协调，可以用黑色和白色将它们隔开使其更为协调。插入一种明度极高或极低的中性色以创造一种极强的明度对比可以转移人们的视线。同时，它可以使两种色彩各自独立地被“阅读”而不会相互影响。

## 组分平衡

在进行颜色对比与协调的时候，最重要的就是要把握设计中每种色彩用量的变化。为了创建平衡的协调，每一种有代表性的色彩的数量不必一致。只要选用的色彩合适，即使它们在量上并不相等，也可以产生协调的色彩关系。和一致性协调不同，处于平衡协调中的色彩可以在饱和度或者明度上进行变化（或者在饱和度和明度上都发生变化），以肯定这种协调的效果。由这种变化所提供的色彩多样性给设计者以更大的空间去创造新的、令人兴奋的色彩组合。因为不是所有的色彩组合都必须是令人愉快或者是恰如其分的协调，那么决定使用何种色彩进行组合也就可以灵活多变了。

通常辨别一种色彩配置方案成功的关键在于，它能够给人以平衡的感觉——或者故意造成平衡的缺乏。每个作品的设计理念所蕴含的东西要比其各个部分所表达的内容之和还要多。要理解一个设计，我们就要找出它的次序感。理想的状况应该是，眼睛先落在某个焦点上，然后根据设计者的组合次序依次对空间和对象进行评价。我们也会寻求情感上的调剂，因为变化胜于单调。在不超越观者对变化承受能力的前提下，成功的色彩理念还能提供必要的兴趣点。它的目的是引起兴趣而不会形成混乱。这就是一种平衡的状态。要建立该种平衡，要注意三种条件：协调的程度、色彩对比的频率和程度以及色块平衡的趋势。只有在色彩协调和色彩对比的程度与方案的设计理念相一致，并且首先要满足各种色彩的面积平衡之后，我们才能做到平衡。（对于色彩面积平衡的回顾，参考第三章“色彩对比”）

色彩和形式共同创造了方案的千变万化，并且成为了设计方案的组织方法。这些方法既可以给观者提供感受设计的逻辑主线，予人以和谐一致的感觉；也可以把观者弄糊涂，进而产生迷惑。完善色彩平衡要求考虑到使用者的视觉兴趣、对构成的理解和对空间功能实际运用的了解。在一个方案中是采用强烈的色彩对比还是更多地使用色彩协调完全根据设计意图来进行选择。如果对整体效果没有多少感觉，色彩对比和色彩协调这两种工具都是没有用处的。但是如果设计意图明确，则我们使用的色彩对比或者色彩协调都能达到很好的平衡效果。

## 统一与复杂

环境设计师及色彩顾问弗兰克·曼克（Frank Mahnke）在《色彩环境与人类反应》（Color Environment and Human Response）一书中对于色彩平衡提供了一种清晰的解释。他将这种平衡描述为一种统一与复杂的关系。为了创造设计的和谐统一，所有的设计元素为了创立一种积极肯定的感觉而呈现出简单却一致的合作关系。在设计中复杂则是通过大量的变化来达到的，它是为引起注意和兴趣而有意为之。在平衡状态里这两种属性是相辅相成的。

就设计而言，无论是绝对的统一还是绝对的复杂都是不可取的。绝对统一的空间令人厌烦，会导致单调或迟钝的感觉。同样，纷繁的复杂也会因给人过度的刺激而产生紧张的情绪，这一点已被观者对此产生的脉搏、血压或呼吸变化所证实。按照曼克的说法，根据脑电图（EEGs）和心电图（EKGs）显示的个体对空间反应所作的监测表明：空间体验会对神经系统、大脑和心脏产生影响。色彩平衡的感觉越强，观者的兴趣就持续得越久。不平衡也会引起观者的反应（这种感觉也许是令人满意的），但是在某些时候却是有害的，这完全取决于设计的意图。**在不同的情况下，我们要判断出什么程度的统一与复杂是合适的。**当使用统一的色彩时，可以加强整体协调的效果。而当使用复杂的色彩时，可以加强对比的状态。

色彩的美学原理不能抽象为简单的公式，因为它与个人的判断力和品味有关。诸如歌德和叔本华所提出的关于色彩量化的比较对于阐述色彩力度的概念很有帮助。把色彩和谐的图解方法作为理解和评价色彩作品的手段同样有效。但是，如果刻板地遵循这些原则，其结果往往就是会丧失灵动，并且通常还会显得很呆板。成功的作品很少来自于这种照本宣科的色彩组合。富有经验的设计者很少将色彩使用原则奉为圭臬，而是依赖于直觉来判定什么东西有助于形成适宜的视觉效果。如果作品没有呈现出令人满意的效果，就用色彩调和的逻辑和色彩对比的原则来进行适当的调整。在色彩设计的过程中，并非一成不变地运用这些规则，而是下意识地使用它们。每一件建筑作品、每一个室内空间、每一件服饰艺术品都要根据整体设计意图而决定采用何种方式来组织色彩，所以每一件作品的表达都是独一无二的，而决不是完美的色彩公式的产物。

## 色彩感知

我们对任何一种色彩的感知不仅有赖于其自身的色彩特性，而且还受到周围色彩所引起的视觉比较对其特性的影响。如果将一个中等纯度的蓝球搁在一片黄色的水仙花田里，其色彩看起来会比较暗。而相同颜色的蓝球在黑色的沥青衬托下则看起来会相对明亮一些。橙色碗中的紫色葡萄看起来显得很冷。但是同一串葡萄在蓝色碗的衬托下则显得比较暖。色彩的每个特征由于置于其旁的色彩不同而可能得到加强或减弱。图4.17显示了浅紫色在白色、蓝色、橙色和黑色这些不同背景的衬托下给我们留下的不同印象。紫色以黑色背景来衬托比用白色背景来衬托的时候要显得亮一些。而在橙色背景的衬托下比在蓝色背景的衬托下要显得稍为冷一些。这些都是相邻色彩相互影响的例子。

## 色彩错觉

人的眼睛有种不断进行色彩比较的倾向，而这种倾向给予人们很多了解色彩之间的细微差别的机会。色彩组合不仅可以用于强调大小、深浅和形状——在某些情况下还可以创造色彩错觉。当眼睛感觉到某些事物，而它又不是以事实为基础时，就发生了错觉。当我们把特定的色彩放在彼此相邻的位置进行仔细比较时，它们之间会产生相互影响，从而导致错觉。三维设计中控制色彩的目标之一就是捕捉这种潜力作为强化空间和形式的工具。本章的末尾简要地阐明了错觉是如何产生的。在其他的章节中，我们还会更详细地探讨产生错觉的条件，以及它们在三维形态设计中的潜在应用。

**图4.17** 背景色彩的每种变化都会引起目标色彩明度和色相的相应变化

## 框架色彩造成的错觉

在前面已经谈到了，对于色彩的感知通常都会受到周围色彩的影响。框架色彩的影响是对这种现象的一种简单表达方式。让我们来看看图4.18矩形边框中的这几排方块，第一眼看上去哪一排颜色显得浅一些？哪些方块则更深一些呢？当你靠近一点去观察，显然是边框改变了其中的色彩，而其中各个方块的颜色根本就没有变化。方块与边框的快速比较导致我们得出它们色彩不同的结论，而事实上它们的色彩是一致的，并没有任何变化。

当作为框架的色彩特性截然不同时，这种影响是最为强烈的。图4.19说明了白色和黑色是怎样把一种并不存在的灰色错觉创造出来的。这种格栅有时被称为赫尔曼格栅（Hermann grid）。白色矩形条块间的黑色间隔是如此浓烈，以至于它们的十字交叉点看起来呈现灰色。在这种情况下，框架色彩的颜色是一致的，是使用了极端色彩而造成了这种错觉。

## 颜色增加与颜色减少造成的错觉

一种更为复杂的色彩配置方法是运用在色调上彼此影响的色彩从而使得某种色彩占据主导地位。在《色彩的交互作用》(Interaction of Color) 一书中，艺术家和教育学家约瑟夫·阿尔伯斯称这种现象为“一种色彩似乎变成了两种”的错觉。在这种情况下，色彩通过与底色在色相、明度和纯度上的对比，使得同一种色彩看起来像是两种不同的色彩，如图4.20所示。两组彩色圆的色彩看上去是不一样的，左边的这一组彩色圆的色彩似乎与右边的背景

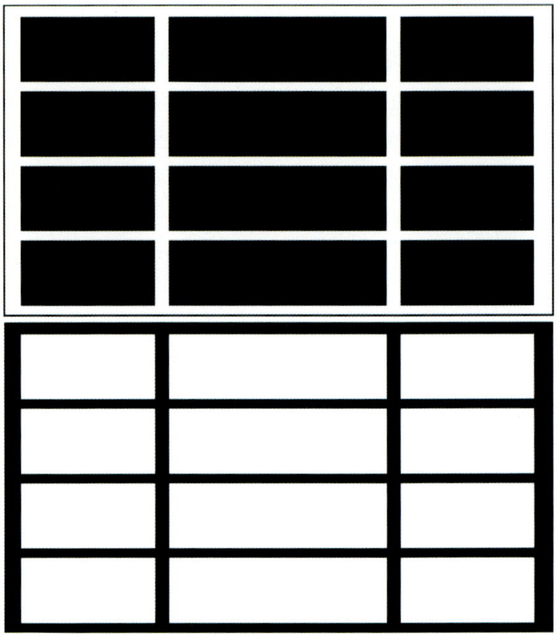

**图4.19** 这幅图中，黑色与白色条带的十字交叉点都给人以灰色的错觉

**图4.18** 在这幅图中，最初给人的假象是顶部的矩形颜色深一些。再仔细看看，你会发觉上下的颜色是一致的

色彩十分接近。然而，事实上，所有圆的色彩都是一样的。这种变化发生的原因是背景色对嵌入其中的色彩产生了影响。就色彩影响而言，两种背景色的差别越大，它们对嵌入其中的色彩的影响也越大(如果你想尝试一下这种方法，首先要选择一种能够加强色彩错觉的背景色。通过色彩实验，你就会发现选择一种背景色和嵌入其中的色彩十分容易，然后再尝试寻找第二种背景色)。

如果说一种色彩在其周围色彩的影响下能够看起来像两种不同的色彩，那么以相反的方式对两种色彩施加影响使它们看起来更像是一种色彩也是可能的。这就是阿尔伯斯所说的“色彩减法”。在图4.21中，两组原本不同色彩的圆被放置在精挑细选出来的背景上，使其看起来颜色相似。嵌入圆的色彩差别决定了错觉的产生。如果差别在于明度，那么背景色必须在明度上有较大的差异。如果两种色彩的差异在于色相，那么背景色要求用色温不同或与其互补的色相。而如果差别在于纯度的水平不同，

**图4.20** 在这幅图中的圆是同一种颜色，由于背景色的影响看起来像是不同的颜色（图4.23证明了这种错觉）

背景色应该选择那些能够使其纯度向相反方向调整的色彩。最初的两种色彩差异越大，背景色的差别也必须强到能够对它们造成足够的影响。

## 色彩透明造成的错觉

另外一种令人着迷的色彩错觉是用不透明的材料制造出透明的感觉。通过色彩实践，通常不难想象两种视觉感受强烈的色彩混合后会产生什么样的色彩。如果你能成功获取这种色彩，然后把这种色彩与最初选定的那两种色彩进行比较，那么它们看起来就似乎是重叠的，而且这种混合色看起来似乎是透明的。其中一种最初选用的色彩看上去似乎只是透过另一种色彩而显现出来。在图4.22 的例子中，左侧的两个圆在它们相交的部分呈现出重叠的现象要归因于在重叠位置上选用了某种特殊的紫色。事实上，右侧的圆才是真正重叠起来的色彩，它使用

### 约瑟夫·阿尔伯斯

包豪斯的毕业生和教师约瑟夫·阿尔伯斯（1888～1976年）最出名的是其展示色彩影响效果的能力。他的作品通常都涉及抽象的几何形体，并主要表现在绘画和玻璃介质上。正如魔术师利用他们对人们感觉的了解欺骗观众相信一些并不存在的事物那样，阿尔伯斯利用他掌握的人类色彩反应的知识去蒙蔽观众的知觉以创建色彩错觉。在1933年包豪斯关闭的时候，阿尔伯斯移民到了美国。他最初在北卡罗来那州的黑山大学（Black Mountain College）任教，而后1950～1960年在康涅狄格州的耶鲁大学任教，在美国首次开设了色彩理论课程。

**图4.21** 在该图中的两排圆看起来非常相似，但是如果在同一背景下你就会看到它们的差别很大（要验证这种错觉，请参看图4.23）

**图4.22** 图中左侧两个圆重合部分的紫色看起来似乎是红色和蓝色的重叠，但事实上它是一种混合的色彩。右侧的两个圆显示的才真是两种透明色的重叠

**图4.23** 在这两幅图中对图4.20和图4.21的修改显示了它们的真实色彩关系

了透明度为10%的上部色圈中的色彩（蓝色）。这种错觉来自于人们的一种倾向：总是假想自己将看到什么。

关于这种错觉，我们通常会作出这样的假设：只要在理论上能够找出两种色彩混合后生成何种色彩——例如，黄色和红色能生成橙色——就能够创造出透明的错觉。当然，实际的情况远比这要复杂得多。比如这儿有一种特定的橙色，人们认为它是由一种给定的红色和一种确定的黄色混合而成的。但是，事实上它可能是也可能根本就不是这两种颜料的混合产物。不透明的色彩在明度或纯度上几乎没有完全相同的，所以这两个方面的差异也应该考虑在内。通常设计者会控制色块的几何形状以强化错觉的效果，例如使两个视觉感强烈的几何形状进行重叠，或者使其从一种几何形状过渡到另外一种几何形状。当其中一种色彩的面积远远大于另外两种色彩的面积时，会产生更加生动的效果。

色彩的对比、协调和相互影响都是我们进行色彩组合时所采用的工具。它们既可以被用于二维空间，也可以被用于三维空间的设计。每一种选择都是建立整体印象的一种手段。可是在设计色彩组合时，特定的色相或者色相组合可能具有某些与设计环境无关的象征意义。在我们揭示三维空间中的色彩和形式结合之前，很有必要探究一下色相所包含的这种文化内涵。第五章——“色彩的个性”对这些色彩联想进行了概述。

# 第五章 色彩的个性

大多数人都认同“色彩是我们的主观反应”这一观点，并进而认为由于我们所假设的这种反应是主观方面的问题，因此是不可预知的。然而，事实却并非如此。我们对每一个色彩的反应来自于那些可控制的东西，例如色彩的对比和布局、色彩的纯度和明度或者通过色彩的面积所进行的强调。这些反应也可以来自那些我们虽然不能控制但是却可以预见到的反应，例如基于长期存在的传统而建立的基本生理反应或者联想——也就是色彩心理与色彩符号之间的差异。这些色彩传统的区别在于色彩的心理反应和色彩的象征意义的不同。此时，色彩这种符号变成了一种象征，具有了鲜明的个性。

强烈的色彩联想有时会与色彩心理相吻合，但是它们两者事实上却并不是同一个东西。当我们独立地观察单个色彩的时候，就会发现每个基本的色彩族都给人以不同的独特印象。人们在感受各种不同色彩时，某些情感方面的联想会占据上风，而其他联想则不很明显或者随意性较强。在某个三维色彩总体设计的背景下，这些联想可能具有明显的一致性，我们也可以应用色彩对比将这种联想作用减少到最小。但是，某些独立对象的色彩，却常常通过这些联想对观者造成影响。最通用的色彩使用方法就形成了一种被大多数人所认可的色彩符号学。

本章要对北美文化中最普遍的色彩联想做一个简短的介绍。这些色彩联想是我们在社会交往中学到的或者是人类本性所固有的。色彩设计所不能控制的那些色彩反应都是色彩联想的结果，它们似乎是自然而然、不知不觉地就进入了观者的头脑之中。每个基本的色彩族中的单个色彩被独立观察的时候都给人以独特的印象和明确的情感联想。这些色彩联想在某个三维室内色彩方案设计中可以是前后一致的，也可以通过对比来减弱它。但是，某些独立对象的色彩常常会以多种方式对观众造成影响，这一点不可忽略。那些大家最一致的色彩联想给予了我们一种文化性的色彩背景，而且这种文化得到了大多数人的认可。

## 色彩的特性

每个色彩族都展现出与其他色彩族完全不同的特性。而在每个色彩族的内部，不同深浅的色相也可能产生不同的强烈联想。如果我们在强烈联想方面对饱和色进行比较的话，我们就会发现以下特性。

### 红色

在可见光之中波长最长、频率最短的色彩就是红色（见图5.1）。在电磁波的波长数值图表中，红

**图5.1** 红色的范围包括从粉红色到暗紫红色的所有带有红色调的色彩

色的位置紧挨着红外线。而事实上红外线是一种产生热量的电磁波。

红色通常被认为是最具影响力的色彩，其中的一部分原因是它引起刺激和兴奋的能力。在合适的背景上，它总是能够压倒其他色彩，强有力地抓住观众的注意力。它具有刺激我们行为的能力，这些行为包括冲动、勇敢、激动、兴奋、仇恨和愤怒等等这样一些情感体验。同时，人们还认为红色可以使味蕾和嗅觉变得敏感，增进食欲。红色是温暖的，甚至是火热的，充满了在其他色调中不能体验到的那种强烈感受。所有这一切产生的原因在于看到红色时人们的心率本能地加速，而心率加速又使得肾上腺素被释放到血液之中，造成血压升高并刺激神经。一些理论家，例如费伯·比伦（Faber Birren）提出，这是对红色的生理反应，而另一些理论家则提出，那些控制性实验证明了事实并非如此。那些第二阵营里的理论家们认为，应将这种现象归因于我们对人们共有的色彩联想的学习。无论这种反应是归因于遗传学，还是归因于后天的学习，红色这种色彩带给观者的刺激远远超过其他色相的色彩。

## 社会和政治用途

红色通常与显示出力量或热情的行为联系在一起。它被用于革命的制服和旗帜，当用于政治范畴时使人联想到激进。红色的丝质大手帕促使公牛奔跑，红色的服装是表演佛来明哥舞蹈时的传统服饰。红色也是鲜血和心脏的象征，因此医疗援助机构用红十字作为其标志。

红色还与烈火和危险联系在一起，当代用红色来标识消防安全设备是最显著的证据。同时，红色还是爱情的象征，尤其是在快到情人节的时候。在完全饱和的状态下，红色有时被认为是一种男性化的色彩，但是在强度减弱的浅色明度（如粉红色）下，红色显然被认为是女性化和雅致的色彩，从而缺乏通常与红色联系在一起的那种强有力的活力。红色的这种力量被用于确立某一活动的重要性。近些年红地毯被用于迎接外来访问的政府要员和作为婚礼和舞会的走道。推荐在下列情况下使用红色：我们的目标是给观众以活力并激发他们身体的活力时。据统计资料，红色的汽车比其他任何一种颜色的汽车所出的交通事故都要多。由于红色被世界上大多数国家公认为危险或者警告的标志，所以可以用红色来表明存在危险以示警告。

在环境表面色彩较浅的情况下使用红色时具有松弛的作用，例如使用贝壳红这种颜色［欧文斯－科宁（Owens-Corning）所生产的绝缘产品的商标使用的就是宜人的粉红色，他们因此从中获利匪浅。因其进行了注册，其他厂商就不能在市场上销售使用这种颜色的类似产品］。一些研究人员认为，粉红色能够引起人们的幻想，而大多数研究人员都相信粉红色能激起人们生理上的反应。当我们看见粉红色的时候，大脑会分泌一种化学物质（降肾上腺素）。这种物质抑制肾上腺素的产生，而肾上腺素这种物质会使人产生愤怒的情绪。在一间以粉红色为主的房间里，人不会产生愤怒的情绪。但这种放松的状态持续的时间很短，大约15～20分钟。一些色彩学家认为在体验过粉红色之后人们甚至会变得更加易于激动。例如，一位从事色彩心理研究的室内设计师肯尼思·费尔曼（Dr. Kenneth Fehrman）博士就对动物处于粉红色环境之后所显示出的激动不安进行过描述，这种不安表现为破坏性和自相残杀。在那本他与别人合著的《色彩影响的奥秘》（Color：The Secret Influence）一书（第78页）中，他以此为例指出色彩对身体行为的潜在影响。

尽管这种影响是短暂的，但是人们已经开始了对这种反应进行利用的尝试。这些尝试包括在重大体育赛事中在客队存物间中使用粉红色（作为举重场项目的一项试验）以及在监狱中用于同室者的行为管理［见莫顿·瓦尔克（Morton Walker）所著《色彩的力量》（The power of Color）第43页］。

## 橙色

按照从最长波长到最短波长的色光排列顺序，橙色是第二种可见光（见图5.2）。橙色既拥有一些红色的特性也拥有一些黄色的特性。像红色一样，橙色在其完全饱和状态下是一种刺激性的色彩，是使人兴奋和有些愉快的、温暖和令人动心的并且几乎是明亮得发光的一种色彩。同时，它也可以增进食欲。这是一种充满感情、富于表现和充满热情的色彩。在观众的眼中橙色是一种能够激发活力和积极行为的色彩。与愤怒的情绪相反，橙色所激发的活力是以快乐为特征的，并导致语言行为而不是身体行为。有人解释说，这是因为橙色能导致脉搏加速而不会导致血压的升高。事实上，一些分析专家认为，橙色实际上减缓了血液流动的速度。由于橙色具有生气勃勃的力量，所以在某些场合下它似乎具有侵略性。

### 社会和政治用途

在直觉上橙色是与火和阳光联系在一起的，特别是日暮时分的阳光。由于橙色被认为是一种友好的色彩，所以它被大多数人所青睐。在秋季橙色特别流行，特别是在万圣节前夕和感恩节期间。

**图5.2** 橙色家族中常见的色彩除完全饱和色外还有其他许多富有情趣的色调。在三维空间之中，橙色通常使用的是它的不饱和形式（富有情趣的色调），这种形式温暖而不刺激

在美国，橙色的使用暗示着便宜（大家都具有支付能力）和非正式的场合。在高档酒店和饭店很少看到完全饱和状态下的橙色。完全饱和的橙色通常用在那些为吸引大多数人而设计的建筑中，例如便宜的旅馆、薄饼屋和自助零售商店等建筑。完全饱和状态下的橙色由于其高度可见性而被用作救生筏和救生衣的色彩。作为一种柔和而悦目的色彩，当橙色反射到皮肤上时可以增强皮肤的色彩感。这是因为浅色的肤色通常具有粉红色（浅红色）或者

黄色的底色，橙色当然是这些颜色的混合色。

## 黄色

黄色是六种原色和间色中明度最浅的颜色。事实上，黄色系中还有许多明度较深的色彩，但因其带有绿色的味道而不被大众所认知。就视觉的反应速度而言，黄色是让人视觉反应最快的色彩，并且在低纯度下仍能保持这种特性（见图5.3）。

黄色一直享有色调轻快的声誉。它是一种令人鼓舞的色彩，在大众的眼中它被公认为是温暖、快乐、明亮、愉快、亲切友好和能产生积极影响的色彩。人们把黄色看成是一种表现希望、智慧、乐观、精神开悟和智力康宁的色彩。它是一种智慧和清澈的色彩。黄色还是一种引人注意的色彩，它是最令人鼓舞的。但是，如果在不适宜的环境中使用完全饱和的黄色，则会显得过于自我和刺眼。在大多数情况下，无论所使用的饱和度水平如何，黄色都会引起人们焦虑的情绪。卡尔顿·瓦格纳（Carlton Wagner）在《色彩的语言》（The Language of Color）一书中写道“黄色的房间比其他任何一种颜色的房间更能引起人们的突然发怒、儿童的哭叫，以及老年人失去肌肉运动的控制、甚至导致战栗”。同时，人们还认为黄色会增加过敏症的发生频率。这并不是说黄色房间可以自发地引起上述反应。但是，如果其他条件能够诱发这种反应，那么黄色所增加的刺激作用将足以使这种反应释放出来。色彩理论家还相信黄色能激活运动神经，并刺激胆汁流动，这或许可以对上述反应作出部分解释。

图5.3 在这个黄色的色彩集合中，请注意观察暗黄色有转向绿色调的倾向

### 社会和政治用途

与黄色联系最紧密的当然是太阳，然后是阳光。作为一种金色的色调，黄色意味着黄金、富有和繁荣。金色还是荣耀和忠诚的象征。黄色通常与临时性与过渡性相关，例如成功的地产销售人员身穿的金马甲、黄色的学校巴士以及花的蓓蕾。它也是喜庆的，被用来装饰舞会或者绘制复活节彩蛋。

在口语中，黄色暗示着怯懦和胆小。常用黄色新闻来描述感觉论者的报纸。黄色还与黑色一起被成功地用于警告标志，例如火车站台的边界；也用于某些零售商，例如汽车租赁机构。某个快餐店著名的金色拱门被认为恰如其分地运用了黄色，具有极高的认知度。在环境设计中，黄色常用在意图鼓舞士气的房间里。黄色能够使一个房间甚至在昏暗的白天也显得阳光充足。在老年人居住的房间里很少使用黄色，因为在老年人的眼里所有的色彩都有些昏黄的趋势。在这些应用中，或者当我们大面积使用时，黄色有时会是一种带有压抑性的色彩（例如，当用赭石色作为墙体颜色时）。如果光源色彩过黄，人会显得面有菜色（病态的黄色）；或者如果大面积的黄色反射到皮肤上，特别是当黄色有点偏绿时，也会造成同样的问题。这使得黄色在沙龙中很少使用。

## 绿色

人们认为绿色是使眼睛最为放松的一种色调(见图5.4)。绿色会直接落在焦点上，它既不会向前也不会后退，而是完全准确地落在视网膜上。当我们把视线投向一片绿色田野的时候，我们的身体可以毫不费力地对其进行观察。

对绿色的反应包括：宁静、和平、安静、放松，甚至退却。它能够增强平衡感和稳定感。它是清新自然的，暗示着大自然、生机和希望。在自然界中，它的出现意味着春天的到来和生命本身。绿色也是一种冷色，通常与水或潮湿以及清晰的阴影联系在一起。这些属性使得它成为一种平衡情绪的色彩。

**图5.4** 在整个绿色系列中，色温的变化比其他色系的色彩更为明显。在高明度下，人们通常认为暖绿色是与黄色相类似的色彩

许多人相信绿色对身体具有积极的影响，可以减少过敏反应和厌食症。

## 社会和政治用途

就语言来说，绿色代表着嫉妒，伴随着罪恶。在政治上，绿色与爱尔兰文化、爱尔兰的大多数天主教徒、爱尔兰的爱国者以及圣帕特里克节（爱尔兰基督教士和守护神）联系紧密。由于绿色是植物的色彩，所以绿色成了大自然和健康的同义词。大多数天然食物、健康食品和生产环境安全可靠的产品都使用绿色的包装以突出这一点。在欧洲，绿色的内涵得到扩展，成为肥沃的象征；而在美国，来自农村的“乡巴佬”被认为“绿色的角”（即生手，greenhorn），并且绿色还与金钱有着强烈的联系。

在环境设计中，绿色按照空间类型的不同而有不同的用法。在商业空间里，浅绿色被认为是非常老套的色彩，因为在学校及公共机构中经常使用这种色彩。在21世纪初，由于绿色颜料非常便宜而造成绿色的大面积滥用。在接待性和住宅建筑设计中，绿色是传统的暗示欢迎的色彩。它通常用于入口空间，并且是移民安置房间内使用的主要色彩。剧场内后台的房间，即演员在表演前后休息的地方，被称之为演员休息室（因原先剧场演员休息室被刷成绿色，故得名greenroom）。除了它表示欢迎的因素之外，绿色之所以被人们选中还因其可以尽力为演员营造一个与舞台耀眼的灯光所不同的、能够使演员得到松弛和调剂的空间。就流行和时髦而言，绿色对商业建筑来说并不是一个好的选择，因为尽管人们认为它是一种友好的色彩，但是它并不容易被所有的人接受。当黄绿色光反射到皮肤上的时候，其结果乏善可陈，因为它往往使某些皮肤显出菜色。

## 蓝色

据调查研究表明，蓝色会令身体释放出使人安静的荷尔蒙，特别是强烈的天蓝色（见图5.5蓝色系列）。人们都认为当我们把目光投向大片的水体或者开敞的天空时会起到安慰镇静的作用。卡迪埃克蓝（cardiac blue）由于用在医院的心脏病科室使病人

**图5.5** 这幅图展示了蓝色系中一系列明度和纯度不同的色彩

保持平静，所以经常要参考这种天蓝色。

蓝色通常是最使人感到安慰的。对蓝色的反应包括安慰、平静、冷静、平和、宁静和灵性。更为极端的是，它暗示着沉静的顺从和思虑。许多人相信蓝色可以降低血压、减缓脉搏或者降低体温。在饮食方面，蓝色会降低食欲。由于蓝色时常与水联系在一起，所以蓝色也暗示着湿润和清洁。蓝色还带来以下感觉：安全、整洁、可靠性、沉思、孤独或者孤立与隔绝。在某些气氛和环境下，蓝色可能是令人恐惧的悲伤、沮丧、孤独或者寒冷。忧郁和沮丧是蓝色对人具有征服性的影响。在某些情况下，蓝色给人一种虔诚和信赖的感觉。

### 社会和政治用途

蓝色通常被认为是一种比较折中的色彩，因为大多数人都喜欢它。蓝色被用在尊贵的事物上，例如竞赛中使用的蓝丝带或者用蓝色血液形容某人具有良好的血统。在20世纪初，女学者（bluestocking，蓝色长袜）一词被用来形容一个知识渊博、有学问的女子。蓝色芯片被认为是质量很好或价值昂贵的。有时，用“蓝色情绪”来表达一种明显的伤感情绪。蓝调音乐（blues）是指能给运气不好的听众以安慰的音乐。毕加索生涯的蓝色时期指的是那段他大量使用蓝色颜料、非常悲伤的时期。

浅蓝色是一种能激发幻想的色彩。浅蓝色使人平静的影响力使得它可以用在急诊室的等候间。但是，它不适合用于正在出售的住宅的外部装饰，因为统计资料表明，蓝色的房子不好卖。大众使用最多的蓝色是通常用于蓝色粗斜纹棉布的人工合成染料靛青。人们认为深蓝色和海军蓝是非常通用的中性色。蓝色适合于每一个人皮肤的色彩，从而成为制服常用的色彩（在许多国家，警察制服是蓝色的）。当蓝色用于服装时，它表达的是权威和力量，以及对领导权的尊重。

## 紫色

在可见光之中波长最短、能量速率（频率）最高的色彩是紫色，或者说是紫罗兰色（见图5.6）。这种色光在电磁能的波段范围内处于靠近紫外线和X射线的位置。

紫色是一种独特的色彩。色彩专家通常把紫色形容成一种包括多种含义的复杂色彩。它表达的是一种深奥情感，而不像前面讨论的那些色彩表达得那样直白。它是直接由刺激性的红色和平静的蓝色混合后所得的产物。紫色是一种孤傲的色彩，适于帝王并且很有威严，暗示着皇室、王权、高贵或者等级。它可以表现为迷人的、神秘的，或者对大多数人而言是怀旧的——而对某些人而言则是华而不实的。颜色较暗的紫色可能是孤独寂寞的、忧郁悲哀的，就像忧郁的蓝调音乐一样，甚至是令人压抑

**图5.6** 因为在完全饱和的状态下紫色本身是一种暗色，所以紫色在跨越整个由亮到暗的明度范围内都能够保持其色相不变

的。而颜色较浅的紫色则是情绪高昂的、温和柔软的、充满朦胧艺术美的。紫色的敏感性在于，它既可能是充满世俗快乐的又可能是阴沉压抑的，既可能是炫耀卖弄的又可能是黑暗阴沉的。

### 社会和政治用途

在古代，紫色染料生产起来非常昂贵，这使得它成为体现穿着者富有的象征。在历史上由于紫色是由牧师穿着的，所以它成为了神职人员的象征。而在当代，明度较亮的紫色被认为是怀旧的，并且与基督教的复活节联系在一起。由于紫色这种变色龙似的性格特征，它在修辞学上是不常用的。只有一个例外，那就是羞怯的人（shrinking violet，畏缩的紫罗兰)，用于表明一个缺乏自信的人。

紫色的长袍至今仍然被用于宗教活动之中，并且不仅用于有组织的宗教活动还用于私人和民间的宗教活动之中。紫色作为服装的色彩是非常合适的，并且由于紫色是黄色皮肤的补色，所以紫色服装特别适合橄榄色或者深棕色皮肤的人穿着。在三维设计中，略显苍白的紫色（丁香色或者淡紫色）很少使用，因为这种色彩与紫色本身作为一种暗色的自然状态相矛盾，会使得它看起来显得非常苍白。在完全饱和的状态下，紫色很少用作房间的装饰，其中一部分原因要归咎于紫色不太流行，另一部分原因则要归咎于紫色这种色彩的反射率较低。

## 非彩色的特征

由于非彩色（彩色很少或者没有色度的色彩）持久永恒的特点，我们一直依赖于非彩色。在许多设计领域中，非彩色都被认为是很经典的用色。这暗示着人们对非彩色的情感反应较之对明度相似彩色的情感反应要一致得多。可是，有文字记载的相关资料表明的情况却恰恰与此相反。下面就是一些这样的发现。

### 白色

在色光中，白色是所有色光的混合色。在颜料中，白色是缺乏任何色相并且是所有颜色中明度最高的。白色通常用作评价其他所有色彩的背景色。但是，当白色被其他色彩包围的时候所受到的影响最大。白色的图形暗示着清洁、善良和纯洁。我们的英雄是戴着白色帽子的白衣骑士或者牛仔。它是真正的幽灵一样的色彩，充满热情并且重量很轻。它代表了希望、单纯和青春。在自然界中，白色与落雪联系在一起。

### 社会和政治用途

白色有许多象征性的联想。白色的旗帜是世界通用的投降的标志，尤其是在战争中更是如此。而白色的鸽子则代表着和平。在某些情况下，白色可以暗示正式和礼节。在巴哈马群岛，白色是警察制服的颜色。并且全世界的网球选手都身着白色的运动服。在亚洲，白色是丧服的颜色；而在美国，白色则是基督教新娘服装的颜色，并且儿童在他们的第一次圣餐仪式上也是着白色盛装，就连总统的官邸都被称之为白宫。在语言中，白色一词似乎还意味着与逻辑和合理相悖。白色谎言用于形容单纯的轻率。白象（white elephnat）是一种保养费用昂贵的财产（但是又不能随意舍弃）。

白色表面反射的光最多，我们能够清楚地看见它所反射的光。因此，人的眼睛在白光下对于两种并列放置在一起的材料之间的细小差别都可以很灵敏地察觉出来，这使得确立标准的白色成为需要重点控制的对象。这一点在纸张和纺织品的生产中尤为明显。没有任何一种天然纤维在自然状态下是纯白色的，大部分都必须经过人工漂白。因为漂白是一个分解的过程，所以问题的关键在于如何在不破坏纤维的前提下除去所有不是白色的颜色。

白色以其多种多样的形式成为迄今为止最畅销的涂料颜色。在人工的环境中，白色与清洁联系在一起，例如在医学上的应用或者用于商业性的厨房。人们在感觉无聊的时候会变得很压抑，过多的白色就会产生这种状态。所以，白色通常用于人们通行的空间，而不用于人群逗留的空间。当我们用白色作为墙壁颜色的时候，带有色彩的白色是最受欢迎的。因为白色能够最大限度地反射光线，引起瞳孔的收缩，所以常被用作墙壁的颜色。而白色的地板则很少，除非是为了突出需要强调的部分，比如用在陈列室、橱窗或者维护要求较低的私人住宅之中。

## 灰色

所有的色彩之中最为中性的色彩就是灰色。灰色最初看起来似乎没有清晰的轮廓，它通常呈现出一种或者多种相邻色彩的性格特征。灰色不会引起视觉残留（余像），这使得它成为眼睛成像过程中最易于处理的色彩。灰色是保守的、安静的、平和的和沉着的。灰色在设计中的价值在于它的可靠性和给人的视觉休息。由于其沉静的特性，灰色可能会消极到了无生气，单调乏味到有点沉闷。灰色通常是与古老年代的概念联系在一起的。出口位置应该考虑使用灰色。在多雨的地区，灰色可能会被认为是不受欢迎的色彩。

### 社会和政治用途

就语言来说，暗灰色一词暗示缺乏明显差别，因为它既不黑也不白。而与政治相关的最常用的灰色是军事交通工具中著名的战舰灰。天上的乌云和地上的阴影都被认为是灰色的。当用灰色来形容建筑物的时候意味着混凝土建筑。对于大多数城市居民而言，灰色是商业和工业的色彩。它暗示着聪明和才智，但不具备比它更暗的“堂兄”——黑色——所具有的那种力量。当使用暗黑色调时，灰色具有一部分和黑色一样的效果。例如，它可能暗示着悲伤和哀悼，或者意味着力量和权威。

通常人们都相信设计师和艺术家在灰色环境中比任何其他环境中更具有创造性。其原因就是一个具备创造力的人将感受到灰色带来的动力——那种填充灰色所创建的虚空的冲动。从实用的角度来说，灰色的中立性使得它具有易于接受所有其他色彩的特性。从保养的角度来看，灰色有助于隐藏聚集在一起的不同粒子。某个建筑设计团队发现了一种暗灰色，他们相信这种灰色和灰尘的颜色完全一样，所以将其命名为“尘土灰”。这种色彩被用于那些暴露在外并且不太可能进行日常打扫的管道系统和设备上。

## 棕色

任何处于完全非彩色与红到橙黄色之间的偏暖的中性色都被称为棕色。地面、土壤、树皮以及其他各种形式的树木、峡谷、山脉等许多自然景物都和棕色有一些联系。因此，棕色给人一种安慰、真挚和其他色彩所没有的放松的感觉。棕色是略有一些忧郁的颜色，但是，另一些人则认为它可以驱散精神沮丧并促进5-羟色胺（$C_{10}H_{12}N_2O$，一种来源于色胺酸，尤见于脑、血清和胃黏膜等动物和人体组织的有机物，在血管收缩、刺激平滑肌、神经细胞间冲动传导以及周期性体内过程调节中起作用——译者注）的合成。在色彩偏好测试中，棕色很少成为人们的第一选择，而经常被大多数人所拒绝的色彩是黄棕色。

### 社会和政治用途

棕色是比较经典的泥土色调。当我们进行更新改造时，如果重点集中于环境，则色彩组合经常会呈现出棕色。许多令人喜爱的物体的颜色是棕色，例如木材、咖啡和巧克力。棕色是最朴实的泥土色调，通常用在出售健康食品的地方，例如棕色的稻米或面包。

由于棕色常与人们所熟悉的自然材料联系在一起，所以使我们感觉很舒适，被认为是一种友好的色彩。棕色常常以各种各样的色调出现在旅馆空间设计中，使人们感觉受到欢迎，悠闲自在。但是，它并不显得喜庆，因此在意图产生刺激作用的空间中使用它并没有什么效果。由于棕色的随意性和富有吸引力，所以那些通过访谈搜集资料的人们推荐身着棕色服装。按照心理学家卡尔顿·瓦格纳在《色彩的语言》一书中的说法，身着棕色服装可以使你在工作面试时赢得更多的印象分；同样，也可以让你在与人交流中得到更多的信息。比较时尚的观点是：皮肤色调偏暖的人比较适合棕色，皮肤黝黑的人尤其如此；但是，在这种情况下，服装色彩与肤色之间的明度对比还是必要的。今天，尽管我们已经能够生产出各种色彩的皮具，但是棕色仍然是皮革制品的时尚选择。如果用作空间色，棕色可能会显得太沉重，令顶棚给人以压抑的感觉，但是用于地板就不同了，它能予人以力量和稳定。

## 黑色

从色光的加色混合而言，黑色是由于缺乏光线造成的，而就颜色的混合而言黑色却是最深的颜色。人们对黑色的反应通常是坚固和消极。它的内涵是邪恶、黑暗、夜晚和死亡。它是不吉利和神秘的。对未知事物的恐惧通常伴随着黑色的影像。在文化上，黑色成了悲哀、忧伤的同义词，而在北美，黑色则意味着生命的终结。它是空虚和空间虚无的象征。黑色暗示着重量和坚固性。黑色也暗示着富饶、尊贵、优雅和力量。在大城市的中心，黑色是时尚的代表。

### 社会和政治用途

这里有许多和黑色结合在一起的语言联想：黑名单、黑市、败家子（black sheep），以及那些与社会经济学事件相关的词语，如黑色星期一（倒霉的星期一）或黑色星期五。在美国，人们迷信地认为黑猫意味着坏运气，而在欧洲正好相反。黑色和红色相互结合是一种强烈的色彩组合，通常达到令人嫌恶的程度。但是黑色和金色结合在一起则是奢华和雅致的。

下面是一些有关黑色的空间概念。黑洞是所有事物永久消失的空间。任何覆盖了黑色的物体比其他色彩的物体看起来都感觉更加沉重一些，这使得黑色不可能用来体现轻盈的物体。例如，气球一般不会被涂以黑色，除非是为老年人祝寿；黑色也不会用在飞机或者移动的厢体之上。

黑色是某些正式场合的保留色彩，如北美的葬礼。黑色在传统宗教中是谦卑的色彩，在世界许多地方的牧师、僧侣、修女就一直穿着黑色的衣服，一些中东国家的妇女也穿着黑色的衣服。一般来说，黑色比较适合于社会经济地位较高的那些人。汽车装饰和职业套装中黑色用来作为权利的象征，因此黑色成为表达权势的服饰。如果墙体全部采用黑色，则会因为黑色厚重的视觉感而具有压倒性的效果。在实际应用时应注意的是，与其他任何色彩相比较，黑色使得纹理区别最为明显，因为它吸收各种波长的色光。粗糙或者不光滑的黑色表面反射的光线很少，而平滑的黑色表面则反射率很高。这种表面效果的变化说明不同材料的黑色物体之间具有明显的差异。

## 色彩的联想反应

作为一种实际的感觉，对色彩的一些无意识的反应对于大多数人而言是普遍存在的。在三维设计中，无意识反应的例子包括温暖空间的刺激反应和来自缺乏刺激的空间（例如阴暗的灰色空间）的柔和反应。在许多公共空间中色彩对人们的行为调节作用是很明显的。一些色彩组合试图调节甚至掌控人们的行为。设计者也可以挑选另外一些色彩来影响居住者的情绪。人们认为色彩可以影响空间的温度、时间、重量、尺度的感知和加强其他一些人类情感。让我们来看看以下一些实例。

## 温度

长久以来，人们一直相信色温对于人体有直接的影响，即我们的视觉和生理学的过程在暖色环境中会加速而在冷色环境中则会延缓。在暖色环境里的身体内的循环反应增加而在冷色环境里则减弱，这种现象引起人们在相同环境温度的不同颜色房间里的身体感觉完全不同。这种反应随着个体的年龄和整个身体状况的不同而略有变化。这种反应在男人和女人之间也有明显的差别：当房间温度逐渐增加的时候，男人总是比女人更快地感觉到这种变化。在《色彩基本原理》(Elements of Color) 一书中，约翰尼斯·伊滕叙述了一个试验，在该试验中，他将两间形状完全一致的房间分别涂上红橙色和蓝绿色的油漆。在蓝绿色的房间中的居住者在59°F（15℃）时仍然感觉到很冷，而在红橙色房间中的居住者则感觉很舒适直到温度降到52～54°F（11～12℃）才感觉到冷。由此而得到的结论是，这是色温对我们的影响——蓝绿色减缓血液循环，而红橙色则会加速血液循环。

另外一些研究色彩反应的学者，例如肯尼思·费尔曼博士（Kenneth Fehrman）和凯列·费尔曼博士（Cherie Fehrman）认为人们对色彩的温度反应更多地是来自于与某种色彩相联系的习得反应而不是生理上的反应。他们认为在某些情况下，我们对某种色彩由学习而获得的反应已经存在了很长时间，以至于可以自动地引发这种习得反应，温度就是其中的一种。心理学家卡尔顿·瓦格纳的发现与该结论一致。他认为强烈的联系在我们的色彩反应中扮演了重要角色，所以当我们看见火焰颜色的时候就会使得我们感觉温暖，而与雪联系在一起的完全非彩色的白色就让我们感觉到寒冷。不管我们对色彩的温度反应是习得的反应还是生理上的反应，我们在环境色彩方面的反应都是一致的，因此就设计的观点而言，色彩的温度反应是值得信赖的，可以加以利用。

## 时间

我们已经做了许多测试来表明色彩的色调和时间的感知之间的相互关系。其结果是戏剧性的，并不完全一致。大多数的色彩分析家相信色调的差别影响到人们对时间的感知。许多（但并不是所有的）色彩分析家和大多数的色彩心理学家［包括德博拉·夏普（Deborah Sharpe）和卡尔顿·瓦格纳］都认为在暖色的房间里，尤其是在红色的房间里，我们会失去时间的观念而觉得时间过得特别快；而在蓝色的房间里时间则过得比较慢。就纯度而言，流行的看法是，时间在色彩明亮的空间比在色彩不鲜明的空间里过得快。这可以说明为什么近代在娱乐场所和酒吧等设施内大量使用完全饱和状态的红色。

一小部分人认为色相以外的其他色彩因素也会影响我们的时间观念。带有刺激性色彩的环境比没有任何刺激性色彩的环境使人更能保持兴趣，而如果这种刺激性过多就会达到一种过度刺激的状态。一旦我们被过度刺激，时间又会再次变慢以至于我们想要寻找机会离开。如果环境之中包含了过多的对比色或者环境中主要色彩的饱和度过高，居住者就很容易因过度刺激而变得疲劳，从而影响房间内人们对时间的感觉。在缺乏色彩对比或者缺乏色彩的状况下，我们同样会想要离开，因为这样的空间也会使我们失去兴致而感觉无聊。设计自身的吸引力也影响我们在空间中的时间感。一个令人不快的色彩组合会使人产生不舒服的感觉，这使得时间过得更加慢。如果一个房间大体上令居住者满意，他们很可能在其中停留更长的时间；相反，在一个毫无吸引力的房间里，他们则可能无法忍受再多待一分钟。在毫无吸引力的房间里由于缺乏认同感，时间再次变慢。相对而言，在高对比度的房间，特别是在对比强烈的房间里，短时期内比那种缺少刺激的色彩搭配更令人感觉舒适。通常，希望消费者流量高的公众场合更需要高度对比的明度和色相。这种高对比度的刺激在短时期内令顾客十分满意，但是却不会令顾客感觉轻松而长时间逗留。这些都说明单单只是色温一种因素并不足以使观众长时间逗留。

## 重量和尺度

色彩的明度应用于物体的表面可以使人们对其重量的感觉发生变化。就物体而言，深色的物体看起来比浅色的或者低浓度的物体要重。人们通常用明亮的色彩来减轻重量，所以巡回演出的剧团常用茶色或者白色作为箱体的色彩而不是深灰色。色彩也影响我们对尺度的感觉。深色的物体似乎看起来更小更细，所以人们流行穿着黑色的衣服和黑色的套装。

在房间内，深颜色使墙壁和顶棚显得更沉重，给人以坚固和厚重的感觉。一堵薄薄的独立墙体如果涂上海军蓝将比涂上其他明亮的颜色看上去更沉稳一些。传统上，设计者在地板上使用较深的色彩以使其沉在下部，而在顶棚上则使用较浅的色彩以使其显得更高。然而，许多成功的空间设计却打破了这些传统的束缚。在一个顶棚很高的房间里，较深颜色的顶棚可以使其高度感降低；间接地，深颜色所造成的不一致的光线将进一步减少其尺度。

## 联觉

科学家们早就知道色彩反应与五种感官之间有着自然的联系。当大脑受到色彩刺激的时候，这五种感官也受到了刺激。例如，格式塔心理学家们（Gestalt psychologists）注意到当存在大量噪声和强烈气味的时候，人的眼睛对绿色更为敏感，而对红色则不敏感。人类对明度和响度的感觉在暖色时是敏锐的，而冷色则会降低我们对明度与响度感觉的灵敏度。这种联系就被称为联觉（联觉：一种刺激激发起另一种感觉的状态，如听到某种声音便好像看到某种颜色——译者注），它的意思是各种感觉的联合和一致性。

## 声音

费伯·比伦在其联觉的研究（《色彩心理与色彩理论》（Color Psychology and Color Therapy）第147页）中指出已经有好几位科学家的试验证实了联觉的存在。他提到在1931年卡尔·济茨（Karl Zietz）让参加试验的人员一边听着变化的音调，一边观看色彩样本。其结论是当听到高音调时人们会感觉到色彩的色调变得较浅，而音调较低时则会感觉相同色彩的色调变得较深。在试验中，当音调较低时在观众的眼里红色带有更多的蓝色调，而当音调较高时则带有更多的黄色或橙色调。当人们处于低音调的环境中时黄色变得偏向于棕色或者红色，而在高音调的环境中则变得苍白。在这些试验中，济茨证实高音调的声音环境中视觉残像的轮廓更为鲜明，而低音调则使其轮廓更为模糊。

通常声音的存在对于色彩的感知具有明显的影响。当我们的耳朵接收到持续的振动，我们的眼睛

### 弗兰克·曼克

弗兰克·曼克（Frank Mahnke，美国人，出生于1947年）是当今最善于表达的色彩专家之一。他是国际知名的色彩顾问，进行了大量有关色彩、人工光源的效果以及人类的生理反应状况方面的研究。他通过发表公开演讲和出版书籍与公众分享他关于环境色彩运用和人工光源研究方面的成果。曼克先生关于照明及照明对色彩的影响的合理性阐述，以及关于空间色彩运用在心理方面的解说，为从事环境设计、建筑设计和室内设计的人员提供了全面的指导。他是国际色彩咨询协会（International Association of Color Consultants， IACC）和美国色彩与环境信息中心（American Information Center for Color and Environment）的专家。

很少能够准确地感知长波的色彩。一般而言，受环境中声音的影响，视锥对于略微倾向于蓝色的绿色更为敏感，而对暖色的敏感程度较低，尤其是对于红色的敏感最低。中性温度的色彩，例如黄绿色基本不受声音变化的影响。在环境中一些色彩的存在也能够影响人们的听觉。黄色支持高音调声音的接收，而橄榄绿则倾向于抑制高音调声音的接收。如果在一个环境中想要人们注意较弱的声音，就应该使用暗色调的色彩。而在浅色房间里，较弱的声音通常不会引起人们的注意。音乐具有与色彩相类似的特性，这导致音乐人之间偶尔也利用色彩的这种类似特性，把色彩作为他们之间交流的工具。快节奏的音乐通常都与强烈的红色联系在一起，而慢节奏的音乐则与蓝色联系在一起。音阶高的音乐与明亮的色彩相类似，而音阶低的音乐则与昏暗的色彩相似。许多艺术家已经开始用音乐来描述色彩。艺术家瓦西里·康定斯基（Wassily Kandinsky）常常用音乐的这种类似性来形容他的工作——蓝色就像长笛、蓝黑色像大提琴、深蓝色像低音大提琴。另外还有用喧闹这一词语来形容一种刺眼的色彩对比组合，用安静这一词语来形容中性的、非彩色的色彩品质。

## 味道

色彩会影响嗅觉，而气味也会作用于色彩感觉。弗兰克·曼克和鲁道夫·曼克（Rudolf Mahnke）在他们关于色彩在工业中运用的结论对此提供了一些有用的发现［《色彩和光线》（Color and Light）第109页］。他们提到红色会使芳香的气味得到增强，甚至浅红色（即粉红色）也有这种效果。但是当环境色是绿色或者蓝色的时候则会使芳香气味减弱。其他的研究者认为橙色会增强辛辣的气味，而紫罗兰色或者淡紫色则会增加香料的香味。反之，利用气味也可以影响物体的色彩，从而达到预定的设计目标（这种情况下的其他例子参考本书第十四章产业空间色彩中关于“商业上的应用”方面的讨论）。

## 结论

在这里所描述的色彩联想表现为一种抽象的感觉。但是，在三维设计中，我们都知道色彩的影响不是单一的而是与整体状况相联系的。每一种单一的色彩所具有的联想效应使得它或多或少更适合于某种特定的目的。只有当使用者能够体会到设计的魅力之时，色彩的应用才算是成功的。所以设计者要想设计出能够引发积极反应的作品或空间，不但要了解所用的每种色相的特性，而且需要更加了解具体的设计背景。设计者可以运用色彩的强烈联想作为整体设计方案的某种提示或暗示，这样观者即使还没有完全了解完整的色彩设计方案，仍然可以有个全局性的认识。整体的色彩组合、色彩的相互比例关系、所用到的色彩对比关系以及色彩和形态之间的联系结合在一起就可以得到一种效果，引起使用者的特定反应。

关于不同色彩反应的相关资料可以帮助我们确定色彩之间的相对区别。尽管其中有些报道之间互相矛盾，但是集体的智慧还是提供了一些值得信赖的看法。例如，大家一致认为红色是相对刺激的色彩，而蓝色是相对镇定的色彩。这里最关键的是**相对**一词——即相互之间的比较，对大多数人而言红色是比蓝色更为刺激的色彩。在本章中，我们在总结各种色相区别于其他色相的特征时，是在纯度相等的情况下进行比较而得出的结论。在这里需要清楚地认识到所有完全饱和状态下的色彩所引起的反应与不完全饱和状态下的色彩所引起的反应是截然不同的。完全饱和的色彩几乎总是比不饱和的色彩更为刺激。例如，完全饱和状态下的红色是刺激的并引起心跳加速和血压升高，而中等饱和度的蓝色和绿色相对而言则有安抚的作用。之所以造成这样的效果，部分是因为**低饱和度的色彩比完全饱和的色彩更为镇静**。这意味着低饱和度的红色，如粉红色、紫红色或者红褐色，要比完全饱和的绿色更为宁静。纯蓝色则比不饱和的橙色（如杏黄色）刺激性更强。

色相数量的多少也会影响人类的感知。一般而言，在某一环境中**不同的色相用得越多，刺激性也就越强**。色相和明度的不连续变化能使这种刺激维持较长的时间。在一个蓝绿色的空间里，如果其色彩搭配是由几种强烈冷色调的暗色和一系列明度较高（超过1～6，从白色到黑色是1～10）的色彩组合而成的，那么该空间就不再保持平静的气氛。要想使色相对比与周围的背景相适宜，必须牢记引起人们积极或者消极反应的三个比较重要的色彩条件。按照其影响大小排列如下：

（1）色彩组合中对比的数量：对比越大刺激越强。

（2）色相的纯度（饱和度）水平：饱和度越高所引起的积极反应越多。

（3）特殊色相的使用：越温暖的色相刺激性越大，反应越强。

另一个关键因素是色彩联想的信息只在几种有限的形式下起作用。当色彩的饱和度、色相和明度发生变化时，那些由特定的色相和中性色所得来的结论可能会发生变化；同样，当这些色彩周围加入其他色彩时，整体效果也会受到影响。任何一种色彩都不应该因为其可能产生的联想而被设计者排除在其选用的色彩范围之外。当我们调整各种颜色的相互比例关系以避免产生任何令人不愉快的色彩联想时，其目的就是要根据项目的整体目标和设计理念利用一切可利用的信息最有效地解决问题。所以，那些有害的色彩联想意味着色彩特性的调整和其他色彩的加入都是适宜的，因为它们可以消除这种影响。

对于大多数人而言，色彩的变化对人的心理健康是有益的，因为它提供了平静或激动、沉默或活动的一系列刺激。有关色彩属性的知识使得我们能够基于某种目的而作出某种具体的色彩组合设计，这一点对于商品设计而言尤其有益。但是一般而言，**如果色彩组合中能使用到整个可见光谱中所有的色彩，人们的感觉是最好的。**自然赋予我们看见整个色彩序列的能力。拒绝使用该光谱的任何部分都会减少我们的视觉体验。所以，我推荐大家进行色彩研究，并以此作为设计经验的有益补充。了解公众对于各种色相或非彩色的联想可能意味着色彩的恰当运用，但是大多数创造性的设计方案通常都来自对于色彩的非传统方式的运用。即使我们尊重色彩的历史背景，也并不一定意味着对色彩应用的限制，除非是进行受到严格控制的修复和更新工程。

最后，色彩问题和公众的色彩感知都与整个色彩序列息息相关。如果使用某公共空间的每个人的色彩联想和偏好都是给定的，通常就会出现这样的问题：是否应该避免使用某些色彩以消除潜在的消极影响。毕竟使用公共空间的人越多，使用者产生消极联想的可能性就越大。近年来越来越多的色彩学家建议多种色彩混合使用以减少对任何特定色彩产生消极的个体联想的可能性，即提供更为自然的接近人类感知的光谱序列色彩。该建议为设计者提供了一种有益的方法，因为自然界到处都充满了色彩对比。对于大多数人而言，自然的色彩环境仍然是最赏心悦目的。在某些环境背景中只有这样的色彩配置才会引起我们的共鸣。在接下来的章节中，我们将要探究成功的人造环境下的色彩搭配问题。

# 第二部分
# 三维感知

# 第六章
# 色彩反应

色彩心理学是色彩工作中最令人着迷的一门学科，可能也是最富于挑战性的，因为我们很少孤立地看待单一的色彩。我们对色彩的反应都是有背景衬托的，这也就意味着我们对空间的感觉是以所看见的色彩间的相互组合为基础的。对色彩的反应总是带有主观性，但是我们预见那些色彩反应的能力是可以改进的，这种改进来自我们的经验和那些自己专业之外的可靠信息。

我希望能够以大量统计数据来证明我们倾向于作为真理支持的许多色彩心理学结论。但是，遗憾的是在这一领域我们毫无进展。尽管我们做了一些严格的科学调查，但是我们手头的信息大多是过去50多年的轶闻的积累。我们的集体智慧来自下面两种情况的结合。在20世纪50年代和60年代期间，只有少数几个人收集关于色彩的资料并评价其在设计实践中的潜力，费伯·比伦就是其中之一。近些年，几位专业人员勇敢地向大家提出了他们的结论，这些结论是关于如何在空间中运用色彩的。他们之中有色彩心理学家德博拉·T.夏普、卡尔顿·瓦格纳和安杰拉·赖特（Angela Wright），环境设计家弗兰克·曼克和作家莫顿·瓦尔克博士、肯尼思·R.费尔曼博士和凯列·费尔曼。他们的发现有些是相互一致的，有些是独树一帜的，还有的则相互矛盾。这就意味着为了更好地利用他们在背景设计方面的成果，我们还需要不断锻炼自己的判断力。

目前我们最可靠的信息只是一些事实的汇总，而这些事实源自许多色彩专家的临时性记录。色彩反应的每一个方面都是有争议的，但是这一事实并不会使色彩反应失效。当这些结论与我们的色彩体验一致的时候，就可以利用它们来支持我们的设计主题。当两者不一致的时候，我们要谨慎地寻求新的证据，正如怀疑论者对新的范例所持的态度一样。在将这些结论予以应用之前，我们必须通过仔细观察人们对空间的反应和它所关联的色彩特征来决定哪个新的结论是合理的。在第五章中我们已经谈到了色彩反应的某些方面。在本章里，我们将探讨以下问题：影响人们色彩反应的条件，基于我们现有认识的能够吸引人的可能备选色彩方案，以及获取上述信息的途径。考虑到各个方面的观点和设计实践之间的联系，此处将它们一一列出，请读者自己选择认为有用的信息。

## 影响范围

根据色彩研究协会公布的色彩反应报告，依据我们的第一印象（一种对色彩的印象）来决定是否接受一件商品的人占60%，专业的行销人员不应忽略这一事实。在顾客的购买行为中色彩起着至关重要的作用。人们对设计空间的印象也首先是对其色彩的印象。因此，能否提供宜人的环境，在很大程度上取决于我们对人类色彩反应的预期能力。

为了设计出能够达到预期效果的空间和物体，我们要设想何种色彩或者何种色彩组合能够引起所需的反应。这种反应就是色彩反应。色彩按照一定的影响范围给每个人留下印象。有些色彩反应是基于人类本能的反应，因此是无意识的。而许多色彩反应则是以强烈的感觉为基础，并且总是能影响大部分人。还有一些其他的色彩反应只对某个人或某个群体有效。色彩反应的一致性有些缘于先天的反应，另一些则可归因于后天的习得。年龄、教育水平、性别、收入和居住的地理位置的不同都会影响一个人对色彩的自然反应。

没有任何一种色彩能够迎合所有人的需要。某些人偏爱这些色彩，而其他人群则醉心于另外一些色彩。个人对于色彩或者色彩组合的认同感与其个人经历直接相关。某些色彩感知的差异纯粹是种自然的身体上或者生理上的反应，所以我们可以假设大多数人在相同视觉印象刺激下会有相似的色彩反应。而有些心理上的感知则受到下列因素的影响：个人的记忆、文化的影响以及塑造个体独特世界观的阅历。尽管这些不同因素的影响很难用科学的方法来甄别，但是它们对于我们形成有关视觉世界的感受同样至关重要。色彩反应是可以预期的。从群体反应中我们可以看出人们的行为模式。至于个人的偏好，只要进行询问就可以得到答案。我们通常依赖实验数据或者市场调查找出各种群体对色彩的看法。

人类的色彩反应可以相对地分成三类：无意识的、半意识的、有意识的。分析色彩行为的研究者通常按照其专业目标只关注于色彩的某一层面。例如，医学界依靠无意识色彩反应中的稳固联系作为恢复期的辅助治疗手段。心理学家则经常探寻潜意识状态下色彩联想的固定模式。时尚的色彩学家和家居设计行业则致力于预测色彩潮流以更好地追寻公众有意识的色彩偏好。对各种色彩反应模式的探究都离不开对个体是如何感知设计作品这一问题的研究。

## 无意识的色彩反应

最基本的色彩反应是那些基于无意识的反应，即先天的反应。大多数这类反应首先是一种生物学反应，从我们的先辈继承而来。因而无意识的色彩反应不随地域的变化而改变，成为人类最为一致的色彩反应，这也使得它成为最容易预见的一种色彩反应。这些反应的发生是本能的，没有经过正式的思考。属于这一类别的典型反应数量有限，但是它们的影响却是最不容忽略的。它们的发生就好像我们需要吃饭和睡觉一样自然。

进化论中适者生存的理论说明那些能够完善生存所必需的行为的动物将会继续在地球上繁衍，而那些不能发展这些技能的动物则会消亡。与色彩有关的行为也会导致生存与否，这包括：食用成熟的（红色或者蓝色）的浆果而不是食用不成熟的（绿色）的浆果，以及本能地逃离有毒爬行类动物（黑黄相间的颜色）的大嘴。如果我们假设这些行为根植于无意识的反应，那么就可以认为人类偏爱红色和蓝色胜过绿色，事实上许多色彩偏爱测试已经证实了这一点。同样地，黑色和黄色同时出现也能立即引起人们的身体反应，因为人类的生存有赖于从具有这种色彩的咬人和叮人的动物身边立即逃遁。事实上，心理学家告诉我们大多数人在他们首次见到这种色彩组合的时候都会倒吸一口凉气。

除了基于生物本能的反应之外，无意识的反应还包括那些已不再属于有意识思维范畴的个人记忆。造成这些记忆的经历在人的一生中发生得如此之早以至于无法追溯其源头，但是它们的影响却是如此强烈，可以左右我们的色彩偏好和色彩联想。祖母居家服装那令人宽慰的色彩在许多年后仍然能够使一个成年人记忆犹新（引起一个成年人的积极反应）。出于同样的原因，童年时的烧伤可能早就被人忘却，可是令人不快的炉子的色彩却继续保持着其

## 色彩治疗

色彩反应的生理影响能够成为恢复健康方面的有用工具。目前，人们对色彩治疗和色光疗法的兴趣与日俱增，它们已成为治疗多种疾病、伤害、生长问题和其他健康问题的一种可供选择的治疗方法。对于那些赞成这种疗法的人来说，治疗就是使用所选的色彩，通常（并非一定）就是利用光的形式来引发病人的生理反应从而达到治疗的目的。这种治疗理念是基于这样的认识：所有色彩都是人体接收到的以振动形式存在的电磁能。每个振动的频率和持续时间都支持一个或几个基本的人体系统。这正如紫外线穿过皮肤表层，通过表皮下更加敏感的人体组织来影响人体，而其他的可见光则通过表皮影响人体。一些人认为色光有更好的治疗效果，但另一些人也使用颜料（表面的色彩）来产生治疗病人所需要的色彩频率，这就像选择食物一样来选择具有该频率的色彩。由于人的身体要在全波段光谱的光波下才能使其功能达到最佳，而大多数现代人都不能定时地连续获得充足的日照，所以人们认为有疾病是由于某些波长的光波照射不足或者缺损引起的，这就像在日常饮食中缺乏维生素一样。要从这种疾病中康复或者要加强某种器官的功能就需要用相应的可见光进行照射。

有人主张通过色彩治疗促进健康和使人们从伤害和疾病中康复。莫顿·瓦尔克博士在其最近所著的《色彩的力量》一书中援引的例子说明了色彩疗法在治疗精神受损儿童和癌症病人时，患者在精神方面的好转。由于缺乏任何形式的正式监管，美国一些州立的医疗机构已经开始关注色彩临床医学家的治疗行为，而管理医疗设备的美国食品和药品监督局（U.S. Food and Drug Administration FDA）也开始关注这一问题。

下面是用于治疗的七种色彩系列的概览，以及直接使用这些色彩治疗时对应的身体功能和能够治疗的功能障碍。表示人体治疗七个主要部位的图又称为七轮图，具体参见图6.1。

红色——刺激循环系统并对五种官能有益。用于治疗畏寒、瘫痪、贫血、血液疾病和肺部疾病。

橙色——可以激发甲状腺、扩张肺部、加速心跳。用于治疗哮喘、癫痫、呼吸道疾病、肾炎和肿瘤。

黄色——用于肌肉刺激和肌肉运动的协调，有助于健全神经和消化功能。用于治疗瘫痪、关节炎、消化道疾病、神经衰竭和糖尿病。

绿色——增强骨骼和肌肉、杀灭细菌和病毒、舒缓紧张情绪。用于治疗氙气、疟疾、背部疾病、癌症、神经功能失调和溃疡，调整心脏和血压问题。

蓝色——增进新陈代谢，被用来稳定心脏、肌肉和血流。用于治疗烧伤和皮肤疾病、青光眼、麻疹和儿童皮疹以及咽喉疾病。

靛青——净化血液、阻止流血、影响视觉、味觉和听觉。用于治疗白内障、耳聋以及其他一些眼、耳、鼻疾病。

紫色——抑制淋巴管和肌肉神经的运动，维持体内离子（带电的原子）平衡。用于治疗脑膜炎、精神失常、神经失调和风湿病。

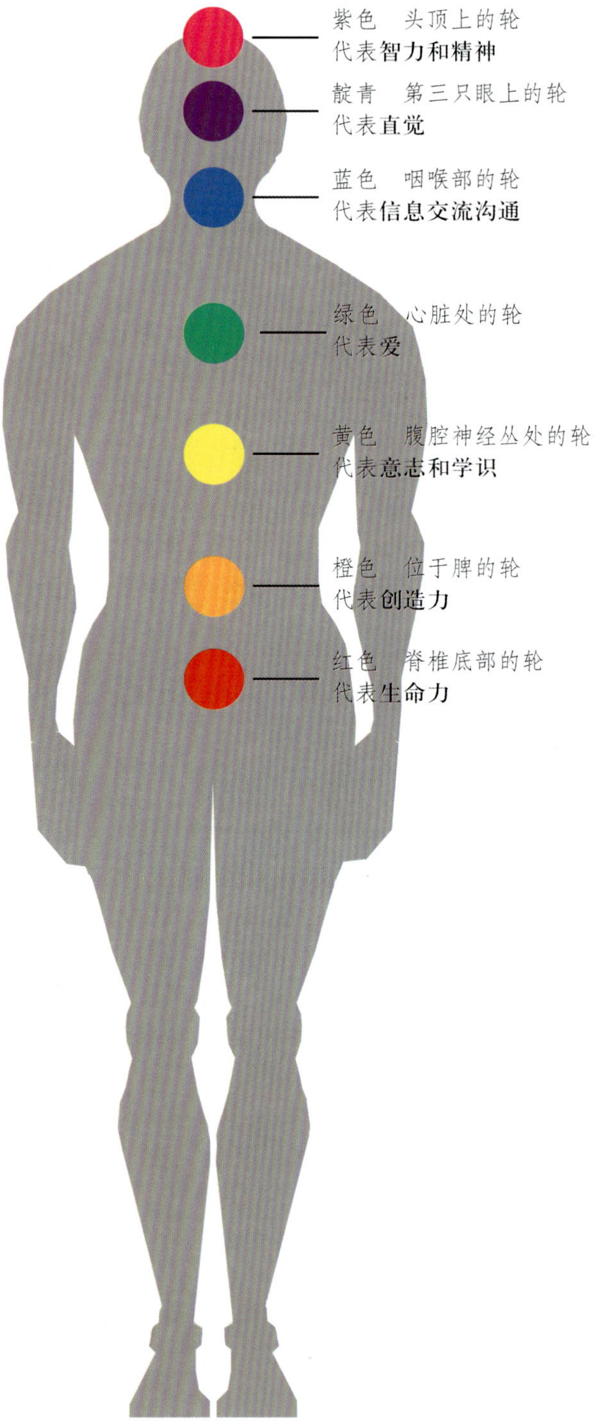


**图6.1**　色彩医治者相信在人体的外部存在一个电磁能量环，它通过一种色彩的平衡来维持我们的健康。轮是存在于电磁能量环之中的色彩力量的非物质通道。每一个轮与脊髓的某个位置相关，形成一个色彩影响区域

消极的含义。一些成年人对服装强烈的爱憎源自其童年时穿着的服装。无论是先天的色彩反应，还是后天形成的下意识和无意识的色彩反应，它们都是最难以改变的。

## 半意识的色彩反应

另一种色彩反应更多地是靠学习而不是靠本能得来的。这些色彩反应在我们日常的行为模式中根深蒂固，由父母传给子女或者根植于社会规范之中。在这一类的色彩反应之中有一部分是由个人的联想而形成的独特反应，但许多是与文化相关的反应，还有一些则是与气候相关的反应。这里所说的半意识反应与前面所述无意识反应之间的关键区别在于分布的区域范围不同。大多数生理上的无意识反应各大洲都是一致的，也就是说大多数人都有同样的体验。半意识的反应是后天习得的，这也就意味着不是所有的人都会有同样的反应。大多数半意识反应与一个或者更多的地理区域密切相关，并得到数代人的认可。在合适的环境或者地理区域中这些反应是值得信赖的。

日照条件可能会影响色彩反应。在经常有雾或者多云天气的地区人们通常都不喜欢灰色。社会的价值取向无疑也赋予了色彩一些内涵。新英格兰人偏爱暖色，而那些土生土长的印度人则偏爱冷色。在亚利桑那州居住过的人通常都会对青绿色产生兴趣，这是因为当地盛产比较珍贵的绿宝石。在美国，与半意识色彩反应有关的文化方面的例子就是绿色与自然产物之间的联系。由于当代社会关注健康和环境，所以绿色在包装，特别是食品包装上得到普遍的应用。与此相反，绿色在盛行伊斯兰文化的国家中则很少使用，因为在宗教意义上绿色是先知穆罕默德（Mohammed）所穿长袍的色彩。所以中东地区出口的东方地毯明显地缺乏绿色。在许多亚洲国家的文化中白色是与死亡和哀悼联系在一起的，而白色在美国作为纯洁的象征而成为新娘礼服首选的色彩。相反地，印度的新娘通常在其婚礼上穿着红色礼服，而欧洲的新娘在过去的几个世纪一直穿着绿色的结婚礼服来象征丰产。

## 有意识的色彩反应

第三种色彩反应对行为的影响是有意识的。这些反应是各个个体的色彩偏好和色彩联想，它们是以个人经历为基础而形成的，并受到潮流和现行政治的影响。在第五章中描述的许多色彩联想和色彩象征都被认为是有意识的色彩反应。有意识的色彩反应每一代都有所不同。各地区的反应也不一致，但是都反映出社会对色彩反应的影响。经济条件的变化、已有的社会规范、战争的爆发以及流行趋势等就像个人的经历一样，都对有意识的色彩反应造成影响。

有意识的色彩反应也是我们个性的反映。它们随着收入、教育、阅历和个人的价值取向而发生变化。这就意味着随着人们的成长，他们对色彩的偏好有可能随着时间的变化而改变。有意识的色彩反应与其他色彩反应的关键区别在于它们是现在的反应。这些有意识的色彩反应对于某一确定的观众而言在某一确定的时间是可信赖的。有意识的反应最

### 费伯·比伦

费伯·比伦（1900～1988年）是20世纪著名的色彩理论家之一。曾就学于芝加哥艺术学院的比伦，是纽约市的色彩顾问，致力于人类的色彩感知与色彩反应方面的工作和研究。他对前辈学者哈里斯、谢弗勒尔、鲁德、孟塞尔、奥斯特瓦尔德和伊滕的大量作品都进行了诠释，因而确立了自己作为学者和历史学家的地位。他对前辈们的译作按照自己现代的解释进行了重组。比伦总共写了20本书和200多篇文章。

容易受影响。它们天生就很难预测，但是这种色彩反应却常常会引起新的色彩理念。

## 色彩测试

色彩偏好测试长期以来一直是心理学家和精神病专家了解顾客思想变化过程的手段。它的有效性基于统计概率，这种概率阐明了大多数人的思维模式。这种测试结果不能作为结论用来预测任何个体的色彩偏好，尽管在某些人类行为领域里人们经常以其作为个性特征的标识。但是，当我们预测某群人对所用色彩可能产生的反应时，它们却能为我们提供有益的帮助。当然并不是所有的测试在设计实践中都能得到直接的应用。下面是对色彩测试的简单探讨。

## 色彩与形状

从最初的以色彩为主发展到色彩与形状相结合是每一个人都要经历的色彩体验。传统上，心理学者对儿童进行色彩测试以确定遗传、条件、身体发育和习得行为的影响。对色彩和形状的区分能力已经成为确定儿童发育程度的 种标准。按照德博拉·夏普在《色彩心理与设计》（The Psychology of Color and Design）中的说法，儿童首先对色彩发生反应然后才是形状。在婴儿时期，人们对物体的偏爱是基于物体的颜色。当孩子长到4～6岁的时候，他（或她）就开始意识到形状而变成首先对形状产生反应。对该发展阶段多年的通用测试方法被称为色彩–形状测试。测试中有3种形状的9个图形——3个三角形、3个圆形和3个正方形。每种形状的3个样本中，一个被涂上红色，一个被涂上蓝色，还有一个则被涂上绿色。儿童（或者成年人）被要求首先选择出最喜欢的物体，然后选出次喜欢的物体，最后选出第三喜欢的物体。如果这个儿童是色彩中心型的，三个相同颜色的物体将被选中，比如蓝色的三角形、蓝色的圆形和蓝色的正方形。而如果这个儿童是形状中心型的，他（或她）将选择三个形状相同但是颜色却不相同的物体——例如，三个圆形，它们分别是红色的、蓝色的和绿色的。另一个测试儿童色彩–形状中心型的方法是让他们对红色三角和绿色圆面进行选择，如图6.2所示。儿童被要求选出与红色圆面相似的物体。大多数3～5岁的孩子选择红色的三角，因为在这个年龄段同一性意味着色彩，而不是形状。而以形状为主的儿童或者成年人在这种情况下则会选择绿色圆面。

**图6.2** 色彩–形状测试通常涉及两套几何形物体，一套在色彩上与测试样本一致，另一套在形状上与测试样本一致

在心理学上，色彩–形状优先测试被用于度量成熟程度和其他具体的发展要素。形状优先于色彩，或者说形状优先的人被认为比色彩优先的人更为成熟。对儿童而言色彩优先一般要持续到4岁半，在这个年龄段只有少数智力发展较快的儿童（大约占10%）是形状优先的。对大多数儿童而言，开始发生形状优先转变的年龄是变化的，在4～6岁之间，中间值是5岁。到了9岁，大多数儿童都是形状优先型的。耳聋的儿童不在此列，因为他们在所有的年龄段都表现出典型的色彩优先于形状。对于成年人而言，形状优先远远高于色彩优先，占成年人的90%。倾向于色彩优先于形状的成年人是很少的。根据观察，这10%色彩优先的人具有创造性和灵活性，或者是易冲动和不成熟的。而90%形状优先型的人的个性倾向是具有更大的稳定性，并表现出社会可控性。

## 色彩偏好测试

4个月大的婴儿就能够对某一种色彩表现出偏爱，成年人则不仅能表达他们的偏好，而且能说出这种选择的原因。在19～20世纪期间，人们已经总结出了色彩偏好和个性特征之间的一些相互关系。

心理学家、精神病专家和社会工作者都有赖于色彩测试作为分析人们性格基本倾向的一种手段——同一种个性类型的人具有相同的色彩偏好，这就意味着下一个选择这种色彩的人很可能具有相同的个性特征。例如，在一组样本中有100个知识分子选择黄色作为他最喜爱的色彩，那么我们就可以假定下一个选择黄色的人也是知识分子。

许多书中都谈到了用基本色相和几个标准的非彩色来阐明个性特征和色彩偏好之间的相互关系。例如，人们一般都认为偏好橙色的人在社交方面是外向型的，而偏好绿色的人在社交方面则表现得谨慎而传统。这种比较忽略了橙色和绿色有多种形式的事实，所以爱交友型的人不见得偏好所有的橙色，社交保守型的人也不见得偏爱所有的绿色。这种个性匹配理论也意味着如果基本个性不发生变化，我们的色彩偏好也不发生变化。从设计的角度出发，在我们给某个特定的人进行私人空间设计的时候色彩偏好是非常有用的。在这种场合下，色彩基本信息最好直接来自客户而不是来自于通用的绝对的指导原则。

## 测试种类

色彩偏好测试是获取色彩及其对人影响的信息的一种方法。许多色彩偏好测试只局限于色彩的色相，它们所提供的预测也是有限的。另外一些色彩测试则复杂一些，它们还使用了色彩的浓淡、明暗和深浅，因而得出的结论对指导设计实践也更有意义。很显然，测试手段越复杂，测试环境就越难控制，测试控制者将主要问题分离出来的难度也越大。无论各个专业关注的焦点是什么，这个情况对每一个测试控制者来说都是一种挑战。现在流行的主要有三种色彩偏好测试方法，它们分别服务于不同的目的，它们分别是：市场调查、文化心理分析以及对个性进行评估的诊断测试。

最常用的色彩测试是用于追踪短期潮流或者对短期潮流中的某些变化进行评估。通常市场调研人员依靠这种类型的测试数据来决定有效的产品包装方案或者用以确定一种新色彩的公众接受程度。这一领域的色彩测试经常牵涉到色彩与某种特定的产品或者服务之间的关系，着眼于确定某种特定市场在短期内的色彩偏好变化。这些测试由制造业和零售业的专业人员来完成。在这种测试中，色彩通常以组合的方式而不是以单个样本的方式出现。这些测试结果在确定新的受大众欢迎的色彩潮流方面是有效的，在确定何种色彩将导致成功的产品营销或者市场策略方面也是有效的。

心理学家用第二种色彩测试方法研究人们的行为模式。这是长期的色彩偏好测试，测试结果在某地理区域内经常是一致的，它也展示了那些代代相传的色彩偏好。这些结果所确定的色彩偏好根植于某一人群的文化之中，是社会长期发展的反映。对于这种类型的测试而言，色彩与具体的实物之间没有联系，也不受潮流和实际应用的影响。这意味着它脱离了具体的实用范畴，进入了一个更加抽象的领域。

一些精神病专家和其他精神健康顾问用第三种类型的色彩偏好测试来评估人的个性特征。这种测试依照心理学家和精神病专家预先确定的模式进行设计，受测者只需按照要求对偏爱的色彩做出选择即可。测试还要求那些受测者清除大脑中与潮流、产品或环境有关的色彩联想。测试的色彩是为了揭示精神状况而精心挑选的，并且已被历史数据证明了其可信度。它的理论依据是每一个个体的色彩偏好决定了其色彩反应，而色彩偏好又根植于其个性之中。它们包括《吕舍尔色彩测试》(The Lüscher Color Test) 的作者瑞士分析家马克思 · 吕舍尔博士 (Dr. Max Lüscher) 和马克思 · 普菲斯特 (Max Pfister) 所进行的测试。吕舍尔博士的测试简化后包括以下8个卡片组成的一个色彩序列：暖红色、红紫色、绿色、深蓝色、黄色、灰色、黑色和米黄色。受测者要按偏爱顺序对其进行选择，并且要进行两次。测试控制者用人们选择的次序来鉴别其个性、精神压力和腺体失衡状况。马克思 · 普菲斯特所使用的色彩金字塔测试是由24个色相的色彩样本组成，它要求受测者在一个有15个空格的金字塔中将色彩按照从和谐到不和谐的顺序依次进行排列（最底部为5个空格）。这样，从安排的次序中就可以看出受测者的个性特征。

### 测试控制

色彩测试的过程中存在着一些影响实际结果的变数。对于任何形式的测试，测试过程都必须排除控制者的个人喜好对受测者的影响。控制者在色彩表达上的不一致也会对测试结果产生影响。此外，色彩测试中很难保证取样的一致性。即使是现在，精确地复制色彩样本都是难于做到的，并且成本很高。对于色彩而言，细小的变化都会对受测者的色彩感知造成影响。染色质量也是很难控制的，照相和复印技术也离我们的要求相去甚远。表面纹理的差异和光线的变化也会改变我们对色彩样本的感知（这些将在第九章“色彩和光线”和第十章“纹理和材质”中进一步阐述）。

色彩样本的背景对测试过程也有影响。桌面的色彩和其他任何背景色彩都容易对色彩样本产生影响。展示色彩样本时房间的色彩、桌面的色彩和控制者服装的色彩都可能对受测者的色彩感知产生影响。这也就意味着如果不同受测者分别在不同的地方进行测试，最终结果可能会相差很大。当我们进行色彩对比的时候，最好的背景色是中等明度的灰色。尽管黑色与白色也是非彩色，但它们在明度上都过于极端，这会影响测试过程。在某些场合，如果无法用灰色，中等的灰紫色或者中性的黄绿色也可以考虑，因为这些背景色在温度上是中性的。

### 测试结果

尽管在色彩测试中有这么多变数，但是过去两代人所得出的结论还是显示出一些一致性的结果。其中可信的结论是大多数成年人都倾向于选择强烈的色调而不是中性色调或灰色调，并且倾向于选择浅色调而不是深色调。如果让人们从一套抽象的色彩样本中选择出第一和第二喜欢的颜色，大多数美国人喜欢选择蓝色、红色和绿色作为其最喜欢的色彩，并且通常都是以蓝色、红色、绿色这样的顺序进行选择。按照测试的结果，他们最不喜欢的是这样的色彩序列：黄色、橙色和紫色，紫色、橙色和黄色，以及紫色、黄色和橙色。

在进一步的色彩选择测试中，人们发现越常见的色彩越容易被选中，而越不常见的色彩越不容易被选中。人们最不喜欢的色彩是那些与我们的想象截然相反的色彩。例如，人们通常认为黄色应该是比较明亮的色彩，所以纯度较高的青铜色、黄褐色或者带点绿色的黄色这一类偏暗的暗色系都是不受欢迎的色彩。对于淡紫罗兰色（一种苍白的紫罗兰色）和淡紫色（浅白的紫色）反应较好的人是十分有限的，其中一部分原因在于人们认为紫色是明度较低的颜色。相反地，用小面积的紫罗兰色衬托以使相邻的色彩显得更加令人愉快或者使色彩整体设计显示出与众不同的风格，这样的用色是比较成功的。

#### 性别

性别差异也会影响色彩测试的结果。在三原色和三间色中，蓝色明显地超越其他5种基本色相成为成年男人的首选。可是据调查，女人通常首先选择红色或者蓝绿色。男人喜爱橙色超过黄色，而其女性同伴则喜爱黄色超过橙色。对于基本的三原色和三间色，在头三次选择中，男人和女人都会选中红色作为其中一次选择。但是，正如卡尔顿·瓦格纳[见《关于色彩反应的报告》(The Color Response Report）第16页］所发现的那样，其区别在于女人偏爱蓝底的红色，而男人则偏爱黄底的红色。同时，男人偏爱浓烈的色彩，而女人则偏好浓度较低的色彩。

#### 年龄

儿童在色彩偏好测试中也表现出某些一致性。婴儿首先见到的是黑白的对比。出生后几天看见红色。然后关注明亮色彩的时间长于低纯度的色彩。根据色彩测试结果，红色和黄色或者红色和蓝色显然更受欢迎。对于这个年龄段的儿童，可以根据他们眼睛追踪的色彩来确定何种色彩吸引他们的注意力。年纪小的、好动的儿童一律偏爱明亮的色彩——较明亮并更为饱和的色彩。当他们成熟起来的时候，他们的爱好转向不那么强烈的色彩。在8～12岁的儿童的美术作品中，他们很明显地更欣赏色彩的协调。11～14岁这一年龄段的少年开始建立色彩的情绪联想。例如，兴奋与红色、冷静与蓝色之间的色彩联想。而到了16、17岁，测试显示女孩偏好暖色，男孩偏好冷色（结论源自德博拉·T.夏普《色彩心理与设计》第24页）。

色彩辨别能力随年龄而改变。儿童匹配大多数色彩的能力从10岁到19岁不断增长。辨别色彩的顶峰是20岁，色彩匹配的可靠性在其后不断降低。唯一的例外是黄色，辨别黄色的顶峰是40岁。教育家已经开始用色彩偏好的知识来指导教学。人们已经认识到将色彩、声音和识字结合起来可以增强学习效果（其在设计中应用的例子参考第十二章图12.11）。

## 个体偏好

每一种色相因其具体的变化和背景的不同而具有传递积极或者消极信息的潜在可能性。一些分析家不再局限于以色相比较为基础的色彩偏好测试，已经开始探究更为复杂的复色变化、明度变化和纯度变化在测试中的应用。在过去，人们使用色彩偏好和极端性格之间的相互关系来调整人的行为模式。例如，我们假设活跃的、外向的人和小孩子喜爱明亮的色彩，更为压抑一些的色彩就能使他们平静下来。与此相反的证据更准确一些。活跃的色彩环境使活跃人群感觉更舒适，而消极的色彩对他们而言则太闷了一点。喜欢沉思的人在活跃的环境中很难集中精神，这会使他变得激动不安。

最佳的环境色彩似乎应该是与其空间使用者的色彩偏好相配的色彩。这样选出的色彩常常能增强个人的色彩体验。色彩反应引发的情绪变化是多种多样的，但是有些色彩组合却像音乐一样能提高人们的情绪。一个色彩丰富的房间会使心跳加速，而这可能不是我们设计的初衷，如果以降低色彩的浓度来平衡一下，就能有效地减缓心跳的速度。

如果我们为某个人进行设计，基于其个性的色彩偏好是很容易被察觉的。事实上，**直接与用户接触得到的信息比任何统计数据更有价值**。但是，我们通常是为一群人进行空间设计，与用户的直接接触是不大可能的。没有直接接触，有关色彩偏好的分类信息就可以作为设计的出发点了。与色彩偏好相对应的行为分类是内向型与外向型的个性类型。每个人都会表现出内向和外向两种行为方式，只是程度不同而已。我们可以根据色彩的特性，找到这些行为模式与色彩之间的直接相关性。要展示个体行为模式的变动范围，我们必须假定这个范围的两个端点是截然不同、普遍存在的个性。切记这是极端的对比。大多数人的个性都对应于整个范围（即两端点之间）中的某一点，相应地，他们的色彩偏好也与该点相对应。

### 外向型刺激

色彩偏好随着占支配地位的个人取向和情绪波动而变化。人们对有利于展示他们所有行为的空间和物体感觉最舒适。换句话说，外向型的人在能带来刺激的空间里最自在。人们的个性越偏向于外向型，越倾向于喜好强烈的刺激。一般而言，外向型的人显示出思维敏捷、爱交际的趋势和喜爱感官刺激的迹象。如果他们所处的环境不能提供必要的刺激，就会使他们感到厌倦。缺乏刺激的阴暗环境可能不会对其居住者产生直接的刺激，但是却会使其向内向型转化，使个性较活跃的人产生焦虑的情绪，从而引起愤怒的情绪和难以集中精神。

不同个性的色彩偏好是色彩研究的传统研究项目。长期以来，人们一直认为外向型的个体偏好暖色，特别是橙色。冷色，特别是蓝色，也已经和静默沉思联系在一起。但是，当色彩呈现在我们面前时，色彩的其他一些特性，却可能同时具有产生刺激作用或者安抚作用的能力，而且这两种能力可能是相等的。增加色彩对比的数量或程度是非常刺激的，但是它们在具体环境下产生的协调却令人更加平静。色彩的纯度对于房间的亮度有极大的影响。反过来，房间的明亮或黑暗也影响色彩的力度，强化色彩给人的整体印象。鉴于这一点，下面将着重陈述个性与相应色彩特征之间的关联。

三个基本的色彩特征可以形成极端外向型的空间色彩：**暖色**、**较浅明度**和**较高纯度**。性格越外向的人似乎越喜爱暖色。这并不意味着他们家里的色彩必定都是红色、橙色或者黄色的。但是可能会用一些暖色使配色更具吸引力。出于同样原因，性格越外向的人似乎越容易被明度较浅的色彩所吸引。他们也有提高房间照度的倾向。在纯度上，这些人更喜欢强烈的色彩，对于活跃的人来说这一点更为明显。无论使用何种色彩，纯度越高其刺激性越强。

当我们进行色彩组合的时候，对比和协调以及图案都可用于控制视觉刺激的强弱。越是交互式的空间，所使用的明度、色相和面积的**对比**越鲜明，当所用的色彩对比较少而对比效果非常强烈时感觉最合适。这类空间并非一定需要和谐的色彩平衡，当空间功能属于积极活动型时尤其如此。**图案**也能对活跃环境气氛产生积极的影响。秩序感和连贯性是任何成功的设计都必需的。但是外向型的客户更欣赏强烈的、变化复杂的色彩，因为这些特征符合他们的个性。图6.3以非常概括、简单的术语界定了不同的色彩策略。

## 内敛

通常越是喜欢沉思默想和好内省的人似乎都对色彩的变化越敏感，他们更喜欢刺激性较弱的物品或者环境。他们喜欢呆在熟悉的环境里，独自在属于自己的空间里休憩，暂时远离喧嚣的尘世。和外向型一样，这些特点也是对极端个性的概括。越是内向的人，似乎越偏爱平静，甚至压抑的个人空间。这种类型的客户对于任何鲜明的色彩都缺乏热情，特别是那些强烈的色彩。

好内省的人倾向于喜爱**冷色**（例如蓝色、蓝绿色、绿色和紫色）和较冷漠的非彩色（例如喜欢蓝灰色而不是茶褐色）。他们也可能偏爱一个较压抑的、以**较低纯度色彩**为主的色彩方案，例如喜爱香草色调而不喜欢橙色，喜欢橄榄绿而不喜欢明亮的黄绿色。人们认为蓝色是更加内省的色彩，但是明亮的蓝色比柔和的红色（例如紫红色或者棕色）更不适于用在安静的私人工作空间。内向型的人通常喜欢**明度较深**的色调，欣赏色彩丰富的深色调，也偏好暗色而不是浅色。

为内向型的人设计的色彩方案使用的色彩形式越少越有效，因为这样可以减少刺激或者视觉混乱。使用色彩**弱对比**（比如纯度对比）并且所用色彩为

**图6.3** 该图指出对应于极端个性的色彩特征之间的比较。描述时选用了相比较而言的用词

**同一色相**时的复杂色彩组合对这种类型的客户来说可能非常合适。色彩**明度变化不大**并且色彩**面积非常均衡**的方案也适合于内向型的人。其中的关键就是要靠选用较小色相范围内的色彩来限制色彩对比。对于内向型的人来说，色彩组合中的色彩越集中越好。在这种色彩设计中，无论是利用一致性还是光谱平衡或者两者同时采用，建立**和谐**的色彩关系更为重要。图案通常被简化，面积和比例更加小型化，色彩对比更少。

毫无疑问，依照上述关系确定的设计用色方案不应该将任何一种颜色排斥在外。我们在这里进行讨论的目的不是要为具体的个体空间设计确立色彩使用的限制，而是要提供进行这类色彩设计的基本知识。关于内向与外向的色彩偏好并不是绝对的，比如有些内向型的人喜欢橙色，而有些外向型的人喜欢非彩色的环境。这里我要再次重申，考虑个人色彩偏好时，顾客或用户的直接反馈远比那些关于色彩的统计或分类资料更加有用。如果不能获得直接反馈，那么本章有关色彩偏好分类的建议就可能会有用。接下来涉及的关于社会经济地位的内容也同样重要。

## 社会经济地位

卡尔顿·瓦格纳在他的录像资料《色彩的语言》中提出了一些色彩与社会经济地位之间的相互关系的重要结论。他解释说尽管人们心理成熟水平和年龄未必相当，但是随着年龄的增加，人们依然会发现他们的色彩偏好发生了变化。一个人受教育的程度越高、接触的文化越多、财政状况越好，他（或她）的色彩偏好越不同于一般人。我们能够接受的色彩越多，所能欣赏的色彩组合数目也越多。我们都认同那些符合自己所处阶层的色彩。当我们交往的人群发生了变化，那些熟悉的色彩也会发生变化。一个人生活的圈子越狭小，符合其审美要求的色调变化范围也越小。这是因为我们都喜欢熟悉的色彩。当人们接触的色彩越少，色彩变化的范围越小自然让其感觉越舒适。这就意味着能够吸引一个生活阅历较少、收入较低的人的色彩的数量相对较少，而吸引那些更会赚钱、受过更好教育、智商更高、生活阅历更丰富的人的色彩数量较多。但是这种一般性并不适用于所有情况，它们只是显示了与人的背景相关的某种趋势。同样，如果缺乏直接的反馈，这些关于色彩特征的宽泛结论仍然可以作为正确设计色彩组合的起点。

在社会经济方面处于优势地位的个体，更喜欢复杂的色彩。瓦格纳解释说，所谓复杂的色彩，是指那些具有多种色相特征并且难以描述的色彩。一种简单的色彩用一两个词就可以说清楚，如浅橙色、灰蓝色、亮绿色。而更复杂的色彩会用到一些叙述性的词语，例如，带蓝色底色的淡绿色，或者带点紫红色的暗棕色。复杂的色彩很少是处于完全饱和状态的，而简单色彩通常都是纯粹的，很容易根据色相来进行描述。越是在社会经济方面处于劣势地位的人越喜欢简单色彩。在一间百货公司里待售的珠宝盒可能会采用较为吸引人的泡泡糖似的粉红色，这种色彩既简单又常见。但是处于派克大街（Park Avenue，美国纽约市的豪华大街街名，常用作奢华时髦阶层的同义语——译者注）的精品店似乎更喜欢将它染成紫貂色——更为复杂的、后天习得的

### 卡尔顿·瓦格纳

卡尔顿·瓦格纳（美国，20世纪）是一名室内设计师和临床心理学家。他在长滩（Long Beach）的加利福尼亚州立大学（California State University）获得心理学学位，并就学于瑞士苏黎世的卡尔·荣格学院（Carl Jung Institute）。之后，他教授了15年的心理学并通过演讲和其他媒体继续传授关于色彩反应的知识。瓦格纳在加利福尼亚的圣巴巴拉（Santa Barbara）创立了色彩研究院，作为该院的前任院长而广为人知。该研究院致力于收集和传播关于人类色彩反应的信息，提供咨询服务和色彩训练。

一种色彩偏好。

此外，一般而言，社会经济地位相对较低的人，偏好明度较浅的色彩。较为成功的人更可能选择明度较深的色彩。社会经济地位较高的人在不同色调的色彩组合中倾向于选择明度变化较小的组合方式。为了弥补因此造成的不足，通常采用一系列在纯度上而不是在明度上进行变化的复杂的色彩组合，这种组合更为微妙并更受他们喜爱。低收入人群对于明度变化范围较大的复杂的色彩方案较为喜爱。图6.4揭示了色彩特征可作为研究人们性格特征和社会经济地位影响的线索。

某些色彩被瓦格纳归入经典色彩或非经典色彩。经典色彩是只迎合了一小部分人的需要，并且这些人绝大部分是有较高社会经济地位的人。森林绿就是一种经典的色彩，紫红色和鸽子灰也属于这种色彩。非经典色彩是为大多数人所熟知的色彩。这些色彩向每个人传达着非正式、低价格和易于接近的概念。完全饱和状态下的橙色和黄色是非经典的色彩。特别是橙色，已经被霍华德·强生公司（Howard Johnson）和家得宝（Home Depot，美国最大的家居用品零售商）成功地用于吸引更多的顾客。用于麦当劳金色拱形的黄色同样取得了成功。这也就是说，如果你想吸引更多的顾客，应该使用非经典的色彩；而如果你的目标是要每个顾客消费的金额更多，选用经典的色彩则更为合适。

## 小结

现代人越来越关注人类的行为，因为它是人类对色彩的反应。幸运的是，影响我们空间色彩感知的因素已经得到了较为统一的认识。设计者最有可能及时分享关于色彩和行为的新见解，因为行为科学家对行为模式进行着不懈地研究，并且随着技术交流和跨文化交流的不断发展，人们获取信息的渠道也在拓宽。尽管这些信息对于富有创造力的设计师而言并不意味着最终成果，却为他们提供了色彩设计的基石。至少，这些事实提供了一种可能存在的警告，告诉我们哪些是不恰当的用色，或者对不曾料到的某些明显与色彩相关的行为方式作出解释。对于单个色彩没有任何错误可言。我们对空间和物体的感知取决于我们所见到的色彩组合。当我们认为某些色彩对设计必不可少，然后使用它们的时候，我们对色彩反应的了解能帮助我们调整整个色彩组合以满足目标观众的需要。

这种信息对设计者是至关重要的，因为它使设计者能够使用经杰出艺术家确证过的方法来组合色彩。色彩成为达到目标的一种手段。在设计的过程中同时确定所使用的色彩与形式，可以形成更一致、更独特和更有效的设计。总之，当我们在不同设计要求下设计空间以传达自己的设计意图的时候，先前所讨论的色彩反应的知识、色彩对比和协调的经验就成了我们强有力的工具。

到目前为止，我们已经讨论了8种类型的色彩对比，分别是色相对比、明度对比、面积对比、纯度对比、温度对比、补色对比、同时对比和连续对比。我们知道使用单一的对比或是两个以上的对比取决于我们所要求的刺激性和复杂的程度。我们也确定了9种协调的形式：非彩色协调、单色协调、相邻色协调、多色协调、成对协调、三元组协调、分离补色协调、四色协调和六色协调以及其中的几种变化。每一种色彩协调都提供了一种选择色彩的规则，这种规则就是更协调一致并愉悦你的眼睛。我们都知道光谱色协调和一致性协调相结合可能是最为平衡的色彩组合方式。在一个整体协调的方案中使用色彩对比来更充分地表达设计理念也是比较常见的方法。

在第五章和第六章中，我们梳理了在影响预期色彩反应中和人自身有关的因素，阐明了人们色彩取向中的共同规律。在第七章中，我们将着眼于如何使用色彩控制工具和色彩反应知识来建立清晰的色彩设计思路。由于我们能够预见到用户大部分可能发生的色彩联想和基于第一印象所产生的色彩关系，所以我们就可以根据预期用户的反应来增强我们的设计构成。下面章节中的例子说明了当我们对色彩的理解更为全面，设计中的控制更为主动时候，色彩和形式就将更为有效地结合在一起。

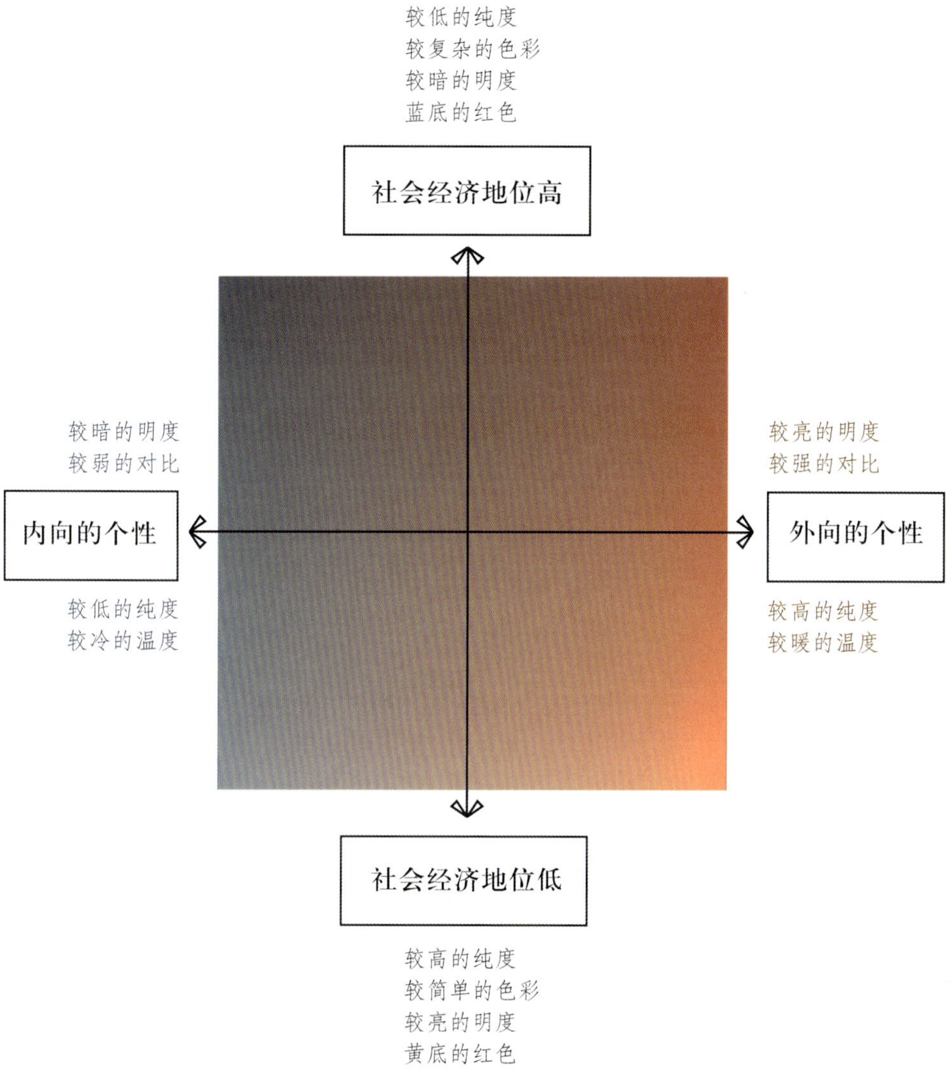


**图6.4** 在这幅图中，外向型个性可能的色彩偏好与基于社会经济地位的色彩偏好结合在了一起。大多数人的选择落在这些极端特性之间的某处

# 第七章
# 三维色彩概念

色彩和形式是任何设计或者艺术作品的基本要素。它们结合在一起就传达了某种东西，这种东西在本性上可以是物质的、情绪的或者精神的。它的本质就是设计理念。每种色彩都可以建立一种色彩联想来支持设计宗旨，而整个色彩组合就可以全面地表达设计的意图。色彩组群可以依靠具体的空间布置和色彩对比的运用来强化、中和或者削弱三维形式的构成。每一种色彩选择都会增强或者减弱最初的设计理念，因为它们都会对形式产生影响。当色彩组合达到最佳状态的时候，它会增强其形式并支持整个设计理念。每种色彩关系成为我们了解整个方案空间关系的线索。

本章将涉及设计项目中所用到的基本概念，并将探讨在三维形式背景下色彩的作用。

## 设计理念

设计都是围绕极大范围创造性的应用规律展开的，这些规律与美术作品所遵循的规律截然不同。因为它们都有一个共同点：如何解决功能需求和美学需要之间的关系。设计目的变成了一种任务：既要满足创造者所确立的审美目标，同时还要服务于一个或者多个功能性目的。在每个设计领域里，功能是创造性解决问题的舞台。时尚的服装改善了穿着者的精神面貌和视觉形象。工业设计致力于满足人类的某些需要——从运输工具到牙线，通常它还要使用电子或机械手段。室内设计致力于解决人体尺度、适应性和社会背景等功能问题。陶器通常是用来盛东西的，珠宝则是用来佩戴的。建筑必须因地制宜给人提供庇护和生存的场所，因为人们得在这个环境中呼吸、活动、交流、吃饭以及其他与具体环境有关的事情。

我们要在这种背景下进行色彩抉择。每一个问题有许多解决方案，但是经验告诉我们如果创作者能够以一个理念或者大的观念作为决策的基础，那么整个设计将更为成功。一个缺乏清晰理念的设计方案也许可以解决实际问题，甚至能够满足已经确立的项目设计标准，但是却缺乏清晰和力量，而这却是成功设计共有的特点。设计过程中，一个强烈的设计理念可以引领设计框架的构建，而设计框架指导我们进行形式、纹理、照明和色彩的设计。如果设计始于色彩的表达，对形式（此时成为表达色彩的手段）的考虑就会自然而然地紧随其后。而如果我们首先考虑的是形式，色彩就得跟着形式走。设计方案是形式与色彩同时综合作用的结果。这里提供了一些可行的综合设计理念的方法。

## 情绪概念

色彩感觉通常受某种情绪或者感觉的激发，设计者希望能对此加以利用。许多宗教集会空间的色彩选择与宗教仪式的过程完全吻合。例如，当代的唯一神教（Unitarian Universalist）以包罗万象而著称，其教堂使用的彩色就很少。与此形成鲜明对照的是使用了大量色彩对比的拜占庭式教堂，室内装饰着纯金的箔片、闪亮的瓷砖、各种金属和宝石，令信徒产生敬畏之心。拜占庭式教堂的形象反映了一种等级森严的宗教结构，只有极少数人有资格在那里宣讲教义。

在住宅设计中，用户的个性也可以成为设计构思的主要来源。儿童空间的设计通常会选用迎合儿童情绪需要的色彩。对于成年人而言，如果记忆中祖母的厨房能带来安全感，使用与那种空间相联系的色彩就意味着安全感。渴望浪漫空间的人可以采用令人抚慰的中等纯度的沙滩岩石的色调。

关于情绪的概念中，没有必要完全复制我们所见到的色彩，但是需要更多地使用色彩来表达人们的精神，这种表达构成了我们的情绪概念。一些色彩组合更抽象地表达了人们的情绪。可以表示海浪汹涌、阳光明媚或热带海滩热情的色彩并不只局限于浅褐色和淡蓝色。大西洋城（Atlantic City）的巴加拉纸牌游戏桌上那位大赢家的兴奋可以通过生动的色彩对比表现出来，明度对比尤为有效，这种效果和桌子本身的色彩既可以有关系，也可以没有关系。苏格兰风景中色彩的微妙变化可能激发我们在不使用任何草绿色色调的情况下用非常复杂的泥土色调来表现它。

## 强烈和柔和的色彩

大家都同意色彩由于纯度和明度的差异而具有微弱或者强大的力量这一观点。一些色彩组合也会显得特别强烈或者有力，而相反也可以比较被动或者柔和。这些相反的效果实际上是任何色彩都可以达到的。其前提是色彩组合比单个色彩更能表达复杂的设计思想。一个柔和的色彩组合通常都是由明度范围变化较小的色彩组成，它们相互之间的色彩对比也较弱，如图7.1所示。其中每一种色彩纯度都不高并且大多明度较浅。没有哪种色彩占有优势。柔和的色彩通常适用于沉思默想或者消极被动的设计主题。

**图7.1** 一个关于柔和色彩的例子

一个强烈的色彩组合是比较强烈的色彩对比的结果，色彩转变也更为跳跃。它们通常包括至少一种高纯度的色彩并且包括大范围的色彩对比，特别是明度对比（见图7.2）。对比的增加引起眼球运动的加速和视觉反应的增加。在一个强烈的色彩方案中，通常有一种色彩占优势地位，如这里的唇红色。强烈的色彩方案通常用于刺激观众并建立外部的交互作用。

**图7.2** 一个关于强烈色彩的例子

## 联系的观念

许多设计是在当地的背景条件下进行的，结合本国建筑的风格进行设计的做法就比较流行。有时设计的基本原则就是必须与现存的环境相适应。主题餐馆使用偏远农村风景或者异国情调来展示自己独特的风格。迪斯尼一直在把长期积累下来的各种空间设计理念用于新的地方，包括一些只存在于人们幻想之中的地方。在每一个设计中，这些环境的装饰色彩都完全或部分结合了迪斯尼特点。在环保部门的办公室，一幅由埃利奥特·波特（Eliot Porter）所拍摄的自然风景照片使人们产生室外色彩应用于室内的感觉。

有些地方由于贯彻始终地使用某种色彩而易于识别。在年代久远的城市里，建筑色彩与城市历史的某些特定时期有着强烈的相关性。偏暗的中性色和灰色的使用是巴黎那些重要建筑对历史的追溯。香港以其大胆的红色为大多数人所熟知。在约旦的美国大使馆建筑使用了约旦本土的色彩，如图7.3所示。建筑师根据对当地宗教和政府建筑的观察确定了该建筑的用色，所以它与当地建筑完美地结合在了一起。

**图7.3** 位于约旦安曼（Amman，Jordan）的大使馆使用了当地民居熟悉的比较醒目的颜色进行装饰，这是一栋由六个单体组成的建筑综合体（设计：佩里·迪安·罗杰斯及其合伙人建筑师事务所；摄影：©理查德·曼德肯）

联系的观念不只局限于地理位置。某设计小组设计的公司总部空间成功地展示了色彩联系的观念。该公司在该地收购了几间小公司，它们都有各自不同的标志性色彩。新建筑的设计指导思想是这样的：要涵盖所有子公司的标志色彩，同时根据光谱协调来平衡这些色相，并且这种调整要求尽可能小。每间子公司的雇员都将母公司的这个新的色彩搭配作为大家共同的标准色彩。在某些设计中，这种观点被应用得更广，他们使用辅助色彩来划分各个不同的部门，而主要的休息室、建筑中庭和自助餐厅则将所有辅助色彩组合起来使用。

## 组织的观念

色彩可以被用于作为支持组织功能的手段。在环境设计中，色彩可以帮助我们在寻找道路时识别地标、路线和十字路口。色彩还可以巧妙地区分室内空间的公共部分和私密部分。在工业产品的设计中，精心挑选的色彩可以隐藏产品的接缝，或者将用户的注意力吸引到仪表盘或开关这类部件上。空间设计中经常出现的三维色彩概念包括：层次、一致性和焦点。

## 层次

定位在建筑环境中是非常有价值的事情。在一个巨大而复杂建筑物的内部，用户需要寻找主要建筑结构之间的合理过渡，辨识主要过道与次要通道之间的差别。当这些线索能够产生视觉上的交流时，就建立了色彩的层次。这种层次是靠色彩强度的变化、明度的变化或者增减色彩组合均衡的复杂性来完成的。无论采用何种方法，都对色彩进行了系统的分布，这使得人们能够在一瞥之间就对空间组织了然于胸。分级的色彩暗示了优先的感觉，例如在医院里用强烈的红色来强调紧急入口；它们也可以用来表示主要通行路线，例如用黄砖路面表示步行

**图7.4** 该建筑平面图用象征性的色彩逐个区域进行着色以区分这些不同的区域。每一个主要区域以一种色调作为标志。[设计：埃伦茨威格联合建筑师事务所（Ellenzweig Associates）]

通道，或者用蓝色的墙裙指示该通道通往蓝色就餐区域。

在较大型的设计项目中，常用色相的剧烈变化来表示空间组织的变化，而用细微的色彩变化来描绘细节。在如图7.4所示的芝加哥大学设计方案中，设计小组用色彩来明确区分各个不同的建筑分区。这个复杂的建筑被有组织地分成三个部分，每一个部分都采用学生和参观者能够轻易识别的强烈色彩加以区分。各个部分所标识的色彩既强调了设计的平面布置（左下部）又突出了关键的立面布置（右部）。无论使用何种色彩，色彩的分配和比例都是协调的。

## 一致性

在环境设计中，将关键色彩按照固定的比例进行组合也可以用作标识符，例如零售连锁店的正面。有时色彩图案可以把结构上相互独立的各个部分在视觉上联系成一个组群。假设这里有些设有小型结构（例如车库和花房）的私人住宅，这些小型结构的色彩通常能体现出其隶属关系，例如琼斯家带黄色车库的黄色住宅。在如图7.5和图7.6所示的大型公立学校设计项目中把现有建筑和新建筑结合在了一起。它用各种尺寸的带有西洋棋盘格图案的瓷砖塑造了室内和室外的一致性。

## 焦点

色彩通常用于强调关键要素。焦点这种观点认为最重要的元素要使用最与众不同的色彩。一种色彩与其背景的对比越鲜明，焦点的运用就越成功。在大多数情况下，最明亮的色彩具有最强的焦点作用，但是这并不是在所有情况下都适用。背景色彩决定了焦点色彩。如果所有的环境色彩都是明亮的，那么唯一的深色物体就将成为视觉的焦点；在色彩的海洋里，白色的物体将吸引我们的注意力。焦点物体可以是入口、信息中心或者展示区域。突出轮廓是确立焦点的常用手法。走廊里凹进的壁龛可以使用鲜艳色彩或者使用色彩对比突出其轮廓的方法来引起人们对其内部物体的关注。在图7.7中，学校教室的门洞用深色的框格来描画其外框，这与色彩明艳的走廊墙壁形成鲜明的对比。每一个框起来的洞口就是教室的入口。

我们所用色彩的总量决定了焦点的效力。当一

**图7.5** 这栋建筑的立面图案使它以一种独特的方式与周围的其他城市建筑衔接起来（设计：弗兰斯博格联合建筑事务所；摄影：©史蒂夫·罗森塔尔）

**图7.6** 当我们在图7.5所示建筑的室内和其链接空间中徜徉的时候，相同色彩关系的重复，增强了其整体一致性（设计：弗兰斯斯博格联合建筑事务所；摄影：©史蒂夫·罗森塔尔）

**图7.7** 这个室内空间中运用门框的色彩对比有效地勾勒出了教室入口的轮廓（设计：弗兰斯博格联合建筑事务所；摄影：©史蒂夫·罗森塔尔）

种色彩只对应于一种元素时，这种元素就会很明显。如果这种色彩在这种元素的周围不断出现，焦点作用就减弱了。下面的情形就与之类似：用以炫耀身材的服装设计可能不会使用太多的色彩对比。但如果目的是吸引人们对其某一局部的注意，例如领口或者腰部，那么使用一些对比将更为有效。图7.8和图7.9所示为有五个洞口或者壁龛的立面图，它们将用来说明本章和第八章中的几个观点。在图7.9中，其中一个洞口由于在其局部运用了色彩而显得更为突出。

某些领域的设计在更大程度上依赖于对局部的重点强调。广告业、公共服务设施、情报中心都必须使用这种方法来抓住我们的注意力，并引导我们对其产品、服务或者解决方案产生兴趣。正因为一个设计可以因其本身与周围环境的对比而引起注意，所以过多的强势元素就会使其丧失重点，其结果是要么使图案达到最佳效果要么使其混乱不堪而效果奇差。

**图7.8** 这幅简单的立面图将作为下面其他图例的基本参考

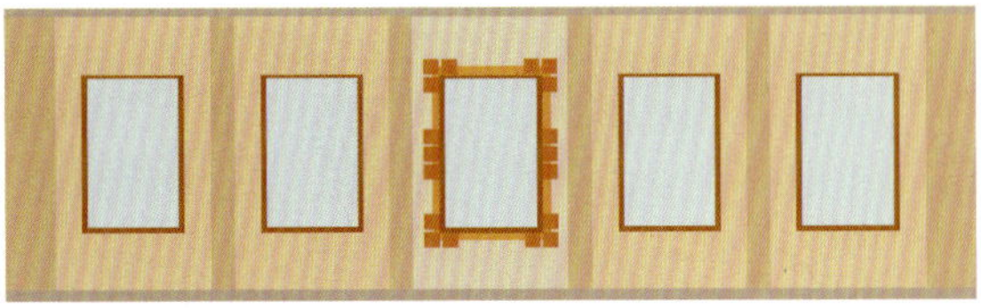

**图7.9** 和图7.8一样的立面图，只不过添加了色彩以建立焦点

**图7.10** 点和线能通过与背景色彩的对比建立一个二维平面

## 形式的表达

如果说色彩和形式的共同作用产生了成功的设计，那么到底是谁促进了谁呢？许多设计方案从空间关系出发，将这两种表达方式有效地整合在一起。一些设计更多地关注于三维形式的完善，然后使用有限的色彩对比来促进形式的发展。另一些设计则有赖于复杂的色彩和简单的形式来表达设计理念。让我们来看看形式如何推动色彩的选择。

## 形式的要素

传统上对形式进行了四个层面上的表述：点、线、面、体。理论上点是一维的，线是二维的。平面也是二维的，平面的界限就是平面色彩与周围环境色彩相交处形成的边。体是任何具有内部和外部的三维形式。对三维形式的理解由下列色彩感受来决定：我们察觉到的物体表面色彩和其周围色彩，以及我们所感受到的表面色彩之间的差异。通常那些在尺度上很小的要素被视为点。当几个点聚合在一起，彼此之间色彩类似，但与周围环境色彩又不相同的时候，它们就形成了一个较大的二维形式。这种情况也发生在一系列线条的组合上。几条有颜色的线条聚集在一起便创造了图案，这个图案被看作一个实体。图7.10给出了这两种情况的图解。

色彩在本质上是附着于其形式的。海洋、烟雾和夜空例外，因为这些形式表现为不受形体限制的色彩体。尽管在一个环境中我们第一个本能反应是对色彩的反应，但是接下来我们的反应马上就是搜寻其形式，并使这两者紧密地联系在一起。我们依靠色彩作为清楚地表达形式的重要手段。例如色彩的明暗变化暗示着形式的变化。要在三维建筑物的表面上找到一个平面，我们就会寻找色彩的明暗和深浅的变化。

## 形式的含义

某些色彩能引起人们相应的反应，有些形式也会有类似的作用。人们常常将色彩和形式一起运用以使人产生类似的反应或者印象，这样就可以保证设计理念的有效传达。20世纪初在德国包豪斯学校的训练涉及几何形式和色相两者内在特性之间一一对应关系的分析。当时许多色彩学家都接受如图7.11左图所示的六种主要色彩与对应形式的相似关系。身为艺术家和教师的瓦西里·康定斯基认为深蓝色在平滑的圆形中色调得到增强，而尖锐的黄色则与三角形相对应［康定斯基的理念在克拉克·珀林（Clark Poling）的《康定斯基在包豪斯的教授课程——色彩理论和解析制图》一书中得到阐述］。一些与康定斯基同时代的人进一步提出了其他色

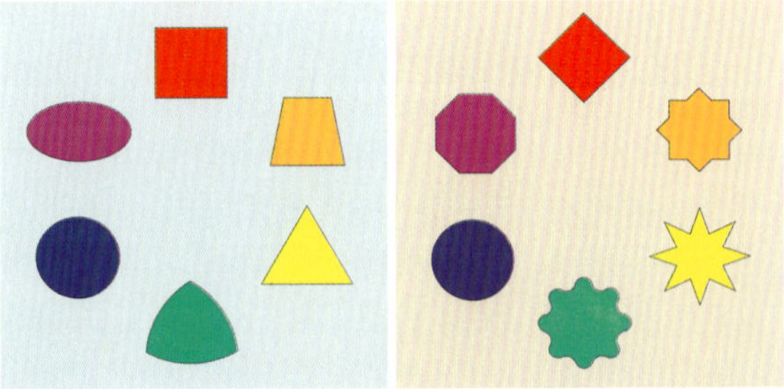

**图7.11** 图形左边是根据包豪斯观点绘制的形式与色彩组合的实例，可以用右边的卡尔·吉斯特纳（Karl Gerstner）的色彩形体配对关系与其进行比较

彩–形式关系，例如椭圆形与紫色的关系。

当代瑞士艺术家卡尔·吉斯特纳非常令人信服地以案例阐明了特定几何形与六种基本色之间的一一对应关系。这种关系表现在图7.11中右边的暖色背景上。他提出以星形动态的本性与黄色的动力相匹配，而蓝色令人平静的本性需要一种谐调的形式与之相匹配，所以圆形就比较合适。吉斯特纳为每一种色相找到了与之匹配的几何形，所以当几何形按照一定的逻辑关系进行变换的时候，色彩也相应地发生了变化。这些色彩形式组合在他的工作中得到广泛地运用，他还以这些色彩形式组合为基础衍生出无数种色彩形式组合。这些组合成为他进行图形设计时使用色彩形式组合的指导原则［在《色彩的形式》(The Forms of Color) 一书中有具体的说明］。康定斯基和吉斯特纳的方法都是有效的，他们选择出的形式和相应的色彩之间都有着逻辑上的联系。**当色彩和形式具有相似特征的时候，它们彼此之间就会相互促进。但是，这些例子证明形式–色彩之间的这种联系并不是彼此排外的。**它是许多色彩–形式设计的一条基本原则。

## 色彩对比在形式中的应用

当我们的眼睛对某种色彩与其周围的色彩进行比较的时候，物体的表面亮度和色调的变化与形式的相互作用可以使我们的视觉保持平衡或者改变我们对色彩的感知。如果我们能够预期色彩相互影响的方式，就可以利用色彩来影响观众的视觉感受。对于如图7.12所示的一个平面，可以用调和的色彩使一系列彩色物体产生间距相等的视觉效果。或者

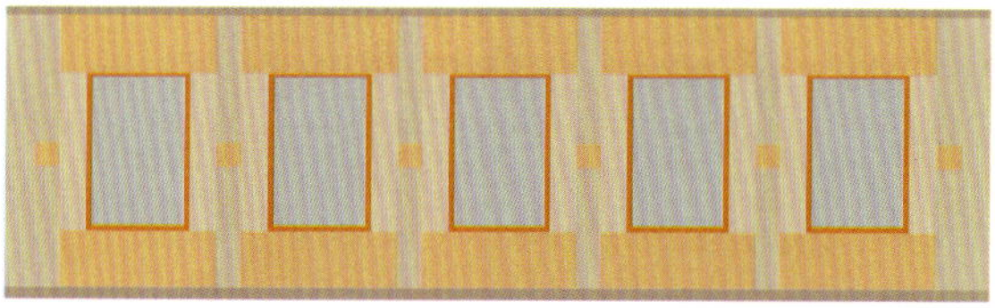

**图7.12** 在这幅立面图中，通过使用一致性色彩来保持各个洞口尺寸和相对地位的平等

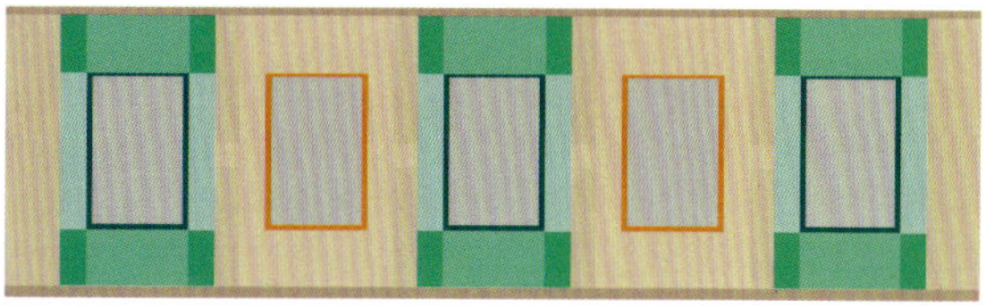

**图7.13** 在这幅立面图中，用不同色彩造成分级的办法来刻意强调某些窗口

如图7.13和图7.14所示的同一个立面图中，我们可以用改变色彩对比水平的方法，使其产生大小和间距不相等的效果。

色彩对比和变化越大，形式组合就变得越复杂。要简化一个形式，通常就要减少或者消除其在色彩上的变化。白色是为使建筑空间形体明朗清晰所常用的一种色彩，有时却被滥用。当一个明亮、非彩色的色彩（例如白色），被用于轮廓分明的某建筑物的表面时，如果各个细部的亮度适宜，则该表面会显得十分优雅。但是，如果该表面稍嫌单调的话，表面色彩的微妙变化将使其效果更好。**强烈的对比将引起我们对形式特征的关注或者忽略。对比越强烈，细节变化就越不明显。**在图7.15和图7.16的例子中，大型的大学图书馆里使用强烈的色彩来表达关键的建筑形式，吸引读者沿阶梯上到房间的另一边。当使用者在空间内移动时，每种色彩布置的位置都可以帮助使用者定位。内装管道系统的曲线墙体使用红色可以增加厚重的感觉。红黄蓝三色协调中的每种色彩都界定了它所包围的功能区域。

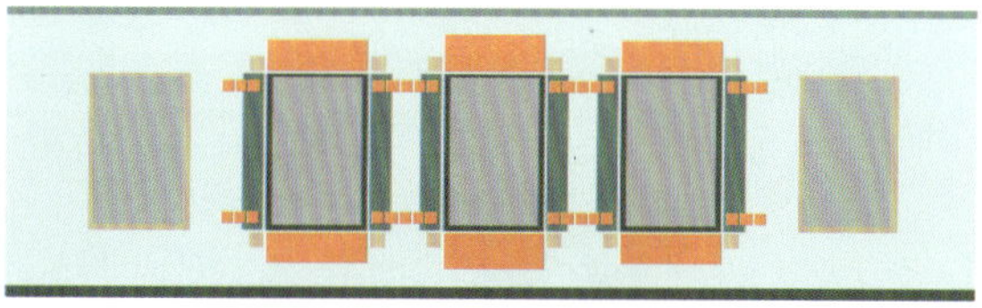

**图7.14** 在这幅立面图中，图案的运用表示中间三个窗口之间存在着某种功能上的关系。由于使用了图案，它们组合成一个功能要素，成为视觉上的焦点

**图7.15** 这个中庭因其通过色彩表达而确立起来的比例而著称。曲形墙体的红色帮助来访者找到其一端的流通部或者登上坚固的楼梯到达另一端的科技图书区域［设计：佩里·迪安·罗杰斯及其合伙人建筑师事务所；摄影：安妮·古莫逊（Anne Gummerson）］

**图7.16** 这间大厅里生动的色彩对比增强了建筑形式的力量［设计：佩里·迪安·罗杰斯及其合伙人建筑师事务所；摄影：安妮·古莫逊］

## 完整性、增进性和可操作性

在某些情况下，色彩的布置表达了构成形式的材料之间的某些区别。而在其他情况下，我们发现可以通过色彩来改变人们对物体或者空间的印象，从而使设计更加完善。如果人们对形式的感知首先是基于物体所呈现的色彩对比，当这些色彩对比不是出现在形式的边界上，会发生什么情况呢？如果色彩变化是出现在对角线上而不是墙体与地面相交的地方又会怎样呢？是否顶棚所用的色彩总是要与墙体不一样呢？是否门必须与墙的颜色不同呢？实际色彩效果与我们预期的效果越不一致，就越难区分客观的存在与"感觉"的存在。因此，建立色彩理念时一个关键的问题就是：我们试图通过设计表达怎样的形式？我们是否无意识地忽视了形式和背景？是否巧妙地增强了形式？或者尽可能地使形式引人注目？现在人们正在使用的有些设计办法可供参考。

### 固有色

一种色彩选择和布置的方法是给底层找到一种匹配的色彩，这样，材料特点就可以通过面层表现出来。要维持色彩与其下层构成材料的一致性，就出现了形体一致性的概念，即用来表达材料的色彩和纹理都是整体不可分割的一部分。在许多情况下，色彩是所选材料与生俱来的，这与我们主观地选择一种色彩用于材料的表面完全不同。这就是固有色的概念。**当物体的色彩完全反映了该物体的特点时，我们就认为这种色彩是材料的固有色。**

严格地使用固有色的方法时，底层材料变化会马上反映在材料面层，因为色彩也要根据材料的变化作出适宜的调整。例如，混凝土可能质地非常粗糙且线条比较直，但是其固有色只限于暗灰色。金属框架表面一般是铝层或者镀锌；木材可能稍微有些褪色，但是不能用均质的色彩涂刷。黏土具有淡泥土色调，所以瓷器也要保持浅色调，这样就和固有色的要求相吻合了。像纺织品这样的人造产品可以用强烈的色彩，但是按严格的固有色方法，纺织品仍然不应该在其材料上套印色彩。流行的固有色设计方法要求使用材料的天然色彩。美国最著名的建筑师弗兰克·劳埃德·赖特（Frank Lloyd Wright）以使用固有色而闻名。他的作品中坚持使用各种天然的材料，而且每种材料都使用其天然色彩。在这里人造材料和有机材料结合起来，整体表现出高纯度的色彩。

图7.17是个更加现代的例子，设计师把固有色和材料本身的纹理结合在一起使一个大型室内空间给人以流水的印象。冷色和光滑且不规则的表面结合在一起，几种色彩色调相近，通过表面反光辅助照明，共同创造了一个无水似有水的氛围。

### 外加色彩

结合色彩本性的另一种方法是使用外加色彩。我们按照相对一致性原则将色彩用于组合材料的表面。例如，金属表面可以被漆成凫蓝色，而通常与钢铁联系在一起的是冷灰色。这种色彩选择是一种概念性的匹配，甚至是任意而武断的，没有考虑具体使用的材料。

使用外加色彩通常都含有一些主观性。在某些场合，由于设计对象和背景之间的关系非常重要，我们就会采用源自背景的外加色彩，例如该处其他材料上的色彩或者相邻建筑物的色彩。这种方法在图7.18中得到阐述，这是由让-菲利普·朗克洛（Jean-Philippe Lenclos）发现的一种使用效果良好的方法。让-菲利普·朗克洛是法国色彩学家和设计师，专门研究来自背景的外加色彩。他的设计小组负责收集设计项目场所内部和周围土壤、漆皮、旧砖、有机物以及其他材料的样本。这些样本被碾成颜料粉末，并依照一定次序将它们放入图7.18上部所示的类似方格中。新建建筑的色彩方案就来自这些供参考的色彩组合。图7.18中参考色彩方格下面给出了实际的参考配色方案，从中可以看出，色彩方案不一定要使用所有参考背景色，而且色彩方案通常使用那些在现场最先观察到的色彩。

### 用色彩来增强形体

在设计中，我们经常运用色彩来增强形体。要

图7.17 这个设计中的色彩组合反映了固有色和外加色结合起来的表现方法［设计：ADD有限公司；摄影：©沃伦·贾格尔（Warren Jagger）］

想使房间显得不那么方方正正，色彩设计人士常用的方法是改变其中一面墙的色彩，使它的色彩和其他墙面明显不同。低矮的顶棚、不对称的窗口或者不规则的房间形状，这都是设计缺陷，我们只需要利用有关知识，使用色彩来有意识地影响它们的外在形体，就可以有效地弥补这些缺陷。最强力的增强形体的工具是明度对比，纯度和色相的影响力依次递减。当我们组合使用这些对比手段的时候，其效果是累积叠加的。用色后的物体可以“消失”到墙里去；或者通过外加色彩调整建筑元素失衡的比例关系，使它们拥有更加优雅的比例。在图7.19和图7.20中的例子中，不同的色彩选择和搭配使同一排窗口表现出不同的效果——融入墙体或者凸现出来并被拉长。

增强法是利用人们对色彩关系的反应来引起人们对空间积极因素的关注，以达到加强或者改善形体的目的。缺乏深度的空间可以调整其明度、纯度和温度来增加深度；狭窄的空间可以经过调整得到合适的比例；过大的空间可以通过运用色彩使其变小。与椅子横杆平行的水平线条或者其他重复的色彩将使空间变长。长长的窄过道通常也可以用色彩改善形体。色彩无规律和不一致的变化与心理预期

**图7.18** 最近几年，这种对背景色进行评估的格栅方盒法得到了广泛的运用，让−菲利普·朗克洛的贡献功不可没

往往不同，它们会使我们偏离正常的直线型视线。在图7.21中的模型中，色彩明度和温度的突然改变，使拥有柱列的房间深度变浅。在形体没有发生实际变化的情况下，我们对房间的形体感知却发生了变化。我们可以把这幅图同第八章“色彩增强形式”中使用不同色彩的同一模型进行对比（见图8.5、图8.6、图8.18~图8.22）。

不太常用但却非常合适的做法是：调整普通房间一面墙的色彩，将它与相邻的墙体略微区分开来，从而使房间的平面发生微妙的变化。例如，对于一个稍长的矩形房间，如果把两端的墙体涂上能产生前移感觉的色彩，该房间将显得更为方正。阴影投

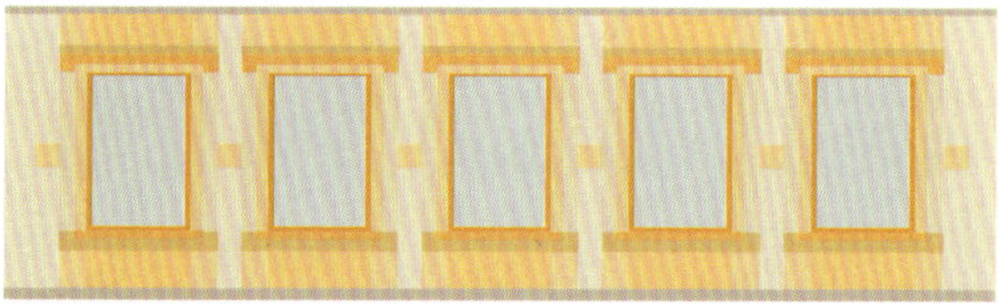

**图7.19** 图中，窗口略微凹人墙体，使整个墙面更为连续

**图7.20** 图中窗口与图7.19相同，只是使用不同色彩后，似乎变高了并且更为显眼了

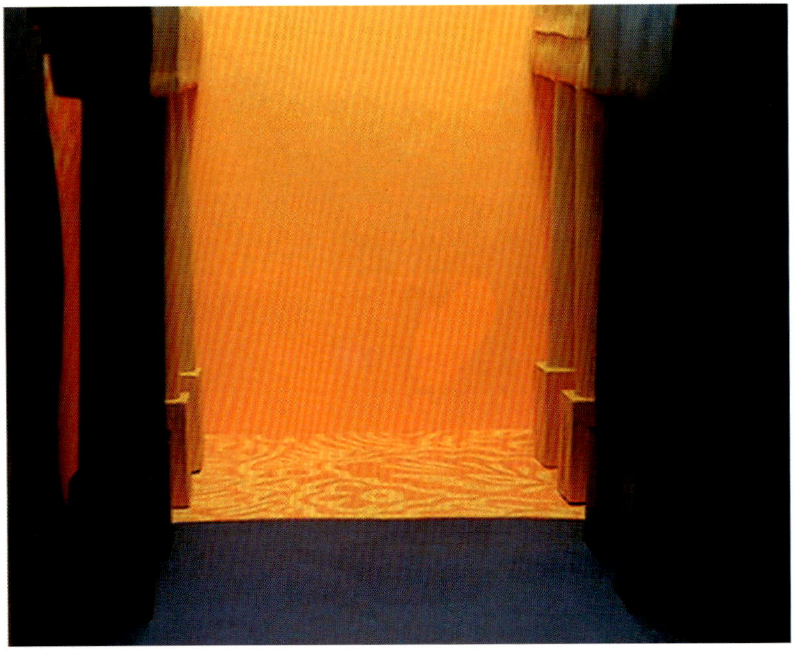

**图7.21** 这个模型中，设计师通过色彩的处理“减少”了空间的深度［设计：梅利莎·魏斯（Melissa Weiss）］

射会让色彩的变化不太明显，而人们恰恰希望在两个平面的交界处色彩变化不大，所以实际上交界处色彩的区别并不太明显。大多数观察者甚至会认为它们具有相同的色彩。如果希望顶棚看起来高点，不见得就必须把它漆成白色，只要顶棚的明度高于墙面的时候就能达到这种效果。当房间墙面颜色较深的时候就可以采用这种方法。如果希望顶棚看上去低矮些，就可以使顶棚的颜色略深于墙面的颜色。如果一开始顶棚就很低而且墙面颜色又很浅，那么把墙面的色彩运用到顶棚上去也是一种好办法，这样可以消除它们之间的对比并使它们相交的边界难以察觉。要想使小窗口显得更大，通常会对窗户加以精心装饰。如果窗口特别低矮狭窄，增加图案可以减少人们对它的关注。但是窗口四周强烈的色彩对比会引起人们对相对尺度的关注（这些情况将在第八章中进一步说明）。色彩对比也可以用来突出某物体。在图7.22的正面图中，菱形物体显眼是因为它是浅色墙体背景下的深色物体。而当物体的明度与墙面相近的时候，该物体就与墙面混为一体了。要想突出该物体，必须调整墙面色彩，增加对比。

## 色彩错觉

与固有色原则正好相反的就是错觉。色彩错觉是外加色彩的一种极端用法，物体表面的色彩决定了我们对形体的感知。某种色彩组合与其他几何形体能够匹配，我们却用它来装饰空白的混凝土墙面；或者用粗纹理装饰表面以产生深度感和色彩复

**图7.22** 在这幅立面图中，物体与背景的相互关系决定了哪个物体更为突出。如果物体的色彩比背景色浅，该物体有前进的趋势。如果物体的色彩比背景色深，该物体会有后退的趋势，当我们从前面进行观察，它就像一个洞

杂性；这些都是利用色彩错觉的例子。最极端的色彩错觉形式被称之为trompe l'oeil，意思是“欺骗你的眼睛”。如图7.23所示的中庭空间中，很难将壁饰色彩的边缘和相邻室内开窗墙体的油漆外框区分开来。前景中这个小型水景经过巧妙的处理，使它看起来比实际尺寸要大，因为它和后面的场景融合在一起很难将它区分开来。由于使用了相邻壁饰材料的色彩，真实物体与错觉之间的界线消失了，每一件物体看起来都像是三维的。

设计过程中有许多形成色彩错觉的方法。对物

**图7.23** 这个四面围合的城市中庭充分利用色彩错觉完成了大部分的空间构成［设计：霍华德·F.埃尔库斯（Howard F. Elkus），美国建筑师会会员，联合建筑师事务所执行长官；理查德·哈斯创作的“欺骗你的眼睛”；摄影：©比尔·霍斯曼（Bill Horsman）］

**图7.24** 这个模型用色彩和图案来减少空间的深度。图案尺寸的变化和地毯尺寸的调整，都扭曲了画面的透视效果［设计：苏姗·阿莉森·邦泽（Susan Allison Bomzer）］

体表面进行人为的抛光可以产生错觉，这种方法有时很流行，有时又很落伍。图案装饰也常常用来减少外观尺寸，例如用手工小地毯组合的色彩构图铺在面积很大的地面上。图7.24所示的模型中，设计师使用的方法与图7.21不同，但是也减小了空间深度。她把图案运用在柱子上，但是柱面图案的透视变化却与我们通常所预期的相反——这里较大的图案放在了最远的地方，再加上地板上强烈的水平线条和后部墙面所用的前进色，所以给人以距离缩短的感觉。

这一章，我们通过一些建成和未建成的实例，展现了色彩作为设计理念重要元素所具有的力量。关于利用色彩强化形式的方法，本章首先提到的是表意方法，再到象征手法，最后是综合方法。在前面几章，我们谈到了二维空间中如何运用色彩的力量和色彩对比来形成相互之间的影响。色彩关系不但影响我们对每种色彩的感知，而且会影响我们感受形状、距离和相对尺寸。下一章，我们将再次关注作为增强形式工具的色彩组合，并探讨它们在三维设计中的应用潜力。

# 第八章
# 色彩增强形式

设计领域中，最常见的两种基本要素是色彩和形式。形式是设计成果的二维或者三维的形态。它们是杂志书页的矩形、飞盘的圆形或者坡屋顶的斜面。色彩是使我们能看见这些形式的表面媒介。一个橡皮球必定是圆的。但是只有绿草地的衬托，我们才能意识到红球是一个球体。

色彩不可避免地与形式紧紧地联系在一起。没有形式就没有色彩。即使是艺术家也要依靠平面相对关系和骨架比例来构成形式，为颜料的使用提供基础。没有色彩就没有形式。让我们来回想一下夜里我们走过黑暗房间时的体会。如果没有灯光投射造成阴影并照亮带有色彩的表面，我们就不可能确定房间的形状或者内部的物体布置情况。如果光线不均匀而不能投射出阴影，或者房间的白色不改变，或者光线没有照亮房间的角落，一间漆成全白的房间也是无法辨认其形态的。

我们给每一个形式添加色彩的方式决定了其形状是否清楚，特征是否明确。色彩-形式组合的标准就是：能否通过色彩应用来强化、表达、调整或扩大形式。让我们一起来探究这些可能性。

## 色彩和尺度

这儿有一句老话："你不可能靠涂上一层油漆来改变谷仓的形状。"这也许是客观事实，至于谷仓的视觉尺度则完全又是另一回事。如果一个谷仓的色彩强烈并且与环境色彩对比很大的时候，谷仓就能给人更深刻的印象。对比的力量影响到谷仓的尺度，它显得比实际尺寸略大一些。如果色彩与形式的各组成部分结合为一体，整个设计就有效地统一起来了。不协调的色彩分布会扰乱均衡的形式，使形式变得模糊。当物体的形式一致而且色彩也一致的时候，它们会得到共同的强化。而用色不一致的时候，形式就不同清晰了（这已经在图7.12～图7.14中进行了阐述）。色彩的相互关系可以用来影响人们对物体尺寸相对变化的感知。通过色彩的对比，细节得到增强——物体与其背景色的对比越大则越明显。形体强硬的直线边可以用生动的明度对比来强化，也可以用附近物体表面的相近色调来软化这种线条。

当我们在空间内部观察色彩时，色彩似乎与视野内景物的边框存在关系。换句话说，透过大型落地窗看到的花园里较冷的深绿色，如果窗框使用较浅的暖色调，将会产生更加生动的效果。色调华贵而温暖的细木家具，在冷色或者补色墙面衬托下也会显得更加生动。形状和背景色之间对比的强弱决定了视觉兴趣的大小。如果室内空间对比很少，人们就很容易被远处的景物吸引。此外，如果物体和背景色之间对比强烈，人们辨识形体上细微色彩变化的能力就会减弱。如果物体内部存在对比，人们的视线很快就会落在这些内部细节上。

强烈的对比能够影响我们的尺度感。**背景色是色彩影响强弱的关键**。人们都承认每种色彩与环境色之间存在着联系。在整个小区内、某条街道上、某栋建筑内或者某建筑物的细部上，我们都可以体验到色彩组合的影响。在细部所用的对比越多，它就越显眼。例如，一栋全白的房子可以轻易融入一条布满现代风格平房的街道。当这些平房与古典建筑相毗邻，同样可以创造出一种协调的优雅。但是当我们把它置于自然风景或者旧金山市的一排维多利亚风格的建筑——“脂粉淑女”[painted ladies，也称Six Sisters（六姊妹），这排房子的颜色各不相同] 旁，就会显得格格不入。每一种色彩组合的感知都与周围环境相关。进行较小尺度的设计时，我们可以选择把房子和周围的风景融为一体，通过门上的红漆把我们的注意力吸引到房屋的前门。只要房屋其余部分比红色更暗或者更亮并且纯度更低，这时红色的门就凸显出来了，达到了预期的效果。如果街道上所有房屋与该栋房屋的色调都很相似的话，这扇红色的门的影响会更大。如果周围房屋全都是栗红色的，这种强调的效果就会减弱。以自然风景为背景时，我们可以采用几种色彩形成的组合来把住宅融入背景，或者使用统一的色彩使住宅有一种宏大的感觉。

## 尺度与明度

任何形式的尺度都可能受到色彩明度的影响。无论是否具有强烈的浓度，较深的色彩在远处看上去都给人以尺度缩小的感觉。当它周围的色彩很淡的时候这种现象更为明显。图8.1这个例子里，黑色物体尺度看上去比实际尺寸要小，而浅色的墙体则似乎变大了；相对地，浅色物体在许多环境下看上去尺度都增大了（见图8.1最上部的两个图案）。单个元素和其环境的明度差别越大，这种影响也就越强。简而言之，使用色彩明度影响外观尺度的纯经验性方法就是：

- 深色在浅色背景的衬托下尺度缩小。
- 浅色在深色背景的衬托下尺度增大。

## 尺度和纯度

尺度和纯度是相互影响的。形式的与色彩无关的特性——尤其是面积和位置——可以改变我们对纯度的感知。少量的饱和色表现出固有的浓度。当

**图8.1** 在顶部的两个正方形哪个更大？在大多数人的眼中，黑色物体看起来小于相同尺寸的白色物体。在中间的两个正方形中，左边面积较大的黄色看起来比右边较小面积的黄色纯度要高（两者实际纯度相同）。在底部两个图案的对比中，右侧纯度较高的正方形在人们的印象中比左侧同等大小但纯度较低的正方形要大一些，其中一部分原因是同中性背景的对比

色彩的面积增加，纯度似乎也增加了，直到达到某一点之后就不再增加（参考图8.1中间的两个正方形）。色彩处于水平角20°范围以外时，纯度或者强度似乎就减少了。其原因是，超过这个范围的色彩不再作为一种物体的色彩而被看作了背景，它会对视域内的其他色彩造成影响。所以，只有出现在视线某个范围内的时候，饱和色面积的增加，才会引起强度的增加。当色彩在我们周围移动的时候就不会产生这种影响。遗憾的是，当我们使用小型色彩样本进行试验，然后确定色彩方案的时候，这种情况往往被忽视了。所以，这种饱和色在进行小样本测试的时候可能强度很大，而实际使用的时候往往并没有预期的那么强烈。

纯度在尺度方面的影响可能并不可靠。当色彩充满整个房间时，其纯度似乎降低了。几名色彩学家已经注意到较高的纯度水平会增大外表尺寸，而降低纯度则会减小其尺寸。但是，这种情况只有在彩色物体在非彩色背景下才会发生。确切地说，当背景与物体有明显的纯度对比的时候，可能会发生色彩-尺度之间的影响。在某些场合下，高纯度的物体以低纯度背景为衬托，可能会显得大些；而低纯度的同一物体以纯度相似色彩为背景时，则没有这种效果。但是背景和物体反过来，结果未必也相反。高纯度背景上的物体不一定会显示出尺度变化。如果为了丰富设计手段，一定要找出纯度-尺度的相互影响，就要确定一种可靠的测试模式。在非彩色的背景下，有关尺度影响纯度的经验性原则是：

- 色彩面积越大纯度越高。
- 色彩面积越小纯度越低。

### 洛伊丝·斯文诺芙

洛伊丝·斯文诺芙（Lois Swirnoff，美国人，当代）是一位致力于三维领域理论研究的试验色彩学家。她原先是一名画家和摄影师，在获得耶鲁大学的美术学士和美术硕士学位之后，她和约瑟夫·阿尔伯斯一起进行研究。斯文诺芙将色彩错觉用于三维形体中，对色彩影响和深度感知也进行了研究。她曾在哈佛大学、史基德摩尔学院（Skidmore University）威斯里女子学院（Wellesley College）、南加州大学、洛杉矶的加州大学和纽约库珀联盟艺术学校（Cooper Union Art School）任教。她已经出版了几本书，发表了一些文章，其中包括《空间的色彩》（Dimensional Color），这本书主要探讨了深度感知问题。

## 色彩与深度感

在我们的头脑中建立三维形式感知有几个条件。当一个物体与另一个物体重叠在一起的时候，我们会觉得重叠部分的图案更靠近我们一些。当一个物体显得比其本身的尺寸小的时候，我们会觉得它比实际距离更远一些。我们对空间的感知来自于同一线性透视下物体之间的对比。这种对比帮助我们确定每一个物体在空间中的相对位置。亮度和光影的相互关系是我们评估其远近的基础。如果物体形状尺寸相同，我们认为较暗的那个距离较远。如果一个平面略暗于其相邻的相同色调的平面，我们就会猜测这些平面是相连的，只是这个平面更加偏离光源而已。如果这个平面比一个较大的相邻物体颜色更暗一些，那么我们就会猜测它是这个较大物体的阴影。当相邻物体的边界不太清楚的时候，就说明它们离我们很远。这些感觉并非来自于我们实际看到物体，而是来自于我们以往的经验和由此而来的猜测。正是由于这种对经验的信赖，我们可以利用色彩来调整我们对三维深度的感知。

### 视觉的距离

远距离观察的时候，色彩的表现是很独特的。如果能够清楚地看见一个有色彩物体的形体，它的色彩将和这种形体紧紧地联系在一起。尽管大家似乎都有这种感觉，但是远距离看见的色彩作用于物体表面有两种不同的方式。这两种方式就是体积色和薄膜色。

体积色有着深度和半透明的质感。它是具有流动性的色彩，这种色彩存在于有雾、烟、某些大气条件下以及包含着一些微粒物质的流体（例如空气中的气体或者水中的固体颗粒）。如果我们透过一扇淡黄色的玻璃窗看风景，所见的色彩按照黄色的浓淡而发生变化。环境也可以以同样的方式影响感知。空气或者雾中的水蒸气将引起我们看到色彩发生变化。这种变化受半透明流体的强度和观察距离的远近的影响。让我们来看看图8.2风景中的绿色吧，在前景中的植物比远处相同的植物颜色更深也更为饱和。

薄膜色是与远距离的观察相联系的另一种情况。它发生在大面积的单一色彩表面，其表现为：物体表面似乎与其所依附的物体分离开来了。在这种情况下，色彩似乎充满了我们视框（透过某个边框观察时，这个边框即为视框）中整个画面。这个框架可以是窗框、两棵树间或者建筑物之间的口子。薄膜色最有可能发生在色彩对比强烈或者极端明度或纯度的情况下（见图8.3）。此时，物体的界限似乎不见了，色彩影响了观察者对物体真实存在的感觉，这种不真实的感觉来自于固有色的影响，而不是由实际的形状决定的。当图像被感知为薄膜色的时候，它们通常看起来明度增加了。这一点在视框使用了对比色的时候更为明显。

体验薄膜色的时候，不同色彩形成的薄膜色与观测点距离也不尽相同，这个距离只有一小部分是由实际空间位置决定的。视觉感知，特别是对每一种色彩的深度感知，因为浓度的影响而多少都会有些变形。不管实际位置如何，由于薄膜色的关系，当我们的眼睛把这些平面进行相互比较的时候，一定距离上的一系列平面会看起来有些前进了，有些则退后了。当我们用色彩调整深度感知的时候，薄膜色是我们感觉再造的结果。

## 浓度

正如我们先前所提到的，浓度与色彩的色相、明度、纯度水平有关。这三者的数值都对深度造成影响，我们通过这种深度感知色彩的存在。当我们观察一种中等明度、中等纯度和中等温度的色彩时，观察者对其距离的感觉是相当准确的。但是我们这种关于距离的印象会被色相、明度、纯度所左右，因为我们会因它们的变化而调整我们对于距离的猜测。这种情况是一种人类共有的现象，这种情况与同时对比和面积对比条件下色彩相互影响的情形是相同的。

## 距离和物体

**色彩浓度按照两套规则影响我们对物体的距离感知**，也就是大家熟知物体/景物与前后背景的关系。最为常见的情况是在一定距离内观察物体，例如观看风景、室外景观、图形设计和三维物体。在这些情况下，色彩对深度感知的影响方式都是相似的，因为任何情况下色彩感知都和色彩背景有关系。讨论到这里，需要指出的是当背景的色彩很含混的时候，例如处于一个围合空间中的时候，这些规则会略有改变。

在所有情况下，单个色彩之间的对比程度决定了色彩影响的效力。在远景观察中，色彩有时并不具备明显的形式，所以眼睛只能把色彩进行相互比较，然后根据色彩浓度引起的物体前后关系来研究物体的位置。一般而言，如果两种不同的色彩在明度和温度上都很相似，色调饱和度也相等，我们就认为它们与我们的距离相同——除非有其他的线索给出了不同的暗示。

为了研究色彩和深度感知的条件，我们尝试着建立一个非彩色的视框，其做法是在一块粗糙的木板上切开一个方形的口子，然后通过这个窗框观察色彩样本。如果该木板是真正的灰色，没有色调，具有中等明度，则更为理想。然后通过这个非彩色的窗口观察图8.3、图8.4、图8.7和图8.11中的样本

**图8.2** 这幅风景画表现了三维空间中体积色的影响［摄影：贾尼丝·科帕茨（Janice Kopacz）］

**图8.3** 如果我们从远处进行观察，如图所示的三种色彩样本的位置看起来并不在同一平面上。如果我们通过固定的视框进行观察，它们表现出略微的位移，正如薄膜色一样，即使我们明明知道它们是在同一页纸上，也会有这种位移的感觉

色彩，尽可能多地前后移动该窗框直到灰色边框消失为止。在理智上我们知道色彩形体处于同一平面，那就是该印刷页的表面。但是，如果你放松你的神经并盯着该色彩看足够长的时间，它们就表现得更像薄膜色，使得你能够看见该色彩的深度特征。

### 距离与明度

**如果两个或者更多的相邻色彩明度不同，只有浅色会表现出更接近我们，而深色则会后退。**例如，淡黄色会比红棕色靠前。白色在深灰色的对比下会向前移动。在如图8.4的例子中，浅绿色会比深蓝色靠前一些。当景框是中等明度的非彩色的时候，两种色彩的明度差别越大，按照深度感知的规律，它们相互分离的趋势就会越强烈（如果该景框是很浅的颜色，它和最深色彩的对比会使该色彩浓度显得增加，从而引起不同的深度感知结果）。

当色彩用于围合空间的时候，色彩前进和后退的趋势是基于相对的明度变化。当色彩包围观众的时候，对比的本性使色彩前进后退的规律发生了变化，变得与物体色不同：即较浅的明度后退，较深的明度前进。这种色彩趋势在人们眼中出现了两种不同的表现方式，这给我们创造性使用色彩提供了可能。如图8.5的模型中，设计者用色彩前进和后退的知识使其设计的形体深度变浅。而图8.6中同样的模型，处于同一围合空间中，依靠相反的明度变化增加了视觉深度。

### 距离与色温

由于眼睛对不同的波长的折射率不同，色彩的温度也会对人们视觉的深度感知产生影响。**一般而言，暖色调将比相似饱和度的冷色调显得更近一些。**相对而言，色彩越温暖前进得就越多。一个黄橙色的物体将比相同饱和度和明度的绿色物体显得靠前一些。当红色成为薄膜色的时候，就倾向于抑制蓝色，如图8.7所示。色彩越冷就越倾向于向后退。同样地，此时也采用一种中性色的视框。如果视框或者背景是非常温暖的色彩，那么冷色调可能由于对比的影响可以比视框中的暖色移动得更多一些。

色彩在空间中的位置能够影响我们对平面关系的理解。如图8.8所示两幅立面图中，其中一幅在中间部分使用了暖色，使立面与前面的柱子距离减少

**图8.4** 观察图中的色彩三角形时，由于人类感知中色彩前进和色彩后退的影响，浅色部分看起来似乎略微靠前一些

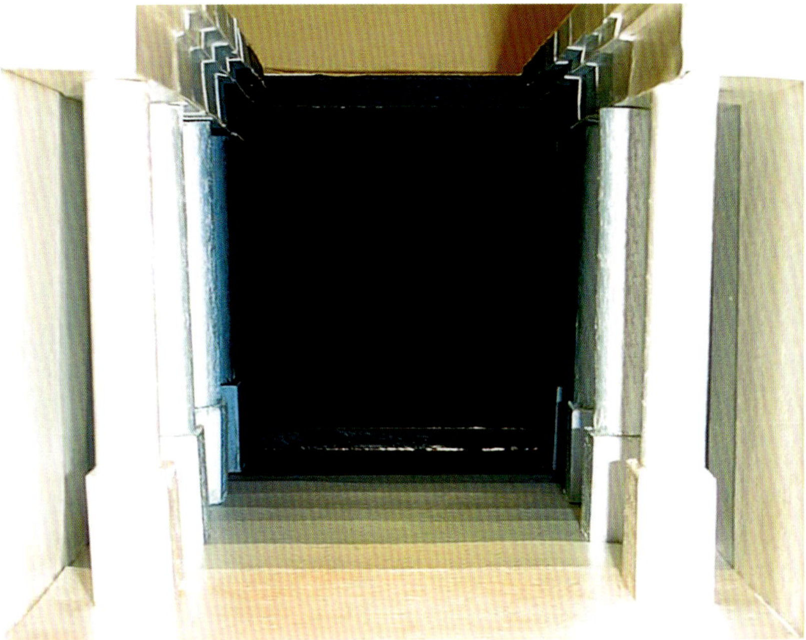

**图8.5** 在该空间模型中，明度对比被用于减少我们感知到的距离［设计：塔米·科图雷（Tammy Couture），海边空间（Seaside Spaces）］

**图8.6** 在该空间模型中，明度对比使得同一空间深度感知达到最大［设计：索菲娅·威利斯（Sofia Willis）］

了；而另一幅使用了冷色，这使得两者的距离增加了。在使用了冷色的图中，前排柱子和蓝色墙面之间的距离似乎更大一些，这使得蓝色墙面和左右两边墙面的距离缩短了。我们可以利用色彩对深度感知的影响来增加物体的深度。如图8.9所示中庭中，在不增加物体尺度的情况下，凹处深蓝色的色调使得该建筑的几何形体在三维空间中更为突出。

理论家们对深度感知扭曲的原因进行了公开的探讨。费伯·比伦就是其中之一，他将人们看见某种色彩时，色彩刺激在眼球中的位置作为研究色彩对深度感知影响的切入点。他在自己的书中提出人们对红色的聚焦点在视网膜的后面，从而引起晶状体凸起并在视觉上把红色拉近。蓝色的焦点则通常落在视网膜的前面，从而使得晶状体变平给我们以色彩远离的微妙感觉。从理论上来说，这种移动发生在人眼的内部活动机制中，从而使不同的色彩产生明显的位移。根据晶状体的作用方式，这种位移从前到后移动比从左到右移动要一致得多。

其他研究者则认为红色前进、蓝色后退是人们头脑中的一种观念，我们已经有条件地把这种观念作为我们文化的一部分而接受下来了。他们试图把关于色彩的事实和谬误分离开来，在肯尼思·费尔曼和确凯列·费尔曼合著的书中提出，与背景色的

**图8.7** 在这里，与温度相关的深度感知可以影响页面中色块相对位置的视觉感受

**图8.8** 该立面图运用了色块分层技术，这样可以替换其中一层的色彩，以测试平面在不同色彩方案下的视觉效果［设计：萨拉·克里格（Sarah Krieger）］

**图8.9** 空间中关键的立面使用了浅色和冷色对比，使得空间的深度发生了变化——凹进处的深蓝色看起来后退了（设计：弗兰斯博格联合建筑事务所；摄影：©史蒂夫·罗森塔尔）

色彩对比不止影响位移这么简单［《色彩——神秘的影响》（Color：The Secret Influence）］。色彩与背景色的对比越大就越突出，或者说是显得更为前进，这一点与色温无关。这也就意味着需要对我们的假设进行测试，或者在最终用色之前模拟背景色以确保结果的可靠性。

在任何一种情况下，不同色相的色彩都有一种按其色温串连在一起的趋势。当我们观察一个有多种色相的空间时，每一种色彩都有一种把自身组织起来的趋势，因此暖色调在视觉上彼此联系在一起，而冷色调同样也联系在一起。因而整个场景看起来首先是一个分成冷、暖色的图像。考虑到这一点，当我们观察图8.10所示的不规则正方形的集合时，该格栅看起来更像由一条对角线分开的冷、暖两块。

### 距离与纯度

色彩纯度是在远距离或者二维作品中影响深度感知的第三种属性。由于具有更高的浓度，高纯度的色彩往往比与其相配的其他色彩更早引起人们的注意。这导致观者得出纯度越高的色彩越往前进，相对而言非彩色则向后退的结论。随着浓度的增加彩色平面似乎更倾向于向观者靠近。当浓度减少的

### 建筑设计技巧

由于大多数建筑首先都是在一定距离之外观看的，所以用色的关键是建立整体的比例。如果色彩非常统一，该建筑物就会显得更为完整，这使得确定尺度规模更加困难——但在某些场合这正是我们需要的效果。如果单个要素（开口状况、平面的变化、可选的表面材质）存在一些色彩的对比，就更易于理解整体尺度规模。色彩浓度似乎与深度感知有些类似。我们只考虑影响色彩对比的色彩三要素之中的一个，将很难确定深度变化的趋势。在色彩明度、温度和纯度组合对比的情况下，两种色彩中浓烈一些的那个就会成为前进色。一般而言，在外部环境设计、表面色彩构成和二维应用方面，下列条件中的一个或者多个将引起色彩对形体的影响：

- 较深的明度后退，较浅的明度前进。
- 冷色后退，暖色前进。
- 低纯度后退，高纯度前进。

这意味着在建筑设计中为保证建筑整体的独特性要考虑以下一些问题：

- 有时如果一个深度有限的建筑形体使用前进色或者后退色，就会大大地增强人们感觉到的深度——在强光的照射下，一种较深的色彩会凹进或者一种较浅的色彩会凸出。色彩可以简化、调整建筑形式，也可以使它变得更复杂。
- 可以利用色彩来增强建筑形式与其他形式之间的联系。如果要把两种彼此分离的色彩联系起来，就要用到中间色。当该中间色被置于这两种色彩中间时，人们就会觉得它们彼此靠近了。
- 在极端照明的情况下，更容易感知明度对比。这意味着在室外设计中使色相发生微妙变化时，明度也要产生相应的变化。否则，在大多数室外照明条件下就无法察觉色彩的变化了。直接照射的阳光会引起色彩的淡化、模糊色调的微妙变化。在夜间的泛光灯下，明亮光线和黑暗阴影的强烈对比会减少人们感知色调细微变化的能力。

时候，该物体到观者的距离似乎增加了。灰色具有消失到背景中去的趋势，而钴蓝则非常引人注目。在图8.11中，高浓度的紫色给人的感觉更强烈，比更柔和的那种紫罗兰色具有更向前进的趋势。

对比是用于建立形体深度变化的关键因素。如果一个物体的色彩与其背景对比很强烈，则会更为突出并使得它在人们眼中略为前进。这种效果通常用于整体设计的重点部位。高纯度的色彩可以用在墙面上使其显得更近一些。同样的色彩如果用在顶棚上则会使顶棚显得似乎更低一些。在图8.12中，在右边方案中沿关键平面使用了具有较高纯度的红色，使它们看起来更向前进，从而减小了两个柱子的开间大小。与其相对的米色方案则使顶棚和墙体看起来更加连续。

纯度-深度现象最令人感兴趣的地方在于：我们很难明确地区分这些限制条件哪些归因于生理反应，哪些又归因于习得反应。由于色彩的某些反应与视锥的反应有着逻辑上的关联，所以个人经验有可能告诉我们灰色之所以在远处是由大气条决定的——该体积色的感知来自于空气中的各种微粒。这种情况下纯度对于深度感知的影响可能纯粹基于经验。

## 背景深度

对于大多数具有双目视力（两眼视物）的人而言，色彩对于距离感知的贡献在于：它对形状和形式感知的影响，以及与总体深度感知之间的关系。在封闭空间中应用明度变化时，人们视觉中心的移

**图8.10** 由于我们的视觉倾向于把颜色按暖色和冷色分群，所以在该作品中的正方形小方块似乎沿着一个不规则的边界分成冷暖两个部分［设计：希拉·R.塞尔比（Sheila R. Selby），2002年］

**图8.11** 该图例显示了不同纯度水平的色彩，如果通过一个框架把它们作为薄膜色进行观察的话，高纯度的三角形部分将显得相对更为向前一些

**图8.12** 设计者使用色块分层技术对该入口楼梯处不同纯度水平的影响效果进行了测试［设计：简·托兰（Jane Toland）］

动是有一定顺序的。在大多数实际应用中，焦点中心的外围过于明亮是非常令人不快的。这就意味着在房间中视觉的焦点区域几乎总是那个最明亮的部分，感觉到视觉中心区域明亮，周围区域相对较暗或者明度相等。违反这种一般性视觉偏好来布置焦点将会导致观者的不适。

当色彩成为背景的时候，色彩对深度调整的作用相对减少，只有明度变化产生的作用依然较大。产生这种情况的原因在于这种人工环境中，所用的色彩变成了背景。当色彩把观者包围起来的时候，深色倾向于向前进或者更为靠近，而浅色则向后退或者扩大了空间——这与对物体或者景物的观察正好相反。在一个房间内部，当对整个房间的尺度产生影响的色彩发生作用的时候，其他的环境色就不再起作用。在缺乏色彩对比的时候，房间中色彩的表现更类似于物体色。在围合空间里，另外两种色彩特征——纯度和温度——对深度的影响仍然存在，但是当其他影响变得更加强烈的时候，它们对深度的影响则减少。

明度条件对于深度的影响与视域或者视点有关。一旦带有色彩的表面扩张到周边视觉范围，色彩前进或者后退的规律就会发生变化。在这种情况下，色彩与背景不同形成对比关系，因为它自己变成了背景。对于从事建筑内部空间设计的人员而言，下列色彩用作房间的主要色调的时候会相对前移而使房间缩小：较低的明度、较大的纯度和较暖的色调。作为室内设计的背景色，下面色彩调整将导致平面后退，使房间看似变大：较高的明度、较低的纯度和较冷的色调。如果不提供其他背景，与前面所讨论的非闭合空间情况相比，建筑室内的这些深度影响效果要弱一些。考虑到室内设计的这些特殊情况，为了保证达到需要的尺度和距离影响效果，这里提出了一些如何进行色彩选择的几条原则（见表8.1）。

### 小房间

许多项目都涉及小房间的色彩设计，适用于这种房间类型的成功设计方法多种多样。传统的做法是使物体保持较浅的色调以使其外观尺度显得更大。但是，这种方法忽略了几个重要的条件。首先它忽略了背景——进入小房间之前的那个房间的色彩状况。如果前一个房间在尺度上比其更大并且在明度上比其更暗的话，那么一间白色的房间在对比下可

表8.1 色彩选择的原则

| 设计目标 | 色调（黄—红—蓝） | 明度（高—低） | 纯度（浓度） |
|---|---|---|---|
| 使顶棚显得更高 | 较冷的色调 | 较高的明度 | 较低的纯度 |
| 使顶棚显得更低 | 较暖的色调 | 较低的明度 | 较高的纯度 |
| 使房间显得更大 | 减少色相对比<br>较少的色调 | 较高的明度<br>较高的明度 | 较少的纯度对比 |
| 使房间显得更小 | 增加色相对比<br>更大范围的色调 | 较多的明度对比<br>较暗的明度 | 较多的纯度对比<br>较高的纯度 |
| 使一面墙更近 | 较暖色调 | 增加明度对比 | 较高的纯度 |
| 使一面墙更远 | 较冷色调 | 减少明度对比 | 较低的纯度 |
| 使更为关注细节 | 采用色温或者面积对比 | 增加明度对比 | 比背景的纯度更高 |
| 使状况更模糊 | 采用一致的色调 | 采用与背景一致的明度 | 与背景的纯度相一致 |

## 室内设计技巧

尽管在这里所描述的情形并不适用于每一种情况，但是它们结合在一起确实给那些缺乏经验的人提供了一种经典的色彩运用规则。这些结论适用于室内设计或者任何独立的环境，它们说明下列一种或者多种情形将影响室内形态：

- 在房间色彩中：较高的明度退后，较低的明度前进。
- 在重点部位：较高的明度前进，较低的明度退后。
- 在房间色彩和重点部位：较冷的色调退后，较暖的色调前进。
- 在房间色彩和重点部位：较低的纯度退后，较高的纯度前进。

室内色彩运用需要注意以下两点：

- 根据连续对比的需要考虑房间之间的过渡关系，即每一个房间成为下一个房间的背景。在入口处的同一视点，我们既可以看到外墙平面又可以看到内墙平面。如果确定色彩分配的方位是根据一个人正常行进的方向来确定的，那么就可以避免令人不快的色彩组合。如果房间有多个入口则该问题就会变得更为复杂。
- 如果为了与室外明亮刺眼的光线下的对比保持一致性而使用了较多的色彩对比，在室内使用弱色彩对比效果会更好。其主要原因是室内空间中我们主要近距离视物，而且我们可以有效地控制光源。

能就会像一个洞口。如果房间内部的物体颜色在明度上比房间本身的明度更深，则一个浅色彩的小房间也有可能会显得非常零乱从而减小其整体尺度。另一个值得注意的问题是白色的明度使小房间的边界从很远的距离外就可以清楚地识别，那么由于形体边界的清晰就会使房间的尺度减小。如果这种边界处于阴影之中，即处于中等明度的情况之下，那么房间的角落就会更为柔和从而变得更模糊。因此小房间可以通过下列几种方法使其显得更大或者至少不太小：

- 避免大面积使用高纯度的色彩。这些高纯度的色彩往往会把视觉空间塞满，并且当我们从相邻空间观察时它们会向前进，从而使得其表面或者其中所用的物体显得更大。
- 限制对比的数量或者减少使用动态对比。正如我们在图8.13中所看到的那样，对比的运用会分割视觉空间。但是纯度对比这类弱色彩对比或者纹理的使用可以增加房间的趣味性而不会减小其尺度。
- 通过主要房间明度变化的最小化来弱化从大房间到小房间的过渡。为了吸引人们进入小房间，我们要在小房间内远端布置少量高纯度的色彩或者图案以形成视觉焦点。
- 避免在顶棚上使用低明度、暖色调或者高纯度的色彩。如果我们的目标是要增加房间高度的话就要避免使用这类色彩。因为低明度将给人以高度减少的印象。还要尝试避免地板和顶棚使用明度相似的色彩，同时也要将顶棚与墙壁在明度上区分开来。因为如果明度相似的话，人的眼睛就会把这些平面联系在一起，从而大大减少它们之间的距离。

### 分层法

分层法是利用色彩增强三维设计的一种有效方法。当色彩表面看起来在空间上是相互分离的——也就是说一种色彩在另一种色彩的前面——如果这些色彩平面是连续的，那么它们的这种相互位置非常明显。色彩在明度或者纯度上的增加会更加清晰地形成一系列平面相继后退的画面。如果色彩按照不连续的方式变化，那么它们似乎更容易被认为是处于同一平面，从而使观者对该空间留下更为平整的印象。

一个空间到另一个空间的过渡可以设计成在很

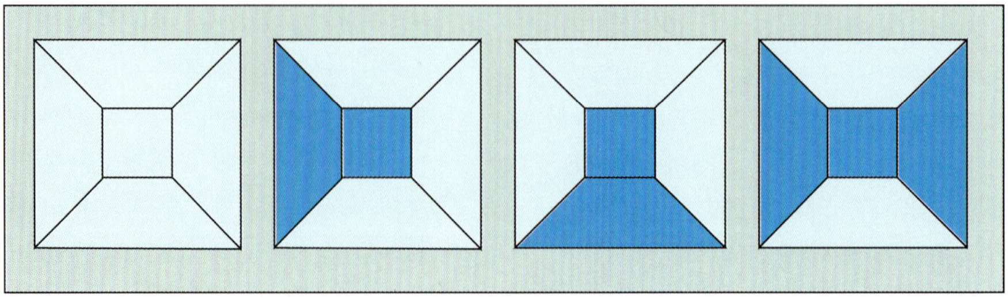

**图8.13** 该图表简单地阐明了色彩的对比如何打破立方体形房间的连续流动性从而使其体积减小

远的地方就可以注意到，这样做可以吸引人们注意将要进入的空间——或者给人们预览的机会。当这些分层彼此截然不同并且和确定的形体具有明显的联系的时候，这种做法的效果尤为明显。手工艺术时代的建筑师在许多室内空间中运用了分层技术，依靠色彩与其形体的结合创造了栩栩如生的木质框架的风景。在如图8.14所示的那个现代的总部空间的设计中，每一个墙面的色彩变化都使我们领略到

**图8.14** 该行政办公区域利用色彩的变化来表明平面的变化，在这里视线从一个空间延伸到另一个空间［室内设计：格里斯伍尔德、海克尔和凯莉建筑师联合事务所；摄影：马尔科·洛伦泽蒂（Marco Lorenzetti）］

## 阿尔伯特·哈尔斯

阿尔伯特·哈尔斯（Albert Halse），美国建筑师协会会员（AIA）、美国工业设计师协会会员（ASID），是当代美国的费伯·比伦。他在色彩咨询领域所确立的地位，与其作为一名建筑师和室内设计师的工作息息相关。作为哥伦比亚大学（Columbia University）的一名副教授，他写了大量关于色彩在建筑和室内设计中的运用这方面的著作，其中包括分析性的教材《室内色彩运用》（The Use of Color in Interiors）。哈尔斯认为照明是色彩组合中不可分割的组成部分。他还证明了作为设计工作一部分的一般色彩参考工具的有效性，例如那些由孟赛尔和奥斯特瓦尔德所发展起来的色彩参考工具。

该室内空间的复杂性。

我们常用简单的模型来测试分层设计的色彩效果。拿出一些平板，然后将它们做成大小连续变化的窗框，当它们一个接着一个排成一列的时候，从一端可以看见所有平板上的色彩。利用这类抽象的色彩模型可以使色彩从其附着的材料中解放出来。两个或者更多色彩之间的比较只与色彩本身相关，而与其位置和形状无关。当这个色彩样本没有结构形式来确定其界限的时候，它往往会像薄膜色一样飘浮起来。如果通过一个框架对其进行观察，该色彩似乎与其框架粘在一起了，类似于一个容器内液体流动的方式。这使得我们可以在小尺度下对分层空间的色彩效果进行测试。

## 清晰的形式

把色彩与形式要素结合起来的方式决定了我们能否快捷地理解形式本身。某些最富于表现力的建筑形式是这样的：色彩清楚地勾画出了每个形状的每条边，这样我们就可以清楚地勾勒出整个形式。这也就意味着不论光线和阴影的状况如何，用于表达那些形式的色彩是非常明显的，并且具有薄膜色的特点。通常，这种表达方式传达了建筑结构的本质，例如图8.15中某大学的色彩布置。在该例子中，建筑材料的每一种变化都伴随着色彩的生动变化。红色确定了电梯围合的空间，涂以米色灰泥的墙体穿过玻璃幕墙延伸到室外，大面积浅蓝色的平面与上部的天窗建立了一种抽象的联系。它们一起创造了一个动态的色彩故事并且形成一个整体。

形式的清晰不仅满足了美学要求，而且方便了使用，因而完善了我们的环境设计。图8.16的例子中，这个室外楼梯从设计规范来看可能并不安全。但在自然形成的略带红色的落叶衬托下，浅色的花

**图8.15** 这个例子说明大力使用色彩与形式的结合作为一种设计方法，可以清晰明白地表达建筑要素（设计：佩里·迪安·罗杰斯及其合伙人建筑师事务所；摄影：©理查德·曼德肯）

**图8.16** 请注意，每一级台阶的边缘都清晰可见，使得该人行小道显得多么安全［摄影：R.勒奇画廊（R. Lerch Gallery），马萨诸塞州罗克波特（Rockport， Massachusetts）］

岗岩台阶由于对比而突出，这个楼梯台阶的各边都非常容易看见。由于台阶形状清晰，游客还是可以舒适地游历于那段没有安全扶手的区域。

## 阴影

光线和阴影的关系有助于三维感觉的形成并使观察者理解更为复杂的形式。当我们展示一个三维艺术作品的时候，光线的投射方向成为使观众能够看见物体形状和纹理微妙变化的关键因素。如果照明过于均衡，人们眼中的物体就难免有单调平板的倾向，因为这种情况下的投射阴影不能造成必要的色彩变化。在建筑中，这种情况要特别引起关注，因为我们对于空间形态的感知直接与作为空间表达手段的阴影密切相关。

这种情况在图8.17中得到了说明。如果一个立方体由一个浅色表面、一个中等明度的表面和一个暗色的表面组成，且各表面着色均匀，那么这个方盒子的形状就可以很清楚地表现出来（如左上方所示）。但是，如果该立方体的所有平面在明度上完全一致，它就具有表现为一个平面形式的趋势（如右

**图8.17** 该图例显示了随着立方体上所用色彩的变化，我们对该立方体形态的理解产生了怎样的变化

上方所示)。如果其表面的一部分明显地呈现暗色，它可以暗示为一个洞（如左下角所示)。如果其正方形表面分解成许多不同明度的小的形式，该平坦的表面就可能表现为一个不同形状的聚合体（如右下角所示)。色彩用于形式有赖于投影的关键就是：如果选用的色彩抵消了投影的作用，则形式就不能清晰地表达出来。如果我们对形式的感知来自于其顶部略浅、侧面略深，那么该顶部的表面色彩就应该比其侧面略浅。否则，就不能产生必要的阴影效果。

## 表达

处理设计的功能问题时，可以利用色彩以一种积极的方式来解决它。色彩最常见的特性之一就是能够吸引人们的注意。当这种方法用于表现建筑物的形体组合时也是同样正确的。我们习惯于用对比吸引人们对某些空间形体要素的关注。在图8.18和图8.19所示的例子中，我们运用色彩使这些柱子与远处的墙面相融合或者对比，从而达到突出或者弱化形体的目的。图8.18中的柱子是设计者重点强调的元素。

## 比例

有时一个建筑要素与空间的其余要素或者与功能之间的比例关系不理想。在这种情况下，我们就可以运用不同的色彩在视觉上调整比例关系。当某个模块高度不太理想的时候，我们可以利用色带来增加或者减少它的高度。窗户的不同装饰方法可以达到同样的效果。如果垂直平面太高了，我们就可以使用水平彩色线条图案或者含有色彩对比的水平边线来降低其高度。在如图8.20和图8.21所示的研究模型中，设计者运用色彩使左图中的柱子显得更短一些而右图中的柱子看起来显得更高一些。在这两种情况下，房间和柱子的实际比例是完全一样的。在图8.20中，由于水平线条割裂了柱子的整体色彩使人们的注意力转移到形体的宽度，从而把它们看作一系列堆叠起来的元素，所以这些柱子看起来似乎变矮了。而在图8.21中，这些柱子从地面到檐口

**图8.18** 该模型的设计师使用了强烈的色彩对比使得柱子这个空间要素更为突出［设计：M.贝丝·汉森斯（M. Beth Hanssens）］

图8.19 在该模型中，其比例与图8.18中完全一致，设计师有意识地运用与其后墙面相似的色彩、纹理使柱子减到最小［设计：布伦达·雷舒丝（Brenda Reishus）］

图8.20 在这个色彩研究模型中，通过色彩使柱子看起来又矮又粗。请将该图与图8.21的解决方案进行比较［设计：乔治亚娜·希莉（Georgianne Healy）］

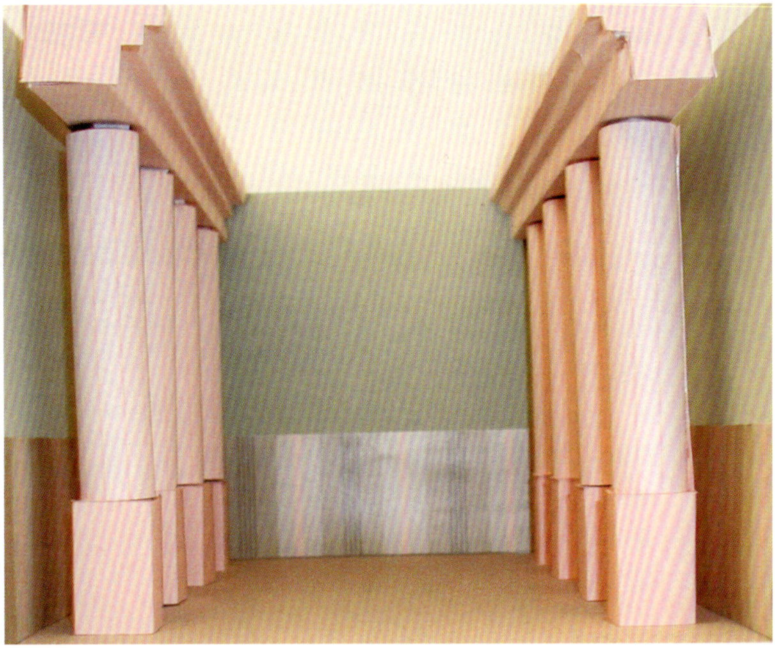

**图8.21** 与图8.20相比，该模型增加了柱子的高度［设计：克莱尔·R·巴沙姆(Claire R. Bassham)］

**图8.22** 图中的空间和图8.19和图8.20是一样的，通过多种色彩的分配和地面图案的变化使它呈现出不均衡的状态［设计：莉萨·史密斯（Lisa Smith）］

**图8.23** 这座教育性建筑的设计利用色彩手段增加了该主要走廊的趣味性，它对建筑空间的视觉长度进行了分解（设计：弗兰斯博格联合建筑事务所；摄影：©罗伯特·本森）

色彩都是一致的并且与背景色彩明显地区分开来，所以这些柱子看起来似乎变高了。

图8.22是这个带柱房间的另一个研究方案，设计师以另一种方法改变了我们对该空间的感知。在这间一直保持着均衡的房间里，设计师通过多种多样的柱子色彩和凹凸不平的地面图案使房间的整体形态发生扭曲变形。

墙体表面连续的色彩分割可以使一个长廊看起来变成一系列连续的平面，从而极大地减少了单调乏味的感觉。表面图案也可以产生相同的效果，但是作用稍微弱一些。带有尺寸变化的装饰图案则可以产生巨大的影响，特别是当这种变化的尺度在远处就可以看见的时候更是如此。在如图8.23的例子中，人们在这个巨大空间中仍然感觉舒适安逸，因为通过地面和廊盖形成的色彩面，这个走廊过长的尺度得到了控制。

## 重复

在设计中有些兴趣点是通过韵律和图案中重复运用色彩来建立的。这种图案透视尺度的变化是观者进行目测的线索之一。重复作为设计手段既可以隐藏一些东西，也可以把无关的东西联系在一起。以图案为背景的色彩组合情况下，重复可以成为创造形体的一种有用工具。下面是图案在空间应用中

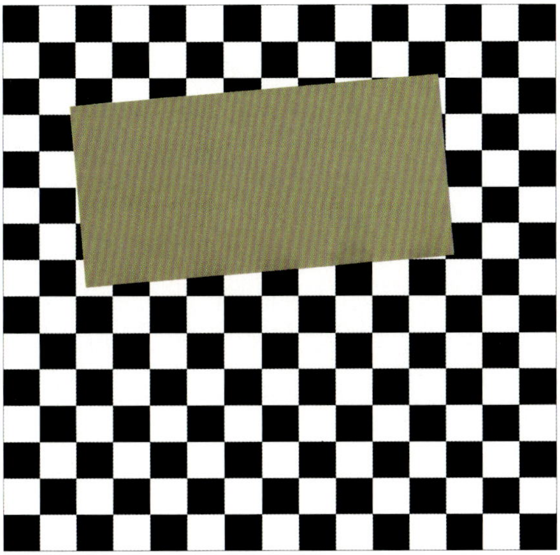

**图8.24** 将图案和无关联的形式放置在一起可以使形式得到最充分的表现（希拉·R.塞尔比，2002年）

的几个例子。

- 图案的存在能够使人们注意重点强调的形式，如图8.24所示。当装饰了统一图案的地面被墙体转弯打断的时候，这个很小的角度变化也会变得很明显。同样的效果也可以用在立面和曲面上。
- 图案在强调某些要素的时候可以帮助我们隐藏其他要素。在图8.25有五板的立面图中，色彩和图案两者共同对其进行控制。
- 我们可以将色彩用于图案中以美化物体的形式，如图8.26所示，色彩为形式制造出细节，从而增加了层次感。

### 用图案进行强调

当我们用到双色图案的时候，在视觉上就会用到距离/物体的深度感知规则。大多数双色图案都可以被看成是图和底的关系，在这里图也是某种色彩表示的形体，但是必须是最容易被认为是物体的那个形体。除图以外的空间就是底。图、底之间的对比越大，则该图形就越突出。如果两种色彩表达的形状都不可识别，观众会假设较大的形状或者在图案中位置高一点的那个形状是物体。如果图案中的形体不清楚，前进色就被假定为图，而后退色就被假定为底。

在多于两种色彩的图案中，最强烈色彩对比所处的位置确定了重点和比例。如图8.28的图案采用了三种不同的色彩组合方式。三种情况的对比表明了当重点强调的色彩位置不同时，几何形体的视觉感受是如何变化的。

### 用图案制造深度

比较图8.29中的两个花边图案。图案使用了两种形成鲜明对比的色彩，所以看起来非常显眼，即使距离很远；但是，它很可能造成余像。如果所用色彩多于两种，就可以将图案的边缘弱化，造成一种具有深度的错觉。这就是熟知的明度对比图案。根据最近帕特里夏·罗德曼（Patricia Rodemann）所进行的试验和《室内环境中的图案》（Patterns in Interior Environments）中的记录，这种方式在很多图案中都适用，比如条纹和花饰图案，其效果好于使用强烈几何形状并且边缘强化（边缘使用强色彩对比）的图案。

**图8.25** 在该立面图中有五个板式洞口——其中三个似乎随时都可以打开，而另外两个则只打算供保卫人员使用。所以后者通过色彩和图案进行了掩饰

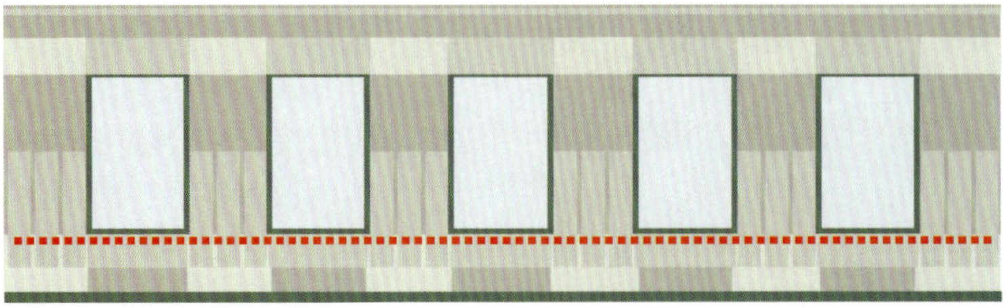

**图8.26** 在确定立面图比例关系方面，图案的作用比墙体自身所起的作用还要大。图案常用的组织方法涉及色彩定义的连续行和列，行和列之间还有狭窄的线条或者空隙。瓷砖和砖块图案以及着色格栅就是这样的实例。图案内部的色彩选择可以使设计在不更换关键元素的情况下改变表面的整体色调，如图8.27所示。只需调整图案中空隙的色彩（水泥灰缝、边框或者框架）而不需要触及物体色（瓷砖或者面板），就可以影响整体色调。这种效果就是贝措尔德效果，它是用自科学家和色彩学家威廉·冯·贝措尔德（Wilhelm von Bezold，德国人，1837～1907年）的名字命名的。它经常出现在东方毛毯、地毯和纺织品中

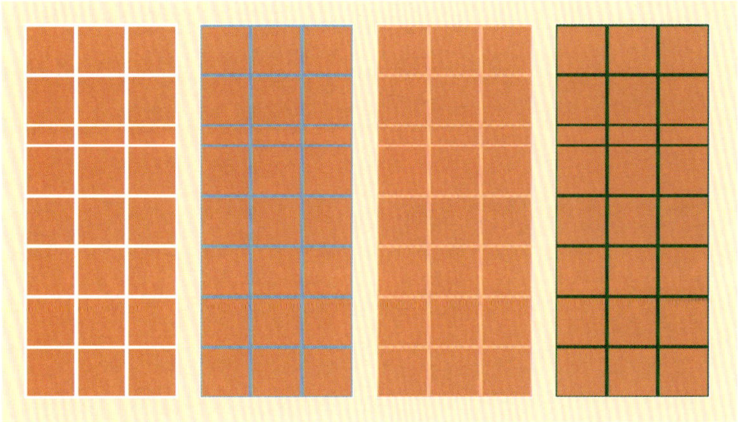

**图8.27** 请注意观察瓷砖图案如何按照水泥灰缝色彩的变化而引起其整体明度和色调的增减

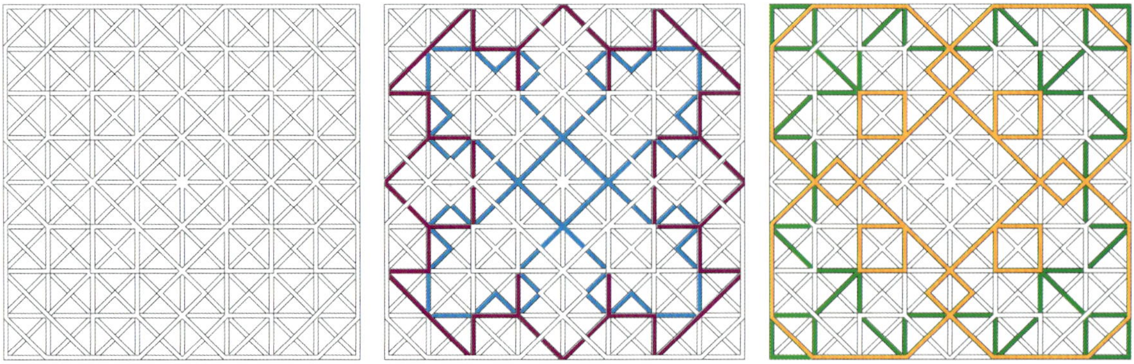

**图8.28** 该系列图例显示了通过色彩对比的变化如何控制图案所强调的重点（希拉·R.塞尔比，2002年）

**图8.29** 在该图例中，通过加入第三种色和增加从浅到深的套印范围使得同一图案深度增大

## 条纹

条纹是一种常用的图案，它既可以用于均衡的比例关系之中也可以用于不均衡的比例关系之中。如果在条纹图案中用到了连续的色彩，就会产生一种凹槽的幻觉（这一点在图8.30中得到论证）。凹槽的产生是由于在两种色彩相遇的边缘发生了同时对比。这种同时对比引起色彩在视觉上产生略微弯曲的变化。如果这种连续的色彩在明度上有变化，那么与较深色彩相邻的边缘就会显得略浅，而与较浅色彩相邻的边缘则会显得略深。当色相或者纯度水平发生变化的时候也会产生同样的变化效果。如果我们沿物体长度方向按顺序排列色彩，然后再按相反的顺序排列，那么一个本身完全平坦的矩形表面将呈现出凸面或者凹面的形态。避免图案表面过于平坦的另一项常用技术是改变物体线条的宽窄和色彩。在如图8.31所示的条纹中，这两种方法都用到了。

在本章里，我们探究了色彩与形式相结合的一

**图8.30** 在一个条纹图案中如果其色彩发生有规律的变化，其表面似乎出现了凹槽，仿佛每一个色带都带有了微小的弧度

**图8.31** 该条纹利用这些色带在宽度和明度上的变化使其深度增加

## 色彩在物体中的使用技巧

本章对色彩-形式组合对于尺度和深度感知的影响进行了讨论，以这些内容为基础，这里提出独立物体设计的几点想法：

- 明度越浅，物体显得越大。如果要缩小其尺度，就可以考虑采用较暗的纯色。
- 如果在色彩作品中很少或者没有对比，形体边缘的色彩对比可以增强物体的线性尺度。如果要使形体变小，可以使用图案。
- 如果边线具有强烈的色彩对比，将会影响一个物体的比例，而与色彩对比的类型无关。小橱柜上明亮的橙色球形把手表示“把我拉开”。带有浮雕的山墙上强烈的色彩对比会把人们的注意力吸引到门上。白色衬衫配黑色牛仔裤则会把人们的注意力吸引到腰上。
- 在物体的同一区域混合使用暖色和冷色可能是不合适的。因为人们的眼睛习惯于按照温度对色彩进行分类，而冷暖对比则会破坏物体的几何形状。

般方法，这些方法都可能为设计理念提供帮助。其中许多方法在用于三维形式之前，可以先用两维色彩组合的方式进行验证。当我们考虑到色彩对比例的影响以及色彩与情绪、组织和平衡之间的关系时，这种方法尤其有效。诸如深度感知、阴影和错觉之类的概念在三维设计中会得到极好的验证。快速而简单的方法是使用样本和视框。如果时间允许，模型研究或者计算机模拟使我们能够更加真实地预览空间，并且是探索色彩在物质领域运用的最好方法。

在这一点上，我们已经探讨了与减色操作有关的色彩理论和应用。毋庸置疑，照明在这些设计方案中的影响是不可低估的。为了充分认识减色作品中的每一种色彩，空间中可能出现的光线或者照射在物体上的光线都必须考虑在内。如果可利用的照明在数量或质量上受到限制，或者在这两方面都受到限制，对设计进行正确的艺术处理就成为泡影。换句话说，如果光源的光谱中不包括一枝黄花（一枝黄花为秋麒麟草属植物）那样的黄色，那么我们绝不可能看到某个形式通过用色表现出这种色彩。下一章我们将简要介绍当前正在使用的最常见的照明类型。

# 第九章
# 色彩和光线

任何成功的设计都或多或少地依赖于设计者的专业技术水平。正如在每种材料在使用中一般都有条件限制和内在局限性一样，每种选定的光源也按其本身的特点对材料产生影响。光源固定装置的数量和安放位置、光线散开的方式以及光谱色内在的强弱都会影响设计的审美效果。我们在前面已经探讨过，加色特征与减色特征的成功结合将有助于增强设计表达。

在本章里，要探究的照明技术涉及照明对设计作品中色彩的影响问题。这些问题包括影响人类欣赏设计的照明条件、影响光源光线质量的工业制造过程的原理，以及直接对色彩方案造成影响的照明特征。总而言之，进行色彩组合决定时，这些信息可以作为评价备选照明方案的依据。

## 色彩存在于光线之中

我们之所以能看见裸露表面的色彩是因为存在光线的缘故。换句话说，我们之所以能看见某种色彩，是因为投射到物体表面上的光线含有这种色彩。在全光谱光线照射下，苹果清楚地呈现红色。如果我们只让绿光照射在一个红苹果上，那么这个苹果将呈现出灰色的色调。因为光线中没有红色，所以红色就不可见，它只能被看作一个单调的灰色物体。每种光源，无论是自然的还是人工的，都提供了使色彩可见的一定光谱范围内的各种色光。光谱范围的深度和广度随光源的不同而变化。我们研究照明的目的就是：利用关于光源的知识，帮助我们在最终的方案分析阶段，确定所用的各种颜料在光源作用下将表现出怎样的最终效果。除非我们能够合理地选择人工光线，或者能够找到使用日光的途径，我们才可以立刻作出如何使用加色（光线）和减色（颜料色）的决定。否则，在其他情况下，我们的选择是极其有限的，因为在寻找解决方案的过程中，那些受到限制并且不能更换的光源是要考虑的影响因素。

## 自然条件

大自然在给人们以惊喜的同时，也常常令人感到失望。环境条件既可以帮助我们实现目标，也可以阻碍我们实现目标。要探讨光线对色彩感知的影响，让我们先来看看与照明有关的自然条件对色彩的影响，然后看看日光这种光源的特性。

### 条件等色性

色彩与照明有关的一个普遍现象是条件等色性。

这种现象发生在一个物体的色彩由于光源的改变而产生变化的情况下。条件等色性特指光线的变化引起两个物体在某种情况下呈现出同一种色彩，而在其他情况下却表现为不同色彩的情况。两个物体表面色彩的波长相同时，它们在任何光线的照射下都表现为完全一致的色彩。当两个物体表面色彩的波长略有不同，那么在某种特定的光照条件下它们也会表现为相同的色彩，它们就是条件等色的一对物体。在其他光源的照射下，它们则变成明显不同的两种色彩。

条件等色光是指由于光线的光谱分布不同而使同一样本色彩表现出不同色彩的光源，尽管这些光源看起来非常相似。例如我们可以对图9.8和图9.10所示的光谱能量分配数据进行比较。一个大约685nm波长的橙色的物体在金属卤化物灯的照射下可能被看作具有极高纯度的色彩（见图9.10）。当光源的光谱成分发生变化，我们所观测到的物体色彩也发生相应的变化。上面的橙色物体在4100kW的荧光灯的照射下看起来其纯度相对减低了，这是由于光源光谱分布不同造成的。

纹理不同也会导致条件等色的发生，有时也被称作几何条件等色。当纸张变得非常粗糙或者变得光滑细腻的时候，任何印刷在纸张上的色彩都会略有不同（这一点在第十章“纹理和材质”中得到更加详细的说明）。类似地，改变粗糙表面与光源之间的相对位置也会使表面的色彩发生变化，因为光线在折射中的任何变化将会导致相应的色彩变化。但是这种情况下，色彩变化只会是明度变化或者纯度变化中的一种，因为光源的光谱分配并没有发生改变。对色彩感知的调节被认为是条件等色的，因为其效果与光线性质密切相关。

## 白天和夜晚的视觉

在光线非常充足的时候，人们通过视锥细胞接收视觉信息，这被称为适（应）光的视觉。大多数光度测定分析是基于适光视觉的测量。而暗适应视觉则发生在黑暗的状况下，这时有赖于视杆细胞的作用，这一点我们在第1章中已经述及。在暗适应视觉状况下，我们既不能感知色彩，同时也降低了察觉细节的能力。眼睛在适光视觉和暗适应视觉之间的转变是对环境变化的反应，从而导致视觉敏锐性的动态调整。过渡视觉是视锥细胞和视杆细胞都被激活的这样一种中间状态。这时的光谱可能是清晰的，但是并不理想，同时细节的可辨识程度也不一致。

在19世纪，捷克斯洛伐克生理学者约翰尼斯·普尔基涅（Johannes Purkinje，1787～1869年）发现在暗适应视觉状况下色彩浓度会逐渐减少。他注意到在光线强烈的状况下，比如在日光下，人们的眼睛所看见的黄色浓度更大或者更加明亮，现在我们认为这是日光的温暖和亮度共同作用的结果。他指出在光线水平很低的状况下，蓝色实际上比同一浓度和亮度水平的其他色彩都更明亮。他推断出视杆细胞对于短波长的光线更加敏感，而视锥细胞对于在光谱中长波色光、偏温色光较为敏感。现在，这种被称为普尔基涅效应的色彩感知现象还存在争议。

## 日光

直射的阳光为我们提供了最完全的加色混合形式，就是我们感知的白色光。全光谱日光照射下所看到和体验到的色彩都是真实的色彩景象，但是甚至最白的日光也有其色彩倾向，而这种色彩倾向足以改变人们的色彩感知。日光下人们色彩印象的改变绝大部分要归因于大气条件的变化。住宅内最具动感的空间通常都能最有效地利用直射的阳光，因为它们整个白天都能够提供最强的色彩刺激和色彩变化。

日出时天空的色彩中缺乏蓝色，因为光谱中较长波长的光线（红色光和橙色光系列）出现得最早。整个白天，照射地面的日光是明亮的白色，但是天空却呈现为蓝色。这是因为在大气中的小水珠反射短波长的光线更为有效，从而造成散射现象，这就形成我们所看到的浅蓝色天空。更大一些体量的水珠再继续将这种蓝色反射出去。当空气中所含微粒尺寸继续增加，例如形成雾汽或者云，这时散射出

**图9.1** 在日落时分，蓝色的天空让位于暖色的天空［摄影：伊莲·斯通（Jillian Stone）］

更多波长的光线，从而使天空呈现出白色。在日落时分，日光投射出一种非常暖的色调，这部分归因于空气中干燥尘埃粒子对光线的反射作用。天气晴朗时，当我们从遥远的距离观察日落，大气对暖色光的集中反射会使得晚霞明显呈现出橙色（见图9.1）。

当光线通过更潮湿的大气进行反射的时候，其色彩呈现出更冷也更蓝一些的色调。每天当太阳高挂在天空中的时候，日光穿过上层大气中密集的小水滴时，会发生从暖到冷的微妙变化。在多云的天气，日光的色调在温度上更为偏冷一些，因为在这种情况下短波长的光线更加容易到达地面。一般而言，阴天时色相对比很不明显。在这种情况下，明度对比稍微强烈一点就可以给人深刻的印象。

## 天气和气候

日光投射的方向也对我们的色彩感知造成影响。让我们来看看一栋北半球上的建筑物吧。它的每个表面都按照与太阳的不同相对位置而接受到不同数量的光线。由于直射阳光造成的强烈明暗对比，其阴影特别深。它的作用会使每个平面都呈现出不同的色彩，而这些表现出来的色彩与建筑物实际存在的轻微色彩差异没有任何关系。

来自南边的直射光线将使任何色彩饱和的表面变亮。亮度增加使得明亮阳光照射区域内的色相对比更加生动。如果建筑物某表面本来就很亮，则直射的阳光会使它变得更亮，因为表面越亮则反射率越大。在直射阳光的极端状况下，色彩感受由于受到过于强烈的刺激，反而会使色彩差别减弱。这就是强烈日光照射下色彩褪色的原因，有时它还会弱化色相对比。如果日光来自北边并且是间接的，当然亮度也不强，并且受到大气状况的影响。这种光线所投射的阴影不是很强烈，并且其反射率也降低了。依照传统，这种光线是艺术家们工作室首选的光线，因为在这种情况下光谱变化减少，使得色彩更为清晰稳定。

其他条件也对日光及其色彩表现有影响。在北半球夏季阳光最强、冬季最弱。在地球上越靠近南、北极的国家日光越偏冷（带有蓝色调）。在这些地区太阳在天空中的位置很低并且大气环境中使光线发生散射的水蒸气含量很高，所以其阳光是冷而柔和的可见光。在靠近赤道的国家，阳光穿过明澈的大气层直接从上方照射下来，能清楚地表现更有力度的色彩。季节和气候条件也改变着我们对光线的感知。小水滴、尘埃和花粉都会改变光线的前进路线。薄雾或者雨使空气中的水蒸气越多，它们对直射日光的折射作用也越大，从而使投射到陆地表面的光线带有蓝色调，并且使橙色这一类较暖的色调略微减少。

### 室内阳光

室内依靠日光作为主要光源时，需要考虑两个方面的事。其一是实际进入室内光线的数量和颜色。这是由窗口的开口尺寸和窗口玻璃的色彩（如果该玻璃着了色）决定的。当该玻璃是有色彩的，就会像一个微妙的滤镜一样，减少玻璃色彩补色色光的透射量。具体而言，就是透过绿色玻璃窗的日光在某些条件下会使绿色表面的色彩浓度略微增加，而其补色红色的表面色彩浓度降低。这种变化是很轻微的。显然，此时玻璃色彩对视觉感受的影响要远大于室内实际用色的影响。

其二是光线进入房间的位置。入射光线的角度决定了哪些表面将会变亮。每个色彩平面的纯度水平的感知将随着光源（太阳）的移动而改变。由于太阳每天运行的位置都不同，所以其照射角度每天也不一样，造成室内表面色彩亮度的不同。在如图9.2所示的例子中，阳光突出了巨大墙面的明度对比，增强了质感。

## 人工照明

和日光相比，人造光源两个关键属性——数量和质量——决定了其应用方面的局限性。照明质量通常被认为是色彩表现能力和光线扩散程度两者的结合。对各种色彩的表现能力越强，灯光的质量越好；光线扩散得越广，其质量也越好。为了增加扩散的水平，可能需要增加单个光源的数量，或者需要使用间接照明的手段。人造光源的位置决定了光线投射的方向和到达房间各表面的光线的亮度。

人造光源产生的光线在数量上必然要比自然照明少得多。由于光线数量的减少，任何色彩的明度都会表现得略微变暗，同时色相也会降低，从而使色彩更加中性化。但是如果增加光线数量，色彩明度会变浅，纯度会提高；当光线增至某一点——极端照明条件，强光照明又会减弱色彩纯度，给人一种褪色的观感。这些变化是微妙而相对的，明暗只是相对于整体视觉背景而言，因为我们会调整自己的眼睛对环境照明的变化做出补偿。

### 色彩标准

要决定在背景色中采用何种照明，两个标准成为抉择的关键——光源的整体色温和完全表现出全光谱色光的能力。色温和色彩范围（通常被称为色彩还原）都是可以进行科学测量的。这些统计数据的比较可以使我们的光源选择更加理性。下面对这两种照明情况进行了说明，并概要介绍了那些最常见的人造光源，以及每种人造光源色温和色彩表达清晰度的有关统计数据。

### 色温

色温是衡量光源表现物体表面色彩或空间色彩能力的关键指标之一。色温以光线本身的整体表现为基础，它象征了光线偏暖、中性或者偏冷的色彩倾向。色温这一概念是基于这种理论：任何物体只要加热到足够高的温度都会发光。随着温度的增加，色彩递增的变化可以用测量温度的方法量化。用于建立相对温度标准的装置是黑体（black body）——其表面几乎不能反射任何光辐射。当把黑体从低温状态（此时黑体为黑色）加热到高温状态，则黑体按照红色、橙色、黄色、白色和蓝－白色的顺序依次发生转变。这些变化可以用绝对温标（开氏温标）进行测量，如图9.3中的比较图所示。一个

**图9.2** 这个大厅内，阳光的移动使室内的色彩的明暗发生了变化［设计：ADD有限公司；摄影：©理查德·巴恩斯(Richard Barnes)］

3500K（绝对温度）光源的整体色调与黑体在3500K时的色调相匹配[西尔韦尼亚欧司朗公司（Osram Sylvania）在其著作《发光点——对光线科学技术上的理解》(Light-points：Understanding the Science and Technology of Light)中提到该现象]。我们应该注意到：理想的黑体——即不加选择地吸收和放出所有波长的物体——是不存在的，但是人造材料可以制造出接近理想黑体的物质。

照明中光线色温的两种情况会引起一些混淆。第一种情况是，开氏温度表达色温的方式与大多数人的直觉相反——温度越高则光线越冷，这与华氏温度或者摄氏温度的表达方式也不同。第二种情况是，色光的整体冷暖趋势并不能保证某种暖色或者冷色在该种色光的照射下能够完全表现出来。每种光源发射出的各种不同可见光的能量水平是不同的。这可以用光谱能量分配（SPD）曲线来表示，如图9.4所示。整个光谱的能量分配越平均，则光源对物体色彩的还原就越一致。不规则的能量分配会在SPD曲线上表现为明显的峰值，与完全白光照射的情况相比较，它会使某些色彩浓度大大增加而其他色彩浓度大大降低。在前面用于解释条件等色的例子中，两盏灯的色温是相对比较接近的。但是光谱能量分配上的差别引起了色彩感知的变化。

## 色彩还原

如果能做到以下两点——将光源对色彩还原的影响降到最低并且保证所有的减色性色彩都能被看见，那么这时所选定的人造光源是比较理想的。光源对所有色彩的再现被称为色彩还原，其大小由色彩还原指标（CRI）衡量。CRI是一种视觉评价体系，它同时考虑了色温和色彩接受两个方面。首先要确定光源的色温，然后用八个标准色来测量CRI。先让被测光源照亮这些色彩，然后用具有相同色温的黑体同样照射这些色彩样本。如果样本色彩的视觉效果没有发生变化，则光源的CRI就是100，也就是具有百分之百的色彩还原。如果色彩外观发生明显变化就降低指标。在美国，CRI达到80或者更多就已经算高的了，它标志着这个光源具有良好的色彩性能。欧洲照明管理更加严格，所以欧洲照明工程师推荐使用的最小色彩还原指标为85。在欧洲某些国家甚至规定某些特定用途的照明低于最小值80CRI为不合法。

单单只是CRI并不能完全表示每种色彩的还原情况。正如我们前面所谈到的，该指标的计算是基

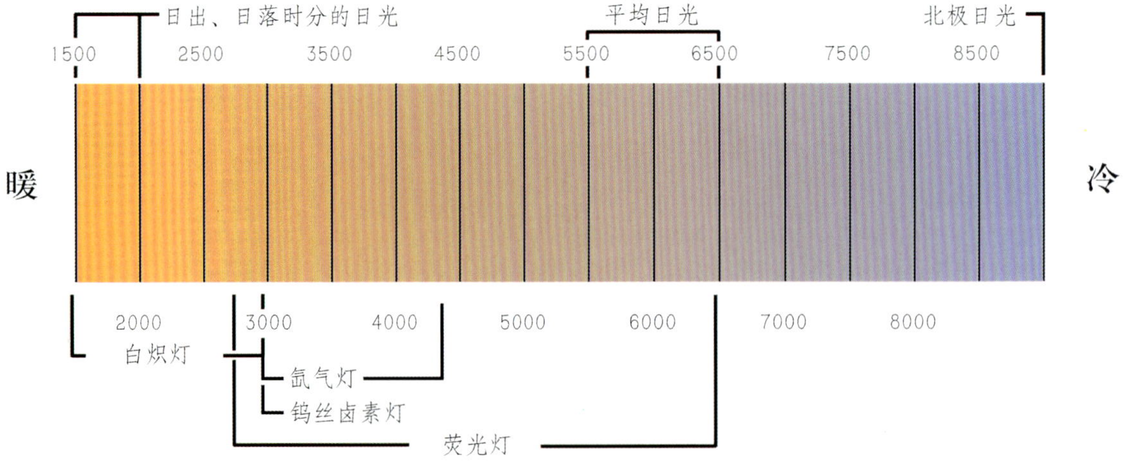


图9.3　在绝对温标下测得的色温显示了以标准光源为对照的相对温度

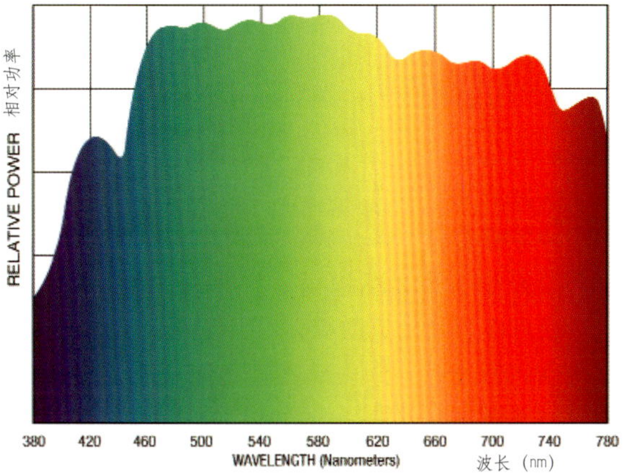


**图9.4** 正午时分的日光光谱能量分配表明光谱中各种色光在色彩还原能力方面不相上下，只是在紫色区域降幅较大（西尔韦尼亚欧司朗公司惠赐）

于八种特定色彩的平均值。高还原率只能说明能够还原的色彩范围很广，即它能够正确表达的色彩的百分比较高。**确定某种色彩是否得到准确的还原，必须在光源下对其进行单独测试**。为了阐明不同色温和CRI指标对设计中色彩的影响，下面让我们比较那些最常用的光源。

## 人造电灯的类型

科学家们已经发现，眼睛接收光能和神经系统的功能之间存在着联系。他们还推断出许多生物体（包括人类在内）荷尔蒙的产生有赖于可见光的光能。这使得我们开始猜测，长期缺乏某些波长色光的照射，可能会以某种方式影响人体的健康。显然，从这个结论出发，今天我们所用的每一种人工光源对人体功能都有一些影响。

与此同时，空间照明所消耗的能量是另外一个值得关注的问题。节能一直都是灯具设计的促进因素，特别是自从美国开始全面执行联邦立法（例如1992年的能源政策法案）以来更是如此。追求健康与节能之间的平衡，再加上人们对视觉空间的审美需求，这些都使得人们要求人造光源具有更大的色彩还原能力。人们为之奋斗的成果之一就是各类建筑中灯具组合的应用方式越来越多了。而另一个成果是可资利用的关于人造光源的资料增加了。请注意，不同灯具厂商的统计数据是不同的。

### 白炽灯

传统上室内居住空间照明的首选是白炽灯。白炽灯就是传统的玻璃灯泡，灯泡内部有一个加热后发出光线的灯丝。它包括ER灯、光束灯和R型灯，也包括后面将要讨论的钨丝卤素灯。出于色彩讨论的需要，此处的白炽光源还包括蜡烛、火炬、任何导电灯丝类的电灯和明亮的瓦斯灯。白炽灯很难获得非常均匀的光线分配，因为它是点光源并且大多数尺寸很小。这就使得它无法用于那些表面积很大且要求光照均匀的场合。白炽灯主要用于要求光线集中使用的场合，而且很容易调节光的大小。

毫无疑问，白炽灯比大多数其他人造光源在整体色温上要偏暖，而且也比大多数日光的色温要偏暖。尽管白炽灯对全光谱色彩的还原并不均衡，但是白炽灯整体偏暖的特征所造成的心理优势仍使它成为气候温和地区人们的首选。白炽灯光中能量最强的是长波（红色），然后按照橙色、黄色和绿色的顺序依次递减。蓝色和冷色调的紫色在这种光源下不能很好地还原，冷色调的绿色似乎略微有些不清楚。因为白炽灯色调偏暖，在那些需要清晰地区分色彩的场合不推荐使用白炽灯。白炽灯的光谱能量分配曲线（SPD）如图9.5所示。

- 开氏温标色温：1000～3000K。
- 色彩还原指标：95 CRI。

### 卤素灯

卤素灯包括钨丝卤素灯、石英灯和石英－碘灯等产品。它是较小的点光源，具有白炽灯的某些优势。它发出的光线数量很容易调节并且具有极佳的还原能力。与其他大型白炽灯相比，它的优点是寿命更长。最近创造出了低压卤素白炽灯，例如MR 16 EXT灯——一种多镜面反射聚光灯。这些灯尺寸

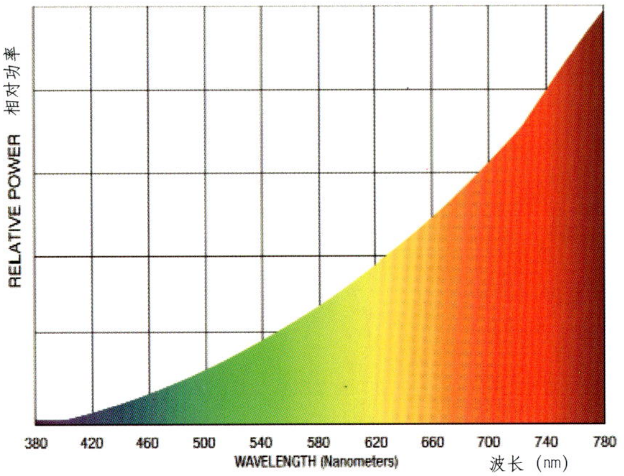


**图9.5** 该图显示了白炽灯的SPD曲线（西尔韦尼亚欧司朗公司惠赐）

较小，但提供了可操控的光束。在色调方面，它比大多数其他类型的灯光更白一些。它的色温比大型白炽灯冷一些，比放电灯（discharge lamp）暖一些。它们体积较小却往往产生大量热能，导致它在实际应用中成为火险隐患。

- 开氏温标色温：3000K。
- 色彩还原指标：95 CRI。

## 荧光灯

荧光灯是最常用的灯具类型。之所以使用如此普遍是因为它的低成本和高能效。与比前面提到的其他光源相比，荧光灯能够提供更多的漫射光。由于技术的进步，光线也可以调节而不改变光线的色彩。荧光灯的一个缺点是需要镇流器，即使是现在，这些镇流器还是会产生嗡嗡声并在亮度较低的时候导致光线闪烁。较新的电晶体可调光镇流器可以对光线进行较大范围的调节，且没有早期镇流器的嗡嗡声，也避免了一定亮度范围内出现闪烁的现象。各种日益小型化的光源为照明提供了更大的灵活性——线状或点状光源、直接或间接照明。

荧光灯由不同浓度的磷光质混合产生光线，这种光线略带色彩——与纯粹的白色不同。这使制造商能够提供比大多数其他光源更宽的色温范围。一般而言，从荧光灯发出的光线看来更偏蓝一些，它所提供的红色色光和黄色色光比白炽灯少。各种工程中实际应用的荧光灯对物体表面色彩都有影响，但这种影响差别不大。随着时间的推进，总体为暖色调的荧光灯逐渐发展起来。现在3000K或者3500K的荧光灯成为最常用的荧光灯，这一现象也证明了这一点。为了进一步举例说明一些荧光灯在色彩还原上的差别，我们选择了同一厂商生产的三种不同型号的荧光灯，图9.6～图9.8表明它们具有不同的SPD曲线。

尽管CRI值达到95的荧光灯目前已投入使用，但是标准荧光灯的CRI值仍旧低于白炽灯和卤素灯的CRI值。作为一种含磷产品，它往往会在光谱的某个区域出现峰值而在其他区域则明显不足。这使得色彩学者预见荧光灯对某种具体色彩的还原效果到底如何这项工作变得极富挑战性。伴随着荧光灯总体色温的变化，它的色彩特性也会发生变化。即使不同制造商生产相同色温的荧光灯，它们的色彩特性也会有差异。较高CRI值的荧光灯提供了对大范围内色彩最准确的还原。这种荧光灯的成本比常

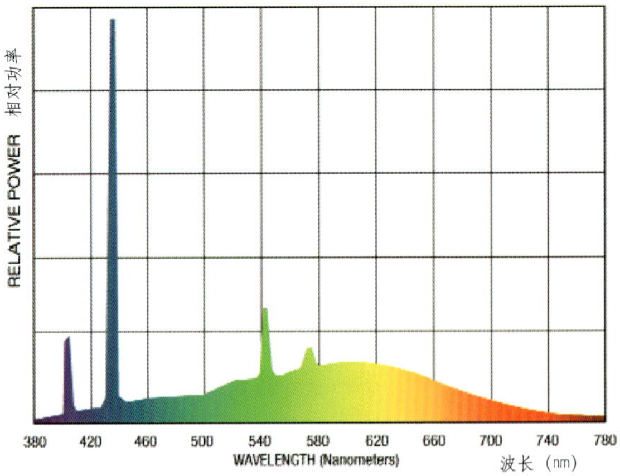


**图9.6** 该SPD曲线表明这是一种偏冷的白色荧光灯。请注意波峰出现在430～440nm波长的蓝光区域（西尔韦尼亚欧司朗公司）

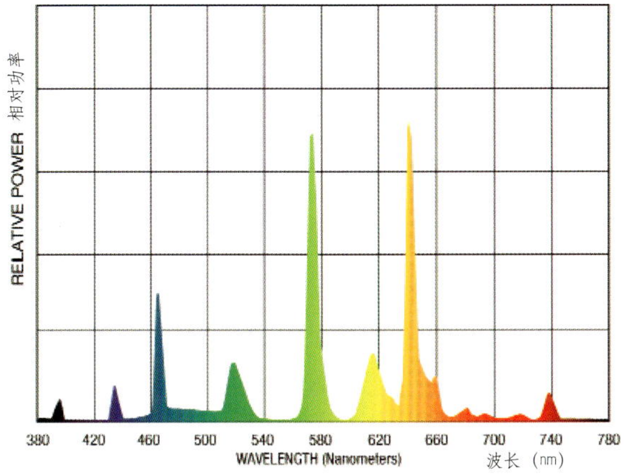


**图9.7** 该SPD曲线表明Octron 835XP 3500－K型荧光灯具有更高的能效，并且CRI值比标准的偏冷白色荧光灯更高（西尔韦尼亚欧司朗公司惠赐）

用的暖白色调或者冷白色调荧光灯要高出2～3倍，但是在那些色彩还原至关重要的场合（照相室、艺术展览及一些实验室），它仍然是人们的首选。

- 开氏温标色温：2700～6500K。
- 色彩还原指标：60～95 CRI。

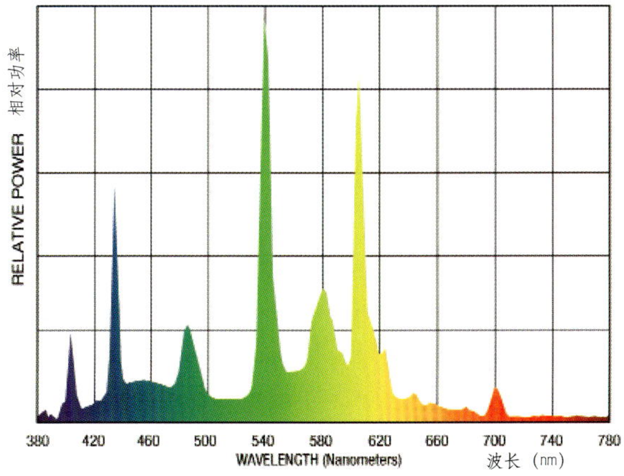


**图9.8** 该SPD曲线显示Octron 4100－K型荧光灯是色彩还原方面进行了改良的产品，还原较好的主要色彩表现出明显的能量条带（西尔韦尼亚欧司朗公司惠赐）

## 高压钠灯

钠灯与金属卤化物灯、氖气灯和其他氙气灯相似，因为钠灯是一种使用电弧产生能量的气体放电灯。高压钠灯产生一种非常强烈的黄色、黄橙色或者黄绿色的光，其能量足以照亮一个很大的区域，甚至在有雾或者其他水汽状况下也可以照亮一个很大的区域（见图9.9）。尽管照明效率极高，钠灯的色彩还原范围却非常有限。这种局限性使它很难表现色彩对比，还在某种程度上使人失去正确的深度感知能力。由于上述原因，金属卤化物灯作为首选光源迅速取代了这种钠灯。最常见的仍旧使用高压钠灯的地方是街灯、工业照明和大型建筑表面。

- 开氏温标色温：2100～2300K。
- 色彩还原指标：22～65 CRI。

## 金属卤化物灯

金属卤化物灯是公认的亮度最高的放电光源。它通过增加一根充满金属蒸气的弧形电子管来提高色彩还原能力（见图9.10）。人们还认为这种灯具有高能效和寿命长的优点，但是缺点是它需要镇流器。

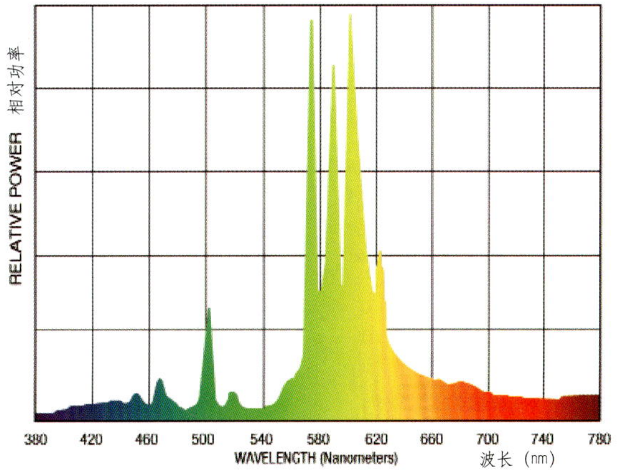


**图9.9** Lumalux高压钠灯的SPD曲线显示光谱能量在黄色区域高度集中（西尔韦尼亚欧司朗公司惠赐）

它不像荧光灯那样发生漫射，但是它的确增加了输出的光线，这也意味着光源位置不当可能会产生刺眼的问题。现在这种灯的色彩还原能力比前几代产品有较大提升，而且更加小巧的外形为我们提供了更大的方便。这种灯的一个缺点是启动和激发的时间过长。为了适应室内的周期性使用，我们通常将它与其他光源组合使用。金属卤化物灯最常用于酒店大厅、机场、大型零售空间和室外设施。

- 开氏温标色温：2900、3000和4200K。
- 色彩还原指标：65～82 CRI。

## 氙气灯

为了满足更加专业化的要求，可以使用紧凑方式或者线性方式布置氙气灯作为光源。氙气灯产生一种非常特别的白光，人们认为它最适合用来准确地再现色彩。氙气灯十分接近日光，只是由于光谱两端色光的大量发射而使其略微带点紫色。它常被用于取代自然光而不被居住者察觉。由于其极佳的色彩还原性能，氙气灯被用于商业电影放映机、泛光照明、闪光摄影和比色法（对色彩进行测量和分析的学科）。

- 开氏温标色温：3000～4300K。
- 色彩还原指标：99 CRI。

电灯厂商推动了电灯光源质量的改进。当经过改良的电灯投入使用后，灯具装置生产商就会迅速推出能最充分利用这种光源的新的灯具装置。我们可以期望在未来几年内会出现CRI值更高、形状更加小巧的各种电灯，以及用于普通照明的更节能的光源。

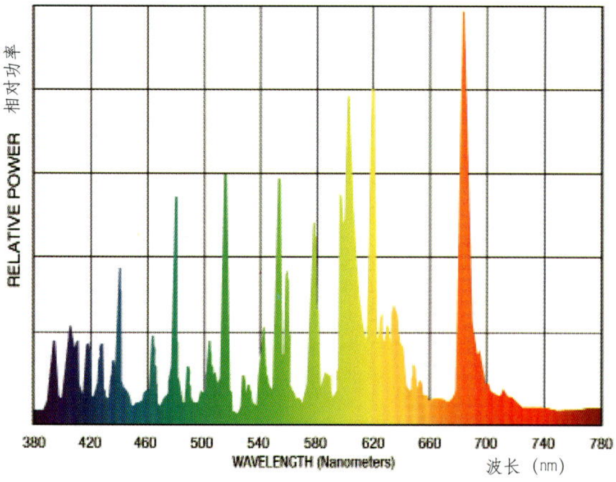


**图9.10** Metalarc®金属卤化物灯的SPD曲线显示了相对平均的光谱能量分配，但凹口还是存在的（西尔韦尼亚欧司朗公司惠赐）

## 实际问题

某些带有特殊要求的环境中，可能存在着与某种色彩感觉有关的应用问题。例如，气体放电灯大约在达到其寿命的一半时就可能发生色彩上的变化。荧光灯在使用寿命的一半时光线强度也会减弱。当然也存在这样的情况：光源中某种色彩的变化趋势恰好符合使用的要求。尺寸上与荧光灯相似的冷阴极灯和可制成更小光源的氖气灯都可以适应这类要求。冷阴极着色可以把色彩调整到某种需要的色调，并且这种灯可以被弯成曲线形。氖气灯被用于要求色彩色调更为清晰的场合，并且氖气灯可以向后弯折从而形成非常复杂的形状。

## 灯具布置和分配

正如光源的色彩特性能够改变物体表面色彩的表现一样，光源位置不当也能改变物体的色彩表现。下面给出一些照明细节影响色彩感知的例子。

- **投射阴影**可以加强明度对比，这种效果只比颜料对比效果弱，而强于任何其他形式的色彩对比。当大量光线聚焦在一个位置，它可以造成该直射表面色彩的褪色，并在相邻表面形成强烈的阴影。
- **加色**（色光）和减色（颜色）对观众有着非常不同的影响。例如，在一个沙龙中，绿色的表面色彩可能暗示着有机产品、天然装饰物或者其他健康的形象。同样绿色的光源却会对同一空间产生消极的影响。冷光照在人的脸上会使嘴唇的颜色发黑，并减少皮肤上所有的暖色调，而大多数人都不喜欢这种效果。

• 光源的**色彩倾向**在增强一种表面色彩的时候可能会减弱另一种色彩。这种情况在饮食服务设施方面最为明显：一种冷色的光源照在一盘绿色的沙拉上可以加强其视觉吸引力，但是同样的光源却会使红色的肉显得很老。

• 适宜的色彩还原不能以牺牲**技术的可行性**为代价来实现。让我们看看一家专卖宝石色调丝绸衣服的小商店。为了更好地还原彩色服装的色彩，我们可以考虑使用白炽灯或者卤素灯作为光源。如果灯具放置过近，这些光源输出的热量可能会点燃丝绸材料，或者至少引起丝绸的迅速褪色。

## 色彩的反射和投射

基本上有三种方法创造色彩效果：表面色彩、光线色彩和反射色彩。如果一个涂刷了橙色的立方体被白色光照亮，我们都会将其认作橙色的立方体。如果该立方体本身是白色的，并用橙色光照亮，它也会被看作一个橙色的立方体。没有其他线索的提示，我们可能无法区别涂了橙色颜料的立方体和被橙色光照亮的立方体。第三种选择是把明亮的白光照射在其相邻的橙色表面上，从而把橙色光反射到白色立方体表面上。这时只需要调节反射面的位置，使它能够把橙色光反射到白色立方体。其结果是立方体再次明显地呈现出橙色。这个反射面的减色（颜色）决定了反射光的数量。其明度越高，所反射光线的百分率也越高。米黄色对入射的白光的反射率将达到90%。浅蓝色对同样的入射光大约将反射50%左右。这三种方法利用了色彩的交互作用，它们在建筑上的应用都非常普遍。我记得一位同事曾经欣喜地对刚刚装修完的卧室的色彩进行的描述。每天清晨，强烈的阳光以一定的角度照射在隔壁的蓝色住宅上，将蓝色光线直接反射到卧室里来。近午时分，太阳高悬在头顶，明亮的白光通过天空散射进入该房间，显示出其内部所有微妙的色彩关系。在下午的时候，太阳的角度更加倾斜，由于阴影的投射产生更为复杂的表面色彩从而引起生动的明度对比。在晚饭前后，白炽灯这种温暖的聚光灯提供了一个与早上完全不同的色彩系列。在其卧室内每一天都重复着这种连续的色彩展示。

### 色彩的反射

图9.11显示了在建筑上运用色彩反射的例子。在该装置中，光线从非常明亮、光滑的表面反射到混凝土和丙烯酸树脂漆的平面上，从而增添了空间的戏剧性和复杂性。这幅照片的区域内唯一用到的色彩是悬挂在围合空间内的黄色物体。

### 色彩的投射

投射光是零售空间和公共空间普遍使用的另一种方法。色彩投射有几种处理方法。在某些场合，明亮的探照灯被安装在含有不同色彩镜片的旋转式圆盘上。一次完全的旋转给其系统空间的色彩提供了全光谱系列的照射。有时，其镜片色彩随季节而变更，或者通过在圆盘上镶嵌的物体剪影来生产某种标志。这种方法用于增强市区内的环境表面（例如混凝土墙面或者人行道）效果特别显著。在如图9.12所示的零售商店的案例中，色彩图像投射到平坦表面上后产生一种非常戏剧性的效果。在适当的时候，这些图像可以随销售季节的变化而变化。在如图9.13所示的美术中心的案例中，从该建筑物中依次发射出几种不同的色光。色彩变化的周期依据步行者走近该建筑的时间来确定。

### 彩色光源

单色光会使房间内所有其他色彩失真，但却会增强与自身相同的色彩。例如，橙色光会中和物体表面的绿色、蓝色和紫色，使它们带有灰色调或者褐色调。相同的橙色光会使暖色调物体的色彩增强，特别是任何真正橙色物体的色彩。有些场合调整或限制光源的色彩倾向是非常有用的。在戏剧舞台布景中，过滤后的色光和舞台道具一样，在创造气氛方面起到了重要的作用。一些色彩测试采用色光而

**图9.11** 这个某大学设计方案中，色彩以几种独特的方式结合在一起。该建筑内部的色彩被反射到室内外的大片区域之中[设计：佩里·迪安·罗杰斯及其合伙人建筑师事务所；摄影：©彼得·莫斯（Peter Mauss）/ESTO ]

不是采用彩色物体进行测试。这样做可以消除环境色对测试结果的影响。零售和娱乐场所也从彩色色光的运用中获益匪浅，它既可以作为一种刺激手段也可以作为临时调整图像的一种方法（实例请参阅第十三章图13.3）。

彩色光用于整体色彩组合是相当具有挑战性的。正如谢弗勒尔许多年前所发现的那样，**彩色光组合所形成的色调与我们所预期的色调往往很不一致。**大多数设计者都有减色混合的经验，但是经过过滤的彩色光却是一种加色形式，它所遵循的是加色混合的规律。如果把黄色光和蓝色光混合在一起，它们将产生类似于白色物体表面上表现出来的那种色彩——这完全不同于人们所预期的绿色。彩色光可以应用在三维作品中以加强环境整体效果或者调整某个物体给人的印象。我们都知道如果一道蓝色的光线投射在一个白色的物体上，该物体会呈现蓝色。可是，如果同样的蓝色光线散布到整个环境上，这个白色物体将比视域内的其他表面显得相对更白一些。这种现象产生的原因是人们的眼睛不断地靠相邻色彩的对比来作出色彩判断。与阴影有关的一种令人着迷的色彩现象就是投射光的补色投影现象。每一个阴影之中都含有投射色光的补色。在物体上投射红色的色光将使其阴影略微偏绿。这就是为什么由色彩非常温暖的夕阳所造成的日落时分的阴影面在色调上会显得这么冷。光源的光线越强，其阴影的色调越苍白。浅色光源会导致色彩更加生动的阴影。

一般而言，**我们不推荐在环境设计中只应用单色光，除非用于有特殊要求的医疗空间。**每一种色彩的彩色光对于观众而言都具有某种独特的生理影响，因此可以被富有经验的专家用于治疗疾病，但在其他情况下则可能形成干扰。适当的暖色色光可以衬托皮肤的色调。相反地，绿色光有损于皮肤色彩的表现却使植物增色不少。大多数的人都相信红色光的存在会导致血压增高和呼吸急促，绿色则具有更大的安抚作用。一些人则建议采用绿色光来改善复杂的运动神经的协调性。黄色光具有刺激作用。蓝色光被认为具有降低血压、舒缓头痛的作用。紫-蓝色光也被认为可以使人平静并集中注意力。这些效果在短期内可能对人体有益，但是我们不推荐持续或者长期使用这种方法，因为它与正常的人类体验相违背。在医学上，某种蓝光已在临床中用

**图9.12** 图中上部墙面上所悬挂的彩色图像上所投射的光线使用了彩色滤光器［李维斯店（The Levi's Store）；室内设计：切克兰德·金德雷赛斯（Checkland Kindleysides）；建筑设计：博格麦尔联合建筑事务所；摄影：©罗伯特·甘菲德（Robert Canfield）］

**图9.13** 从该建筑物光栅内射出的光线有效地吸引和保持着观众的注意力（设计：佩里·迪安·罗杰斯及其合伙人建筑师事务所；摄影：©彼得·莫斯/ESTO）

于治疗遭受黄疸折磨的早产儿，但是这些灯与偏冷色的荧光灯的不同，它们含有肉眼不可见的紫外线。紫外线被用于治疗牛皮癣。一些医学人士已经能用单色调的光来刺激大脑、循环系统和无意识的神经系统，以及加速特殊情况下的康复。

幸运的是，那些在自己领域内耕耘的色彩工作者，可以轻而易举地从众多电灯制造商那里获得有关照明性能和各种光源特性的资料。成功的彩色灯光组合和出色的色彩还原能力为我们提供了更多的选择，容许我们使用前辈们不可能用到的方法来控制色彩。现在我们在表面色彩的调节方面有更多的选择。我们可以使用减色技术或者加色技术（照明）。为了增加我们色彩控制的水平，我们还可以考虑纹理及其表现。这就是第十章的主题“纹理和材质”。

# 第十章
# 纹理和材质

每个物体表面都有纹理特征，它影响到我们的色彩感知。我们已经注意到光源能够改变我们对彩色表面色调特征的感知。物体表面的纹理变化也会产生色彩在明度和纯度水平上的微妙变化。这意味着肉眼所看见的色彩实际上是由三种条件的结合所决定的：

- 物体的减色（颜色）色彩特征。
- 作用于物体之上的光线的色彩品质。
- 有色材料表面的纹理。

表面纹理靠改变反射光线的角度来影响减色（物体颜色）。然后这种反射光线的变化会导致进入眼睛的光线在数量上发生变化。当色彩从一种介质传递到另一种介质，色彩的吸引力可能增加也可能减少，这完全取决于设计者所选用介质的表面特征。例如，一种珊瑚红在纸张、塑料、光滑的瓷器或者精美的羊毛制品上都可以得到清晰的表现。但是这种颜色在木材表面或者金属本底上则可能失去感染力。

在这一章里我们主要探讨材质选择如何影响色彩选择以及纹理的不同如何改变人们的色彩感知。这涉及设计实践中常用的材料分析——分析材料的色彩局限性和表面特征。当然，其关键还是要能够预见所用材料对色彩造成的影响以增强我们对设计效果的控制。

## 纹理的影响

为了对纹理进行分析，我们首先需要一个基准。让我们假设一个光滑的、平坦的、非镜面的能够使任何色彩产生最少失真的表面作为我们的基准。到达该表面的光线充分分散，光线同时在许多方向以相当均衡的方式发生反射。对该纹理的相对调整会引起反射光线的方向改变，从而改变该表面反射到人眼中光线的品质。在光线反射方向上的每一个变化决定了色彩感知的变化。请注意，这些纹理变化是细微的，所以当纹理变化成为设计关键的时候，付出额外的努力是完全值得的。但是，当环境背景中存在着其他更生动的对比，纹理变化的作用就不明显了。

## 粗糙的纹理

粗糙的纹理提供了一个光线反射的不规则表面。当表面纹理增多的时候，直射光将有一部分无法到达裸露的表面，从而出现阴影。这时，那些未暴露在光线中的凹陷部分形成的阴影使共原色变得更暗、

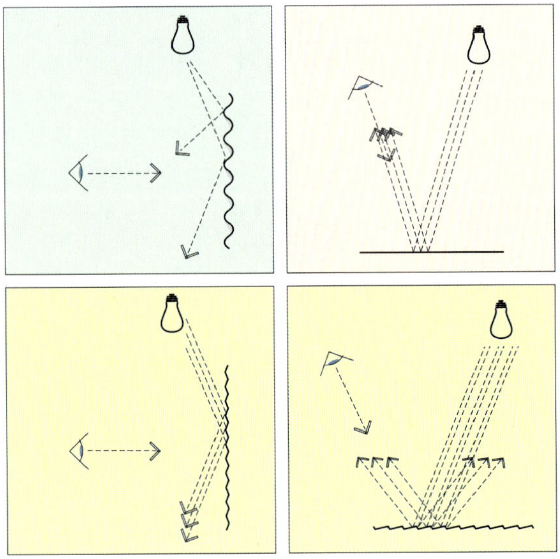

**图10.1** 由于物体表面纹理和纹理的相对位置不同，会引起反射到人眼的光线的密度和方向发生变化，从而引起物体表面色彩的细微变化

更不饱和。当人们的眼睛在视觉上对物体原色和阴影部分进行混合的时候，整体色调可能与原始色调就不一样了。在这里反射方向是关键，因为一个粗糙的平面直接反射进人眼的光线总是会少一些。

例如混凝土和砖这一类具有粗糙表面的多孔渗水材料就足以产生表面阴影。当墙面上的粗糙织物受到顶部光线照射的时候会比同一色彩的光滑织物看起来颜色略深一些。如图10.1左上角的图所示，当光线以这种方向的角度进行投射可以加强其表面特征，使色彩的变化更为明显。但是如果光源及其位置不变，当材料水平放置时，很少有阴影凹陷形成，色彩变化也可能会减少。

## 适中的纹理

即使是真正的哑光漆对于色调都有一些影响。适中的纹理也会改变进入人眼的反射光线的角度。大多数不粗糙的表面纹理是均衡并且具有方向性的。谷物的方向变化能够改变我们的色彩感知。当纹理相同的两个表面一个方向垂直，另一个则旋转180°与之垂直的时候，它们色彩看起来通常会略有不同。这种情况的发生是因为阴影所增加的效果和反射光线影响到了它们的明度、纯度或者对两者皆有影响。这就是许多东方地毯因其在房间内的方位不同而颜色变浅或者变深的原因。如图10.1下面两个图解所示，改变纹理与光源的相对方向能够改变视觉效果。

绒面纺织品，例如灯芯绒、天鹅绒或者马海毛，都是适中的表面纹理的强化形式。这种绒面通常倾向于这一边或者那一边。我们对纱线色彩的感知取决于光线是从纱线的整条边还是从末端反射出来。具有绒面效果的室内装璜织物，例如绳绒织物，可以获得令人满意的效果是因为由其纹理所引起的多种色调的效果。表面不光滑或者有纹理的塑料层压板也会产生这种效果。丙烯酸面板，例如树脂玻璃（多用以制造飞机座舱罩、镜片等——译者注）和莱克桑（聚碳酸酯的商标名——译者注），通常具有纹理表面，而且透过纹理表面观察图像时色调会有变化，这一点在摄影师或者设计者工作室的实物模型展示中得到证明。根据材料表面纹理的不同，其图像会变得更加柔和或者更加清爽。

## 光滑的纹理

要形成一个高度光滑的表面有许多种方法。在致密的材料上，例如石头或者金属，我们用磨石研磨其表面直至达到一个非常光滑的表面。在更为多孔渗水的表面上，例如木材或者织物，我们用漆膜来填充其表面毛孔，以创造一个光滑、更加反光的表面。涂料的化学成分决定了纹理的品质，它也可以形成非常坚硬的光滑的漆膜。如图10.1右上图所示，应用这些技术的结果都是形成一个更加反光、耐久的表面。当彩色材料的纹理变得又硬又精致，成为一个光滑的表面，大多数光线就会被该表面以相当一致的方向进行反射。当足够的光线直接反射到人们的眼睛，它所产生的亮度，艺术家称之为高光（high-light），照明设计者则称之为光幕反射。在大多数情况下，由此引起视野中物体表面白光增强，进而导致物体表面的整体明度变浅，还可以增加表面色彩的强度或者纯度。

这种特性在木质家具再抛光时非常明显。通常在一块木质家具上涂刷一道清漆可以使木材的色调看起来更加丰富。在一定范围内这种方法是有效的。当末道清漆反射光线的数量达到极端，就被称为镜面。我们很难利用照明使镜面既能充分展现末道清漆的效果，而同时又不产生令人不快的光幕反射，因为光幕反射会使表面丧失应有的色彩。当光线集中在某一点上，该点反射的色彩实际上只是光线的色彩。这就像由顶棚里向下照射的小聚光灯，当它照射在下方光亮石桌上形成的高光光斑。

使用光滑表面并不总能出现预期的效果。最常见的情况是，一个光滑的漆面会使表面变亮。但是，并不是每种光滑表面都必然会引起色彩纯度的增加。如果这层镜面覆盖在物体表面色彩之上时，例如丙烯酸覆膜或者印花棉布的光滑面层，情况可能就不同。因为此时我们要透过另一种材料来感受表面色彩，所以其亮度降低了。一般而言，由于总体亮度的增加，本身很暗的色彩在光滑漆膜下通常会显得更暗。

## 色彩的视觉混合

独特的色彩也可以用同种介质混合（例如涂料或者染料）以外的其他方法创造。这些方法中有些是视觉混合的结果，它们使用了另一种纹理形式，它非常类似于法国印象派画家乔治·修拉（Georges Seurat，1859～1891年）的点彩画技法。在这种情况下，不同色彩的小点、线条、纱线或者大斑点彼此的位置很近，以至于人们的眼睛把它们混合成为一个整体的色调。当我们靠得很近的时候，单个色彩的特征才会明显显现。而当我们离远一点或者增大视角的时候，这些色彩就会混合在一起，创造出来的效果与原色组合的效果相同。这种情况被称为视觉混合，或者说是色彩的视觉混合，如图10.2和图10.3所示。

色彩明度接近时容易发生视觉混合。常见的用法是将两种明度接近而色温相对的色彩混合使用。远看，其效果就是一种柔和而又中性的色彩；近看，则是带有色温对比的纹理表面。当两种不存在互补关系的非中性色在视觉上混合时，通常会形成一种新的色彩。例如，红紫色与蓝色混合会形成略带紫色的色相。如果使用颜料，而两种色彩又存在互补关系，则此时从远处观察，它们视觉混合后会形成灰色。

## 应用

在很多地方我们都可以看到色彩视觉混合现象。我们都知道通常只要将三种或者四种色点进行组合就可以创造出具有所有色彩的彩照。当这些点彼此间的距离大到人们的肉眼能够清楚地看见它们的时候，这种“放大”了的彩照就变得滑稽可笑了。纺织品中的单股纱线通常很近地编织在一起从而实现这种色彩的视觉混合。将两至三根纱线一起编织可以创造出带有视觉深度的物体色。织物纤维通常使用色彩相互干扰的染料以产生一种金属质感或者闪闪发光的外观。其效果是，从一个角度看其表面是一种色彩，但是从另一个视点看上去则成了不同的色调。

底色通常被用于视觉混合中以增加表面色彩的深度。许多油漆和釉面技术中都混合了这种方法。我们既可以在既有的视觉混合中加入一种色彩作为底色，也可以在所有色彩下面全部铺上底色来创造一种微妙的变化。底色通常都具有显著的色温变化。与三维设计中物体色的特征类似，与温暖底色的视觉混合会引起整体色彩的前进；而寒冷底色则引起整体色彩的后退。

帕特里夏·兰伯特、芭芭拉·斯特佩莉尔（Barbara Staepelaere）和玛丽·芙芮（Mary Fry）在《色彩与纤维》（Color and Fiber）第152页中对发生在纺织品上的视觉混合现象进行了说明，这种现象与发生在涂料和其他光滑材料上的视觉混合没有本质区别。色彩混合的尺度越小，视觉混合就越容易发生。在纺织品中，主要通过两种方法产生这种效果。最精细的方法是把不同色彩的纱线组合在一起，通过对这些原色进行视觉混合以创造一种新的纱线色彩。当这些单根纱线经过梳毛机彻底梳理然后编织成一根纱线后，视觉混合就产生了。还有

**图10.2** 在该实例中使用了分层涂刷的技术，四种色彩的组合形成了纹理［该涂刷墙面纹理的色彩设计由芭芭拉·雅各布（Barbara Jacobs）完成，摘自《色彩与设计》（Color and Design）］

**图10.3** 在一定距离之外，人们的眼睛会将图10.2所示的色彩混合在一起形成更为柔和而中性的色彩［该涂刷墙面的最初色彩设计由芭芭拉·雅各布完成，摘自《色彩与设计》；室内设计：辛西娅·L·布鲁姆（Cynthia L. Brumm）；建筑师：丹·B.古德劳，凯普·安设计小组（Dan B. Goodenow，Cape Ann Design Group)］

一种更加富有表现力的视觉混合是把两股不同色彩的纱线组合成一根双股纱线，这就是谢弗勒尔所说的“线的混合”。

另外一种能产生更富于触感效果的方法是不同色彩的经纱和纬纱的组合。经纱是织布机上沿长度方向上的那些纱线。纬纱是从一边到另一边横过织布机的那些纱线。这两种纱线交错编织在一起就形成织物。当我们使用两种或者更多不同色彩的纱线进行编织的时候，织物的整体色调根据观察的角度的不同而发生变化。这时会产生一种微微发光的效果，谢弗勒尔称之为“影线混合”。当织物展开成平面可以看到清楚的纱线；但是当我们从某一个角度对其进行观察时却会发现这些纱线混合成了一种色彩。

## 材料的限制

要想成功地运用每一种材料必须注意其纹理特征的变化。具有同一种色彩的精美丝绸纤维和粗糙羊毛纤维会产生不同的色彩效果。瓷砖真实色彩所形成的表面视觉效果和同种色彩的光滑陶砖也大不相同。当染料、着色剂和某些油漆涂料浸透物体表面的纹理，这时釉面、薄膜和油漆涂料层就会附着在材料的表面上。如果设计时能够考虑材料的固有性能、现有生产能力提供的可行性和各种表面纹理的特点，则每个色彩选择方案将会获得更长期的生命力。让我们来看看图10.4中的案例研究。这间私人办公室的主人喜欢享受非常强烈的阳光，但又不

**图10.4** 这间办公室的材料选择注意到了紫外线对所选用的色彩和材料的影响（室内设计：格里斯伍尔德、海克尔和凯莉联合建筑事务所；摄影：格雷格·普雷鲁）

喜欢使用窗户。紫外线对每种表面材料的色彩都有极大的影响。在这个设计方案中，一种会随着使用寿命的增加而颜色变暗的浅色木材与深色纹理组合在了一起。通过这种组合，这种木材会逐渐变暗，纹理会自然褪色形成更加柔和的古铜色，从而保证了它们之间明度对比的动态平衡。

每种人造材料加工过程中所使用的处理方法不同，所以使用它们的固有色时受到的限制也不同。例如混凝土和玻璃这样的材料在使用中就受到固有色的限制，更别提美学上的考虑了。随着色彩印染技术的改进和成本的降低，我们接触到的各种材料都已经有了相适应的更有效的涂料和胶粘剂，因此，可供我们选用的人造材料更加丰富了。在这里所讨论的人造材料都是在设计实践中最常用的。其目的是弄清每种材料存在的具体色彩问题，同时还会将色彩工作者提出的忠告一并列出。

## 涂料

涂料提供了无限的色彩选择范围，同时也提供了大量的纹理供我们选择。按照反射光线的反射比由大到小，涂料通常被分为以下表面类型：高光面、漆面、光面、半光面、低光半光面、缎面、珠光面、壳纹面、低光壳纹面、消光面和平面。高光面是一种非常坚硬、耐久的表面。水在从缎面直到高光面的任何一种表面上都会形成水珠的形状，从而使其更易于维护。反射越多或者涂层越光滑，在直射光下色彩越容易得到增强。同时，这样的表面越不容易达到理想的效果，需要花更多的时间去寻找合适的表面涂料。

使用涂饰材料有个问题，那就是如何长期保持其色彩不变。艺术家经常被这一问题所困扰，因为过去常用的许多天然颜料天生就非常容易**变色**。也就是说，它们随时间的变化而褪色，特别是当它们暴露在日光或者任何形式的紫外线照射下的时候尤其明显。进行修复设计的设计师同样也要面对色彩褪变的问题，因为其设计目标常常就是恢复最初的色彩。如果一个建筑作品所用的色彩已经由于颜料的易变性、侵蚀等原因造成褪色，要想准确地恢复它是很困难的。使用涂料时，褪色是必须考虑的问题，我们可以从涂料制造商那里得到涂料的耐久等级。

## 涂料色彩的选择

在设计中色彩表现大多来自所选择的涂料，所以在进行涂料选择的时候要特别谨慎。从很小薄片上试用涂料，再到墙面上实际使用它，这可是对信心的挑战，不过影响这种转变的某些条件还是可以预测的。当涂料的规模由涂料薄片变化到墙体平面的时候，我们对涂料色彩的感知也会发生变化。当一种色彩覆盖了整个一面墙的时候，它通常看起来比其小型样本在明度上更浅、纯度更高。

不加涂饰的表面会成为一种背景，可以改变已经完成的涂料层的色彩效果。抵消这种影响的方法之一是涂刷几层白色的底漆。这样可以把更多照射在这个表面上的白色光线反射出去以保持其色彩清晰。如果两种相邻的材料，例如干燥墙面与其相邻的钢板都用同一种色彩进行最后一道涂饰，这两个表面中较浅的那个可以涂刷深色的底漆以消除由于材料颜色深浅不同造成的任何色彩变化。当然，一些色彩组合还要在它们所要应用的实际空间中进行测试。在大型商业建筑方案设计中，可能还要制作包含主要墙面特征的同尺寸的模型，从而在解决建筑结构技术问题的同时又提供一个极好的测试色彩关系的平台。

## 与制造商的合作

涂料制造商通常都会保留所用色彩标准的技术数据，包括光线反射比的数值，这个数值被测定后称为**光反射值**（LRV）。有些厂商甚至把它们印在了扇形卡片上。当我们表达照明设计理念的时候，这是有用的信息。当使用间接照明的时候，发光表面需要很高的反射系数——85%或者更高的反射系数。在理论上，光反射值在完全反射时是100%，完全吸收时为0，这就给定了确定每种色彩反射光线总量的数值范围。在现实中，不可能产生完全的100%或0%的反射，甚至靠科学的方法也不可能办得到。因此我们可用的是略小一些的数值范围。另一个影响光线反射数量的条件是涂刷表面的品质。不必多言，光滑、清洁、经过打磨的表面比粗糙、毛糙或者覆满尘土的表面会反射更多的光线。

有些项目要求使用特殊的涂料。在这种情况下，我们依靠专家来提供每种备选涂料的长期物理属性。例如，铜绿这种颜料随使用时间的增长，颜色往往会加深，这种特性在某些色彩方案中可能是令人满意的，但是在另一些方案中则可能是不受欢迎的。艺术家所用的粉末色彩可以用于给某些介质着色以产生更加鲜艳的色彩效果，但是，由于这些颗粒会悬浮在色彩中以至于很难使用，所以可能还要使用封底层。

## 软化色彩

这里有几种方法软化特定涂料色彩的视觉效果，从而使其看起来不那么单调。每一种技术都是使表面色彩明显的不一致。有时还伴随着颜料品质的改变，例如使用从泥土中提取天然颜料以产生更加柔和、品质更佳的泥土色调。其实例有发黄的赭石色、棕土色、土黄色以及绿色和红色的氧化物。涂刷后的表面也可以进行这种处理来软化涂料的效果，通常建议在大面积表面运用这种处理方法。釉面是一种半透明的、略带一点颜色的涂层，主要用在另外一种色彩的表面。釉面会改变涂饰表面的反射光线，进而造成表面色彩的微妙变化。釉面所带的颜色越少，它就越透明。每一种釉面与底层涂料的组合都会有各不相同的细微差别。将一种粉末状的颜料悬浮在具有很高表面张力的清澈液体（例如水或者稀薄的乳胶）中，然后用来覆盖整个涂刷表面，这就是粉刷。在很多表面装饰上，人们使用仿古的处理方法给人造成年代久远或者陈旧的感觉。为了达到这种目的，不同尺寸表面上所用的分层涂料都经过专门的精心设计。每一位使用分层涂刷处理方法的专家都有自己的方法来创造出独一无二的纹理色彩。我曾听到过一个很有趣的事情，约翰·萨拉迪诺（John Saladino）用速溶咖啡给他刮坏了涂层的石膏墙面着色，这样它们就像约翰·埃斯腾（John Esten）和罗斯·贝内特·吉尔伯特（Rose Bennett Gilbert）在《曼哈顿时尚》（Manhattan Style）中所说的“看来似乎长满地衣并且古色古香”。

其他涂刷技术还包括使用多种多样的工具进行表面复绘。带有裂缝的辊子可以用于创造木材纹理，还可以提供一种不均匀的线性图案。梳毛、拉条和拉毛技术分别是在湿的光面上拖曳梳子、刷子或者鞭打。镂花涂装是在较大尺度上常用的有规律的图案重复。将色彩或釉料进行喷射，用海绵轻拍在坯上，用抹布蘸在墙上或者点彩的技术，都能产生非常不均匀的涂装纹理。人工涂饰表面，例如龟甲纹、木纹和大理石纹等是另外一些软化涂饰表面色彩的方法。

在我们使用复杂的表面涂装的时候，有些经验性方法能够确保较大的成功。在一个表面上色彩对比的范围越小，其外观就越深奥微妙。使用大量明度对比和色相对比的粉刷或者抹布蘸抹往往会显得很程式化，看起来更像是正面和反面的印刷，而不是带有深度的纹理。当我们使用斑驳的聚乙烯基薄膜这种涂装材料的时候，色彩的数量越多，深度感越强。四色组合所提供的纹理质感要多于两色组合，六色组合所提供的纹理质感多于四色组合。正常的观察距离也是值得考虑的一个问题。如果你想在目标物体对面的房间就能看见纹理，就需要采用较大的明度和纯度对比。如果你希望在任何位置上都能感受到色相对比，就不要使用补色和色调非常相近的色彩。

即使在采用平面涂饰的方案中，只要改变底漆的色彩，一样可以创造出复杂平面上才有的那种色调变化。对涂装表面颇有研究的唐纳德·考夫曼提出，可以使用较浅、较暖的内层涂料来创造一种发光的效果，较深的底色则用于更为正式的场合[《光与色彩：照亮涂装空间》（Color and Light: Luminous Atmospheres for Painted Rooms）]。在光线充足的情况下（通常是日光）这样做效果很好。当强烈的日光泼洒在物体表面，底漆的色彩不仅成为了背景色，还把表面色彩变得似乎与自己很相近。光线减弱的时候，面层色彩就会凸显出来。这种涂装技术可以不使用昂贵的材料就造成日照空间24小时的周期变化。我们可以用不同光线照射下的两个相邻墙面来证明这一点，其中一面墙用日光直接照射，另一面墙主要靠荧光灯照射。如果它们首先被涂以桃红色，然后罩上一层米黄色，人工光线照亮的墙面似乎更像米黄色，而日光照亮的墙面相对而言更像桃红色。

## 纺织品

纺织品制作中有三种控制色彩的技术：本章前面所述的通过编织方法进行色彩视觉混合、通过染色工艺控制色彩和通过纱线的方向控制其色彩。我们对这些过程的理解要追溯到19世纪中叶谢弗勒尔的著述，其中涵盖的范围包括视觉混合的领域、同时对比的效果、协调的逻辑和染色过程中化学方面的问题（当我们从使用天然染料向人工染料转变时出现的这些问题）。这些结论是他从哥白林挂毯工厂（Gobelins tapestry works）的工作经验中得来的，以此为基础他制定了许多织物和地毯制造的基本指导方针。

### 染色方法

底层不同则所用的染料也不同。在棉布上产生某种特殊蓝色的着色剂，用在羊毛纤维上就得不到相同的蓝色效果。将染色纱线以编织的方法织入纺织品之中可以给纺织品制造出色彩，将颜料直接用于纺织品表面也可以给材料上色。在纺织品中应用色彩的原则，与前面讨论的涂料和其他颜料介质的使用原则相类似。要形成织物的表面色彩，物体表面着色的时候要使用黏结介质。基本上颜料可以持续到黏结介质磨损殆尽。织物表面颜料着色用的方法包括丝绢网印花法和木刻版印刷法。

纱线材料和染色方法相结合，为我们通过染色材料进行色彩控制提供了极大的选择范围。富有经验的设计师都知道染色工艺可能导致同一批产品的色彩有轻微的变化。大空间中所用材料在染色方面任何细微的变化都会非常明显。为了避免出现不必要的明显的织物接缝，在同一区域里使用的织物或者地毯要特别指定只能来自同一个染色批次。当这种要求不能实现的时候，就要从一系列现有的染色批次样本中找出相匹配的色彩。同样的道理，如果染色过程不能始终如一地进行就可能会出现一些条纹。当制作完成的时候对产品进行视觉检查就可以发现这些问题。

对于染色物品我们通常都很关心的一个问题是色彩是否具有长期稳定性。每种纤维的耐光性与其使用的染色方法共同决定了色彩的稳定性，特别是对于那些安装在阳光直射下的产品。织物的冲洗不褪色性也影响纺织品的色彩，特别是在那些需要经常打扫清洁的场合，例如医院、食品服务和儿童保育设施。

### 织物

染料在本质上是一种着色剂，它溶解在流体中并以特定的化学方法黏附在要处理的纤维上。织物染色就好像是把棉花、羊毛和丝绸之类的天然纤维投入一个染缸之中。尼龙这样的人造纤维的染色，既可以在纺成纱线之后进行，也可以在液体状态时以化学方法加入染料来完成——这就是原浆着色。所有的色彩都会发生不同程度的褪色，特别是那些通过染色工艺创造的色彩。但是，一般来说在制造过程中染色越早，应用的染料越接近天然材料，越有可能成为不褪色的纤维。这就使得原浆着色工艺所生产的尼龙成为人们想要的不褪色纤维的首选。尽管原浆着色工艺所生产的尼龙的色彩始终如一，但是其缺点在于看起来太单调了。如果这一点使其不受欢迎的话，那么原浆着色工艺生产出来纱线的视觉混合就可以成为理想的替代方案。

正如任何其他色彩创造过程一样，纺织品染色也有其技巧。有些染色方法可能更适合于生成明亮的色彩，而有些纤维可能更容易附着某种色彩。一些刚刚染好的材料可能会出现少许碎片或者过浓的现象，类似于画家直接使用来自颜料管的原始颜料所产生的效果。当发生这种情况的时候，我们可以用黑色或者棕色染料进行持续时间较短的二次浸泡以降低其色调。黑色用于冷底色，棕色用于暖底色。织物的密度也对表面色彩有影响。纤维编织越紧，色彩就越深或者越浓，因为浓密或者紧凑的结构给更多的纤维提供了染色和附着的机会。

### 地毯

今天大多数的地毯都是由合成纤维制成的，例如尼龙、烯烃纤维、丙烯酸类纤维和聚酯纤维。在这些纤维之中，尼龙和聚酯纤维在色彩的清晰度和不褪色方面声誉最佳。天然纤维由于染色方法不同所以色彩没有保障，人们喜欢选择它们更多的是因为它们给人以奢华的感觉。在大空间中可以用羊毛和棉布制品。黄麻、大麻和剑麻地毯纤维也用于一些专门用途，例如小地毯。带穗饰的地毯可以在装丛毛之前对纤维或者纱线进行着色（预染），也可以将未染色的带穗饰的织物（本色材料）在加衬背之前染色。机织地毯要预染，在某些情形下还要进行套印。

合成纤维要经过把原材料加热成液体的生产过程，然后使其受压穿过微孔形成细丝，最后冷却细丝拉成纱线。挤出过程决定了这种纤维的标准截面形状，也决定了其光泽和纹理。在挤出的过程中，在熔化的聚合物纤维中混入添加剂可以改变其外观。这些添加剂中可以包括彩色颜料，在这种情况就是纤维的原浆着色。原浆着色地毯只用于合成材料，这种地毯变得越来越受欢迎。有了这种产品，在挤出过程之后就可以进行任何卷边操作或者纹理加工。

地毯上的各种色彩效果靠纤维处理来实现，所以这些纤维要用不同方法进行染色处理。原料染色涉及到原材料纤维在纺纱之前就要被染色。这种方法用于尼龙和羊毛材料。为了生产出彩色产品，经过原料染色具有了不同色彩的纤维被纺在一起成为纱线。柏柏尔和石南花的混合就是实例。纺成的纱线被绕成一股进行染色。这种方法用于体积较小的产品的生产，例如适用于除烯烃纤维之外的大多数纱线类型的传统色彩工艺。间隔染色主要用于尼龙产品，它是一种沿纱线的长度方向均匀或者不均匀地分段印刷色彩的技术。带有原色衬背且未染色的地毯被称作本色材料。它可以被放入染缸之中进行染色，这是一种叫做匹染的方法。使用平板或者旋转丝网印刷机在机织地毯上印花是一种传统做法。更昂贵的喷（射）印（刷）是用沿横幅方向布置的成排的计算机控制的彩色喷嘴来完成的。

## 纱线的方向

微妙的色彩变化来自纱线本身在尺寸和方向上的变化。最复杂精细的纺织品是那些在明度范围内变化细微的织物，它们只使用一种纱线色彩，通常被描述为同色相叠（tone on tone）。当纱线位置或者其物理特征发生改变的时候，由于纤维对光线反射的相应变化就会使外观略有变化。按照兰伯特、斯特佩莉尔和芙芮工作小组（Lambert，Staepelaere， and Fry team）的说法，有几种技术可以产生这种效果。

同色相叠织物最常用的生产方法是通过改变已经织好的纤维或者纱线的方向来完成。此外，基本的织物结构涉及一系列沿织布机长度方向分布的经线。这些经线与纬线进行交错编织。纬线沿织物幅宽方向前进、后退，长度限制在布的两个织边之间。当纬线沿一根经线从下往上移动一次就织成了一匹布。浅色图案浮在略深的背景上或者相反的色彩组合是通过改变露出表面的经线和纬线的位置而实现的，图10.5对此进行了阐述。织物的明暗是由直接反射到人们眼睛里的光线的数量多少决定的。传统工艺中的缎子就是使用这种方法进行织物编织的大家熟知的实例。

在机织地毯中，对色调进行细微调整的方法有很多。其中包括粗呢的起捻、圈绒的不等高绒头或者剪绒–圈绒的组合。在每一种情况下，纱线的重新定位引起外观色彩的微妙变化，从而提供了一种更为复杂的纹理效果。剪绒–圈绒组合的地毯，其中圈绒的颜色看上去更深一些，因为当你从纱线的一边看过去，它所直接反射的光线比染上相同色彩的剪绒要少。这种同色相叠的地毯也可以靠尖端修剪的方式形成，在这种情况下整个表面上不等高的圈绒中那些最长的圈绒被剪去。如果修剪得恰到好处，尖端修剪会形成一种非常柔软、雅致的质地（如果修剪不当，就会呈现似乎染色不一致的外观，因为这种不平整在直射光的照射下非常明显）。

东方地毯轻而易举地证明了可以利用纤维方向改变色彩的外观。大多数东方地毯是织布机沿同一个方向织成的，从而导致纱线似乎整齐地略向一边

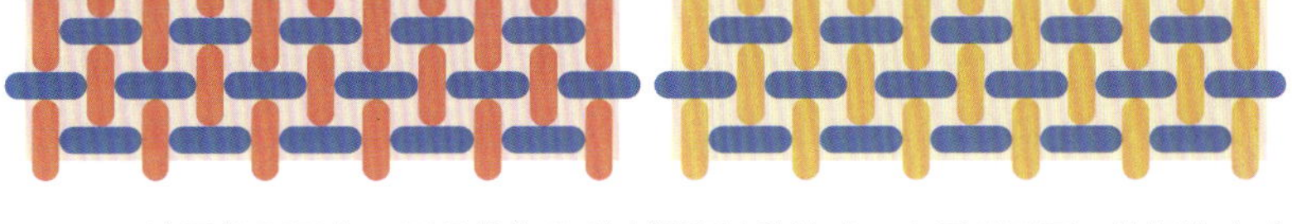

**图10.5** 该图使用具有不同色相的色彩来阐明这种技术。左图所示同一的构造方式要求使用普通的编织方法。在右图中，几根纬线跳过经线跃到面层上，从而创造了一块不同色调的色彩，这些纬线就被称作浮纱

倾斜。这就使得其图案具有方向性，即使这种图案是对称的也会产生这种倾斜的效果。站在地毯的一端就可以看到这种效果，而到了地毯的另一边所看见的色彩就总是会更深一些。

另一种结构类型充分利用了较长纱线具有反射更多光线这一特点，因而采用绒面的形式。当织物纤维露出头的末端被剪平的时候就产生了绒面，例如马海毛和绳绒织物。相比较而言，亚麻制品因原料纤维太短而总是机织而成，这导致其表面不够明亮。第一代剪绒尼龙地毯与当时流行的羊毛地毯相比具有很高的反射率，而羊毛地毯由于其原料纱线的关系而色彩斑驳。随着时间的流逝，制造出了反射系数更低的合成纤维，不再那么闪闪发光，并且外观更像羊毛制品，这使得它们看起来似乎更加昂贵。也许，根本就不闪光的用来生产地毯的尼龙纤维终究会出现的。

### 纤维和色彩

在进行表面处理之前，我们必须注意到原料纤维的特征对于织物的表面亮度会造成影响。羊毛和棉花的纤维由于使用了较短的原料纱线所以本身呈颗粒状。与此相反，许多挤压成形的合成纤维能够使用更加连续的细丝来制造闪亮的效果。当反射的角度发生变化，这类纤维所形成的材料在亮度上就会发生变化。

另一种影响纺织品色彩明度感知的条件是其纤维的外形。一根由许多纤细纤维组成的成纱将成为具有更高的反射率，因此与重量类似而纤维数量更少又更粗糙的纱线相比较，它的外观色彩会更浅一些。纱线的横截面也会对光线的反射造成影响。类似于意大利扁面条的非常扁平的纤维横截面可以用来创造一种非常有趣的视觉纹理。当这种纤维在制造过程中进行了起捻，其扁平面就会比其窄边反射更多的光线。卷边、拉直、螺旋和起捻是一些对纤维进行改良的方法，它们可以强化那些对纹理色彩造成积极影响的表面特征。一根完成的纱线越是扭曲得厉害，其外表颜色比略微扭曲的纱线就要深得多，就好像光线被纱线吸收到纹理中去了似的。

即使我们运用纤维和色彩的有关技术生产出了纺织物，坐垫的褶皱或者悬挂的帷帘仍然会让这些织物的明度发生变化。在某些端点上大多数的光线直接反射到人们的眼睛里，此时材料就会表现得最亮。其周围的材料就会显得略微发暗，就好像是在阴影中一样。事实上，纺织产品任何方向上的变化都会引起表面色彩的改变。正是由于这个原因，精美的家具总是用编织方向统一的织物来进行装饰。地毯也必须以统一的方向放置。否则，接口部分就会不相匹配。

### 表面处理

这里讨论的是与色彩有关的纹理处理过程的最后工序——表面处理。为了增加较为粗糙的纤维的光反射率，就要对其进行表面处理。用印花棉纱生产出来的摩擦轧光印花棉布的富有光泽的表面是这种形式最常见的实例。这种釉面上光处理是让机织织物穿过滚筒和添加了釉料或者注入了树脂的加热装置。波纹丝绸的棱纹与此类似，也是用滚筒创造的。要创造植绒花纹，就必须在机织织物的表面用纱线制造出一种绒毛，这样就可以暴露出短纤维从而产生更多纤维末梢来反射光线，整体色彩明度也就发生了相应的变化。另外还有许多纺织品表面处理方法，但这里讨论的几种方法对色彩影响最大。

## 复杂的色彩

利用色彩选择创造纺织品的纹理时，使用贝泽尔德效果（详见第八章“色彩增强形式”）可以获得最生动的效果。彩色纱线创造性的组合可以使机织织物的结构显得更为复杂或者简单。不同色相、明度和纯度的纱线进行组合，使织物具有复杂的整体色彩。由于每一个制造商所用的织物构造方法不同，这些图案的尺度也会发生很大的变化。所用色彩组合方式的不同会导致最终的图案效果不同。纱线之间的对比的变化引起人们对构造材料的不同特征更加关注，给人留下了同一织物演变成若干件产品的印象。图10.6中的单件纺织品的例子证明了这一点。

至于在涂料处理方面，较小色相范围内的大量不同色调可以使表面具有更强的深度感。不同的色彩选择可以使材料显得更加精致或者更加粗糙。色彩的这种特性使得我们创造的织物不但有极大的应用范围，而且一种基本的设计方法就可以使织物具

**图10.6** 这个样本展示了不同纱线色彩组合所形成的统一结构。请注意你的眼睛如何按照色彩的变化引至图案的各个部位［设计：黑兹尔·西戈尔（Hazel Siegel）］

有不同的外观。如图10.7所示的纺织品通过纱线对比的变化而不是改变其结构向我们展示了极大的复杂性。

要编织具有传统色彩的地毯，通常是从3～4种颜色的纱线开始的，在近距离内观察时这几种纱线组合的效果不错。但是我们建议最好还是在一定的距离之外进行观察，这样就能够发现地毯铺在地板上那种不可避免的灰色效果。如果色彩组合中的主导色调并不是我们所希望的，这时改变某种色彩的比例或者调整某种色彩通常都会对整体效果产生影响。为客户定制只有两种颜色的纱线组成的地毯的时候，推荐使用明度范围变化小的色彩搭配。否则，其图案可能看起来像正负图底的关系，而且无论采用什么结构，它都给人以非常平板的感觉。

## 壁纸

可用的壁纸有好几种形式。它们可以是以纸或者喷涂的丙烯酸树脂为衬背的机织织物。也可以完全使用人工合成材料，例如聚乙烯基薄膜和最近生产的玻璃纤维。墙面壁纸与涂料装饰相比，其最大的优势是它对空间尺度效果的影响。因为壁纸通常形成图案而不是色彩实体，它们可以影响人们对整体比例的印象。条纹可以使房间看起来更高。较大的、无方向性的图案把一个巨大的平面分解成很多较小的部分，从而给人以舒适安逸的印象。

与材料有关的色彩问题要从材料特性和色彩应用两方面予以说明。因为壁纸具有表面纹理，所以它们是有方向的。这也就意味着需要保证材料使用方向的一致性，否则表面色彩上会产生看得见的差

**图10.7** 该结构的复杂性证明了设计师在对比与协调方面的技巧［帕特里夏·帕尔松手织物（Patricia Palson Handweaver）］

别（壁纸的每个垂直部分被称作“落”(drop)。如果其中某个“落”的图案方向是上下颠倒的，那么它比图案方向正常的那些“落”在色彩上看起来就会偏浅或者偏深一些）。如果材料带有任何图案，在装裱的时候就需要考虑这种色彩的变化。一些墙面材料，例如传统的大麻织物，在图案上有着很大的变化，所以在其接缝处使其匹配是不切实际的。整体图案中色彩变化的范围越大，装裱之后这种变化就越明显，从而使接缝更加明显。

几种印花的方法现在也普遍应用于壁纸。圆网印花能赋予表面粗糙的观感，而表面印花产生的图案看来更具质感，几乎和手绘的效果一样。手工印花图案是手工进行丝网印花，它也能产生表面粗糙的平面。这种方法用于传统的图案、壁画和其他要求使用很多色彩的地方。对于看起来像水彩画那样具有色调变化的图案，是采用凹版印刷或者更便宜的替代品——橡胶版印刷制成的。任何使用四色印刷生产壁纸的过程中，首要的目标就是使用最少数量的颜料从而减少条件等色的出现。那些相近的色彩如果使用了不同的颜料组合，在某种光线状况下它们的相似性可能就会大打折扣。为了减少条件等色出现的可能性，一些高端印花产品采用纯粹的三原色作为其颜料进行色彩组合。至于明度的变化，如图10.8所示，图案可以使用多种背景色作为衬底。

**图10.8** 这幅壁纸的设计师利用自己对图案偏好的理解，选择了更为柔和的边缘并增强了色彩的变化从而创造了一种适销对路的产品［设计师：黛安娜·里士满（Diane Richmond）；网址：www.dianerichmond@earthlink.net］

## 加工成形后的材料

设计师所用的每种材料都有其本身固有的特征，这些特征会对我们的色彩选择造成影响。现在的涂料和纺织品为色彩组合提供了极大的选择范围，这其中有一部分功劳要归功于制造业技术的改进。对于已经浇铸成形的材料，当表面色彩与本底色彩相似的时候色彩最为持久。砖在明度上是中性暗色，在色调上是暖色，但也有例外——现在也生产出了一些黄色、绿色和灰色的砖。木材色调用于木材上最合适，用作涂料的色彩则不常见。每种材料都有自己的局限性和需要考虑的问题，它们都会影响到色彩组合的成功与否。

可用的合成材料涵盖的色彩范围很广，特别是那些建筑室内装修产品。由聚氯乙烯制成的弹性瓷砖就是这样一种产品。这种材料是由某些树脂、稳定剂、可塑剂、填充物和颜料组合而成的一种质纯且耐久的0.08in（2.03mm）厚的地板材料，在整个厚度上保持色彩不变。这种材料既便宜而又耐用，其丰富的色彩更加增添了它的吸引力。如图10.9所示，其他人工合成产品也为我们提供了满足设计功能和美学要求的多种选择。

## 陶瓷制品

陶瓷产品，例如陶器、雕刻艺术品和人造瓷砖，

**图10.9** 在这里，通过在表面上运用摄影成像技术和纹理使一种聚乙烯基地砖具有板岩的特征［阿姆斯壮商业地板公司惠赐（Armstrong Commercial Flooring）］

**图10.10** 如图所示，创造这件艺术品的艺术家显然精通多种色彩分层技术［比尔·坎贝尔陶器厂惠赐（Bill Campbell Pottery）；摄影：杰里·安东尼（Jerry Anthony）］

具有各种尺寸、厚度和形状。它们既可以制成无釉的，这时材料本身展现出天然的泥土色调；也可以被制成彩色釉面的。这些釉面经火烧制使表面变硬，从而使瓷砖防水。像涂料一样，陶瓷釉面的巧妙处理给我们提供了一系列的纹理——从极其粗糙不光滑表面到具有极高的反射率的光滑表面。采用透明或者半透明的形式可以使黏土的天然色彩渗透出来。使用严格的色彩术语可以这样说，陶瓷釉面提供了极大范围的色相、明度和彩色浓度。

陶瓷艺术家都很了解在上釉工艺中存在着一些色彩不确定性。根据所用的材料并不能完全确定烧制后会出现哪种色彩。每一个釉面根据其所用的黏土成分、烘烤温度和烘烤时间的长短而生成不同的色彩。陶瓷匠人通常使用测试性样本瓷片来确定上釉过程的影响因素，一次只调整一个因素直至达到令人满意的结果。然后就将这个方法加以保密，类似于一个家庭秘方，以至于其他人不可能进行复制。由于附加色是通过釉面层形成的，所以在烧制的过程中颜料在陶瓷表面混合，如图10.10所示。这些要素为进行陶瓷色彩设计的专家提出了两个基本原则：①某些使用传统着色工艺的产品与工厂批量生产的釉面产品差别极大；②制造商所提供的样本通常来自于一系列产品的样本。由于釉面存在较大变数，查看一个产品的多个样本对于评估差异并作出判断大有好处。陶瓷行业的人发现许多制造商提供了蓝色和绿色系列品种繁多的产品，但是橙色系列的瓷砖却很少，那是因为使这种颜色的釉面产品在制作中保持始终如一是非常困难的。

对于喜欢进行生动色彩组合的建筑师而言，陶瓷釉面砖是不错的选择。陶瓷釉面砖作为一种建筑材料重新流行是由于其表面材料的耐久性、合理的建造成本和多种多样的色彩。

## 层压板和立体表面

具有各种色彩和多种纹理的塑料层压板是另一种人工合成的建筑材料。表面高度光滑的样本和不光滑的样本在表面色调上会有一些不同。和其他材料一样，具有纹理装饰的材料表面，由于纹理的方向会引起色彩的细微变化。这使得层压板与其他材料样本进行色彩匹配变得比较困难。如果一个涂层表面与一块层压板样本在倒置的时候匹配，同样的样本在正立的时候就可能不匹配了。

大多数塑料层压板是通过挤压把透明或者半透明的聚乙烯薄膜黏结到印刷好的纸张和衬背材料之上。这样产品就能轻易地拥有图案，但是压板的厚度使色彩不容易透印到材料内部。这使得颜色较暗样品上刮擦的痕迹清晰可见。浅色产品的底层如果是黑暗的非彩色，那么其边缘部分就可能非常突出。现在已经生产出色彩内外一致的立体表面材料，为产品边缘的处理提供了替代方案；可是在颜色较暗的品种上还是会显现出擦痕。

## 玻璃制品

玻璃是我们要谈到的与色彩有关的最后一种合成材料。尽管所用的玻璃几乎都处于一种透明的状态，但是如果制造之前在原料中加入金属氧化物，那么玻璃也可以呈现多种透明度和各种色彩。玻璃艺术家用各种色彩的玻璃组合成一个造型要素或者将彩色玻璃叠置，这些现象更深入地诠释了视觉混合的特点。玻璃的色彩和纹理运用独特，纹理的位置可以变化，还可以铸造成非平面的形体，也是一种三维装饰的资源，如图10.11所示。

除非运用了蚀刻这样的纹理处理方法，玻璃通常具有非常光滑的表面。玻璃的发光度使其成为传统上流行的制作马赛克瓷砖的材料，正如我们在希腊、罗马和拜占庭式建筑上所看到的一样。当我们透过这些玻璃瓷砖观察一种色彩的时候，这些玻璃会变得更加明亮和色彩丰富。镀金玻璃瓷砖特别能说明这一点。

## 石膏和灰泥

用石膏可以产生出多种纹理，包括非常细腻光滑的表面、略带卵石的花纹或者刮擦痕迹的表面和厚重的灰刀抹平表面。石膏还可以被巧妙地处理成类似石头、瓷砖、砖块或者木头的表面形态。这种材料通常明度很浅，最为常见的是白色，但在覆上薄层和表面涂层的时候可能是彩色的。带颜色的石膏的优势在于其色彩可渗透到墙体或者其他形体的表面。如果应用在非常粗糙的表面上，石膏引起的光线反射变化会引起表面表现出一些差异，但是总体色彩是均匀一致的。即使石膏表面遭到破坏，外观上也不会太明显，因为底层的色调也是一样的。当带色调的色彩加入到石膏之中，纹理中所固有的明度微妙变化同样能够表现出来——只要所选择的色彩是中等明度的浅色。石膏能够适应于色彩的所有纯度。

灰泥是用于室外的石膏类型，它的整体色彩通常明度很浅、纯度很低。它是作为一种外墙外保温装饰系统（exterior insulated finish system,EIFS）在市场上销售的，它用的商标是专威特（Dryvit），有一系列的标准色彩。灰泥经过塑形和雕刻后可以作为装饰要素。壁画是在石膏还是湿的时候所进行的一种传统墙面绘画形式。一种溶于石灰的粉末颜料与水结合后可用于生石膏。这种颜料常用于具有非常细腻纹理的石膏表面上。其他人工合成石膏和石基装饰石膏普遍用在多种多样的表面装修中。在进行壁画和使用彩色石膏时，你应该知道湿润材料的颜色看起来比干了之后要深得多。和涂料不同，按照湿润石膏样品来揣测装饰的真实亮度十分困难。

## 混凝土

一种非常流行的传统建筑材料就是混凝土。这种材料已经使用了许多年，根据所含水泥和骨料，它能够形成相对稳定的色彩——阴影灰（有冷、暖灰色）和米黄色。在最近几年，混凝土着色开始流行，设计师也可以自如地给这种材料添加细微的色

**图10.11** 由于玻璃中使用了色彩，这些现代派的瓷砖显得明亮发光（建筑玻璃公司惠赐）

彩变化了。形式的变化，例如凸点和点缀，可以通过产生的阴影在明度系列上增加色彩。在进行大规模建筑设计和几何形体清晰而简单的时候，这是一种理想的材料，如图10.12的运输中心。添加骨料或者质地粗糙化的方法都可以形成表面纹理，例如灯芯绒混凝土就是在成形的时候形成纹理，实践中也可能用到轻型凿岩机来制造极深的纹理。

今天，混凝土整体色彩的完善和混凝土表面复杂图案成型工艺的加强，更多设计的色彩表现可以用混凝土来实现了。同时，混凝土骨料混合浇筑方法使得它成为表现复杂形式的理想材料。尽管在传统上它是非彩色的，但这是一种具有潜力的材料，我们期待它在未来改变建筑作品的色彩中会有更好的表现。

**图10.12** 这幅白天拍摄的图像表明，混凝土材料的细微差别给光照的色彩表现提供了发挥的空间（设计：艾伦茨威格建筑师联合事务所；摄影：格雷格·普雷鲁）

图10.13　该入口用与色彩较暗的金属框架组合来凸显黄铜的色彩，通过对比强调出这种黄色金属的华美

## 金属

金属的天然色彩给我们提供了一个合理的色彩范围——从亮到暗，从暖到冷。只有少数几种金属经常以非天然的色彩出现，其中一种就是钢材。建筑物中裸露在外的钢材和门窗的中空金属框架很好地说明了这一点。绝大多数情况下，钢材的自然状态并不很受欢迎，因此在实际使用中必须刷漆或者上膜。其他金属材料则以更自然的色彩状态出现在设计作品中，广泛用于三维艺术形式、建筑物、室内表面和工业产品。暖色调的金属，通常被称为黄色金属，包括金、黄铜、青铜和铜。冷色调的金属，或者说白色金属，包括钢、铝、铬和白镴。它们提供了这样或那样的银色外观。图10.13显示了冷暖色调金属的组合运用。

金属的反射程度取决于其纹理。既有光线反射最多的金属，也有光线反射最少的金属；常见的金属表面有光滑的、不光滑的（通常指拉绒或者缎纹）、粗糙的或者带有浮雕的。通过自然的老化、摩擦、氧化或者使用人工仿古可以在一些金属上产生绿锈。最常见的绿锈是金属不进行任何处理并暴露在上述条件下所展现出来的绿色。不采取任何措施，白镴随时间的流逝会变暗。青铜，一种黄铜和铜的化合物，通常用油摩擦会使其变暗。

更多的装饰金属是以金属粉末或者非常薄的薄片的形式出现的。这些薄片被称作金属箔，类似于非常薄的薄纸。其中，金箔就非常普遍，它有粉末和薄片两种形式，通常出现在传统装饰艺术品上，特别是在政府建筑和古代家具上。银箔也可以用箔片或者粉末，但是当其失去光泽的时候必须上漆。因为价格不菲，所以金箔和银箔在大多数场合都用量很少。铝箔是大面积使用的箔片，它也比银箔更加便宜。并且它安装起来也更快，但是在色彩上比银略显灰白一些。

涂料厂商已经找到办法将金属纤维混合到涂料中来产生具有金属质感的外观。这些方法比直接使用金箔或银箔便宜得多，而且提供的色彩也更丰富。但和普通的涂料相比，这种涂料的价格要昂贵一些，使用起来也困难一些。但是，如果条件限制不能直接使用金属箔，这种替代材料仍然是适宜的。

## 有机材料

有机材料由于具有不均匀的本性，所以天生就色彩丰富。各种各样的石头是传统的建筑材料。大理石、花岗岩、石灰岩和板岩为室内外工程提供了丰富的色彩和图案。砂岩的色彩范围略小一些，根据内部黏结材料的不同有红色、红棕色、白色、土黄色或者灰色（见图10.14）。许多人在把自然材料用于设计作品时，基本观点就是要利用材料在自然状态的天然色彩。如果我们将天然色彩作为表面色彩，维护工作就会变得更具挑战性。随着时间的流逝，天然材料的色彩通常比合成材料的同种色彩变化要大得多。但这也正是其魅力所在。根据经验，所用色彩渗透得越深，色彩保持一致的时间就越长。皮革制品是最常用的一种天然材料，由于受到染色过程的限制，在传统上它只能被染成茶色到褐色，或者黑色。近年来皮革制造商已经生产出可以完全渗透表面的染色产品，因此它现在可以提供以前只有乙烯基产品才能提供的各种色彩。

## 木材

木材有其固有的色彩倾向。作为一种有机材料，木材具有天然的色彩变化（见图10.15）。大多数木材的天然色调本来是黄色、橙色或者红色的。非常富有异国情调的木材属于例外的情况，例如具有炭黑色木纹的黑檀和具有紫色木纹的紫檀。如果木材表面使用透明或者半透明的油漆装饰，任何木材的天然色彩都将显露无遗。如果我们把本身是黄色的木材染上红色，其黄色的底色将在某种程度上抵消染色的效果。其结果可能是比我们所预想的要更偏橙色一些。如果在本身是红色底色的木材上染上紫色，其结果很可能是得到红紫色的色调。而这种紫色如果应用到黄色底色的木材上，黄色底色和紫色中和就会产生更为柔和的另一种紫色。除染色之外，漂白或者色彩浸渍也可以用来改变木材颜色。如果木材本身的纹理与我们所要的表面色彩相矛盾，我

图10.14　这栋理查德森式建筑尽管用途经过多次改变，但是丰富的石头色彩仍然栩栩如生

**图10.15** 这三块木板展现了它们的自然状态（未染色）。并列在一起，它们展现了各自固有的黄色、橙色和红色的总体色调

们可以在添加表面色彩之前先用填料打底，这样就可以减少底色的影响。

时间对木材的色调有着某些影响，我们可以把它变成设计的有利条件。许多木材，例如雪松，将其暴露在直射阳光下，用于室外则会变成灰色，或者用于室内则发生明度变化。橡木和樱桃木随着直射光的照射而颜色加深，但是胡桃木的颜色则会变浅、变灰。同样地我们都知道如果在直射的阳光下暴晒，一些木材的染色层也会随着时间而褪色。

除这里讨论的材料之外，还有许多人造材料可供使用，它们都有各自的色彩特征。某种程度上，人造材料影响着色彩方案的成功与否。如果理性告诉我们某些材料要排除在色彩选择范围之外，其他材料同样可能为色彩的创造性表现提供巨大的可能性。

在第一部分中，我们从色彩理论和色彩联系的观点探讨了选择色彩的方法。在第二部分，我们考虑到了色彩在设计中（主要是在三维设计中）的问题：人类的色彩反应、色彩与形式的概念以及影响色彩使用的制造技术。下一步我们就要探究怎样把这些知识应用到专业实践之中。在余下的章节里面，我们将以各个专业领域内设计师积累的经验和大家认可的规律为基础，为大家提供各个专业领域的色彩标准。

# 第三部分

# 三维应用

# 第十一章
# 灵感、惯例和趋势

三维设计的文脉是检验设计成功与否的标准。文脉不仅意味着对位置和预期用途的理解，而且要求设计各个阶段都要及时地把握空间的关系。当文脉具有历史意义的时候，这一点特别明显。历史文脉会指导、引导或者激发我们进行色彩设计，而特定历史时期的时代特点和设计项目的类型则会决定这种影响的程度。“指导”意味着我们要使用限制性很强的标准；“引导”意味着我们要使用指导方针或者公认的方法；“灵感”则意味着具有普遍美学特征的解决方案都可以接受。

即使现代的设计作品也限定了文脉：“这里”和“现在”，有时它们甚至尝试着指向未来。此时，设计规则来源于现代人的色彩偏好或者社会经济情况，这样的设计才是可以接受的。某些情况下，可能需要调整用户需求与技术实现之间的矛盾，合理的色彩运用就可以办到。这里的关键就是：时间是进行色彩选择的衡量尺度。

在本章中，我们将要研究如何确立色彩选择的标准，以保证设计方案与时间文脉相吻合——即“过去”或者“今时今地”。

## 走近历史空间

美国人现在和将来的色彩偏好都会反映出文化状态。每种色彩选择都是个体或者集体色彩体验的表达，表现了我们的情绪、风格偏好、社会经济地位和对事物的价值评判。探索颜料和色彩背后隐藏的东西，与考古学挖掘历史有些相似。设计师常常遇到的问题是保存、恢复、更新或者改造具有历史意义的建筑。有些历史建筑拥有丰富的建筑细部，有些则是里程碑式的建筑。这类色彩应用几乎涵盖所有的使用类型——商业的和居住的、公共的和私有的、室内空间、独立建筑、建筑组群和成片土地。从理论上来说，无论哪种设计所要考虑的基本问题都是一样的，而与使用功能无关。在另一方面，最终选择的设计方案却是各不相同的。

与历史有关的空间设计中，进行色彩选择之前应该三思而行。首先，最基本的问题是要确定历史的真实性。我们复制空间初始色彩的想法在技术上是否准确？我们使用色彩来恢复空间最初那个年代特征的设计思路与那个历史时期的特点相吻合吗——哪些特征不应当出现在特定类型的历史建筑上？当我们对色彩进行组合以适应某个历史时期的时候，设计的目的是要恢复其最早那个年代的总体风格特点，是否没有必要表现其细部特征？业主要求建筑构件所用色彩源自那个构件建成的时期，所以我们得使用与那个时期风格相类似的色彩对比度和色彩组合复杂度，但是色调的选择是否只是更多

## 历史建筑处理方法

这里记述了用于古建筑的六种方法。其中四种——保存、恢复、改造和重建是由政府调控的，但是整修和适应性再利用不在此列。美国内政部制定文化资源保存和保护的标准。这些规则适用于任何美国国家历史保护基金（National Historic Preservation Fund）援助项目，这些项目可以申请联邦税务优惠许可，并且该财产可以列入或者有资格列入美国国家注册历史遗迹（该规则制定于1995年，欲知规则信息，请联系项目所在地的环境或者历史保护协会，或者从美国内政部获取关于历史建筑保护的标准，网址是www2.cr.nps.gov。如果要找出某建筑是否被收入名录，可以访问美国国家注册信息系统数据库www.nr.nps.gov）。

- **保存**：与保持建筑的原貌有关，包括建筑演变的每一个阶段。关注的焦点在于尽可能用现有的材料进行保持和修补，包括整个建筑物、建筑或者场地的局部和各种各样的建筑组成成分。设计工作中，保存代表了博物馆协会和环境保护组织或者历史建筑业主的立场。保存可能会涉及多个历史时期的建筑细部，这些细部显示了建筑随着时间变化所经历的特点变化。新的涂饰材料通常都要混合使用，以保证与现存表面相匹配，但是它还是使用了现代涂料。过去保留下来的涂料表面要尽可能地予以保留，但表面要进行清洁处理或者上膜。

- **恢复**：即用来恢复某个特殊历史时期的不动产或者建筑物的一种方法。通常，恢复发生在几个历史建筑共存的地方。对其进行改进是为了更好地展示建筑物在其最辉煌的时期所拥有的历史意义、建筑价值和文化内涵。在这种情况下，要揭示和再现最初的建筑形式，关注的焦点就是精确性。其他时期的细部表现可以不予考虑。专业设计人员重新创造物体的表面色彩，以尽可能准确地反映特定历史时期的特性。

- **重建**：即重建以前存在的住宅或者建筑。它要求新建建筑看起来很像过去的建筑，其形式和特征也要与它所要恢复的时期相匹配。当某个重要历史时期没有重要的建筑留存下来，重建的历史建筑可以作为补充时，经常会使用这种方法。重建可以使用新的方法和材料。

- **改造**：如果业主要求对现存建筑进行调整，或者现存建筑用途变更而必须进行调整或扩建的时候，就采用改造这种方法。在这种情况下，建筑物显著的历史、文化和建筑特征被保留下来，但是容许修补、调整和添加以适应新的使用要求。改造时要采用建筑代表时期的装饰色彩，但是可以略微调整比例以适应设施的完善——例如新添的电梯或者隐藏的管道系统。

- **整修**：这一过程涉及对现有的财产进行完善。通常，当有问题需要解决的时候，例如用途变化或者出现令人不快的情况，就可以采用整修这种方式。整修既可以包含建筑既有的代表历史的细部，也可以不这样做。对于新材料也是如此，既可以用也可以不用。现有建筑物的升级修缮通常就属于这一类工作。管理机构不把它列入历史建筑的管理范围。

- **适应性再利用**：正如该术语暗示的，它是一种改变建筑物或者场所整体功能的方法。这意味着改变建筑物最初的设计用途，因为最初的用途已经使得该建筑物荒废了。这种例子包括工厂转变成办公空间、货车车厢变成餐车饭店，或者消防局改成了私人住所。这种方法也不被管理机构列入历史建筑的管理范围。

地体现了业主和设计师的个人品味呢？当我们选择的那些色彩能够通过强调建筑的历史要素而令人产生审美愉悦的时候，是否同时还能将建筑与“现在”（即建筑修缮的年代）联系起来呢？考虑历史空间的形式和色彩问题时，第一步就是要建立设计方法的总体框架。

设计人员要做的工作就是要明确设计中最基本的问题。现存建筑的历史意义、设计用途和自然条件都可以影响设计方法的确立。在历史建筑的“保存”中，业主的个人嗜好不能左右色彩选择，而重建项目可以使用多个历史时期的一系列色彩，容许业主从个人偏好出发进行色彩选择。基本原则一旦确定，在历史文脉下进行色彩选择的方法就可以派上用场了。

## 历史建筑的恢复和保存

有时，对待历史建筑的恢复和保存要像对待博物馆的文物碎片一样精心，要尽可能准确地复制出最初设计时的背景。而其他情况下，恢复工作又会与某个特殊的日子有关，或者我们要考虑鼎盛历史时期的建筑业主对现在恢复设计可能存在的影响。对于这类设计，必须从历史的残留中寻找时间线索，进而明确那个时点或时期的色彩特征。在这种情况下，最初所用建筑材料的保存成为问题的关键。如果这些材料保护得好，它们现在的色彩可能与过去没有大的变化。如果保存得不好，色彩可能会消褪，或者遭受侵蚀，或者发生化学反应。

当历史建筑整体设计理念的价值超过了保存下来的那些建筑材料和建筑细部特征的价值，我们就可以使用新材料来力求创造性地准确再现那个历史时期的形式、色彩和图案。这时，恢复工作成功与否完全取决于能够搜集到的材料和资料提供的线索。设计要达到这种精确度，有赖于建筑装饰专家的辛勤工作，与现场收集的仍然保持最初色彩的装饰材料样本也密不可分。这些样本被放到显微镜下进行分析，使用化学方法来确定老化作用产生的影响。一旦技术人员确定了建筑材料最初的表面特征，就可以提供定性（文字）和定量（数字）相结合的参考标准。然后设计师就依照这个标准进行恢复设计。

只要我们在特定历史时期和历史文献所界定的框架内工作，大多数地方性历史保护法规的要求都可以满足。对于已经注册的历史遗产或者地区，重要的是要找出法规对业主在色彩使用方面的限制性规定，包括为建筑改造提供税务减免所附加的限制条件。美国国家级法规可参看史迹地点美国国家注册处网站（www.cr.nps.gov/nr/research）及历史地标网站（www.cr.nps.gov/nhl）。此外，各地方政府和州级政府的史迹地点注册处通常也有自己的规定，包括色彩选择方面的限制。历史建筑的注册肯定了建筑本身的历史价值，但是也附加了一些建筑修缮改建的限制性规定。与历史建筑相邻的外部环境的色彩通常由地方当局统一规划，因为周边环境对历史建筑的整体文脉会产生影响。如果相邻很近，还会产生相接的影响，如图11.1所示的马萨诸塞州波士顿（Boston， Massachusetts）南端的历史街区。

## 数据收集

没有训练有素的专家就很难创造出真正的色彩匹配，但是一般人可以依靠视觉检查作为总体检测标准。通过物理探测或者利用摄影可以发现色彩布局和色彩对比范围的整体情况。我们可以据此判定建筑轮廓是否勾画得当，装饰线条与窗户是否匹配，门廊是否成了房屋或者围墙的外延。如果最初的表面材料留存下来一些，那么就可以迅速确定整体色调，以及判定该建筑是否与该地区的其余建筑匹配。

如果现场没有保存完好的表面材料可供研究，其他信息资源也可以确定历史建筑的本来色彩。有时我们可以发现当初油漆工人保留的供货清单、说明书或者配方，类似的还有业主的账本或者明细，以及涂料厂商的档案资料。在个人档案中保留的一些历史照片也可能正好拍下了要进行恢复的住宅。即使黑白相片或者深褐色照片都能够清楚地显示出当时色彩的明度变化和色彩的相对位置。如果这栋建筑一直属于某个家庭，那些为纪念重大事件而拍摄的旧相片就可以为设计提供帮助了。通常，这些

**图11.1** 在这个历史建筑区域中，各个私人住宅都紧紧相邻，这说明了为什么要对建筑色彩进行管制。历史建筑拥有什么样的文脉色彩，取决于各个单体在修缮的时候合理地保持相互的协调与合作

照片都是在住宅的前廊和台阶或者主要起居室拍摄的。有时印刷品或者油画也可以加以利用。如果建筑物在建造的时候具有社会意义，就会有书面的建筑评论，还可能被当地图书馆收藏。市政厅可能有旧的税收记录、转让记录或者建筑许可证等信息。当地或者州立的历史社团也可能是设计信息的良好来源。有时，一些即将拆除的房屋也会记录在案并保存下来，1863年被拆除的约翰·汉考克住宅(John Hancock House)就是这样。家庭成员写给朋友们的书信同样有用，因为信中文字包含着不是那么直接但是同样有价值的信息。在那些书信往来的年代，与居于他乡的亲戚或者远在异地的朋友联系时，新建住宅或住宅改建都是令人感兴趣的话题。这种文字描述提供了一幅幅栩栩如生的住宅画面，而我们可能正好缺乏建筑在那个时期的资料。所有这一切都说明历史调查可能是非常耗时耗力的，但是它们可以帮助我们准确地复述历史空间，其价值是无法衡量的。图11.2所示的住宅就完全使用了保存的方法，它用新的色彩重现了该空间在最初建造时的文脉。

### 案例研究

当没有办法获得与某个特定的住宅相关信息的时候，还有一个资料来源——那些在历史同期建造的、具有相同建筑风格并且最好处于同一地区的类似住宅的相关资料。历史建筑的案例研究通常具有鲜明的本土性，它涉及的都是特定地区最普遍的特征和最著名的住宅。当代许多书籍中都有关于常见建筑风格中有关色彩表现的描述。人类学家和历史学家提供的研究结果可能更为详尽，我们可以从当地保护协会和图书馆获取这类资料，提供建筑或装饰艺术资料的博物馆也可以帮助我们。

**图11.2** 图中的这个房间可以作为博物馆的一部分进行展出，它是大理石住宅内一间恢复了洛可可式（Rococo）风格的卧室，该住宅是罗德岛纽波特市（Newport， Rhode Island）对公众开放的几栋历史住宅之一，属纽波特郡保护协会（Preservation Society of Newport County）所有（理查德·奇克（Richard Cheek）为纽波特郡保护协会拍摄）

如果我们研究的建筑与需要历史恢复的建筑在地理位置上十分接近，那么研究结果可能比较适用，因为即使在同一历史时期，各个地区建筑风格的色彩特点也会存在很大的差异。例如，相比较而言，美国西部维多利亚风格住宅（Victorian residences）的色调总是偏向于柔和的黄色和橙色，而新英格兰海岸更倚重紫红色和暗绿色。无论在哪个风格流行的年代，即使使用相同的色相，南部住宅所用的色彩明度都会比北部高一些。这就意味着对加利福尼亚一个社区在某历史时期的研究成果可能用于本地建筑是十分准确的，但是如果把它用在同一时期的弗吉尼亚住宅上就会略有偏差了。研究时段跨度较大时，在这个过程中色彩流行趋势也会发生变化。某个时段早期的色彩倾向附着时间的发展，到了晚期可能就迥然不同了。弄清楚确切的时间可以解决细节问题，也可以确定业主当初的偏好。

## 色彩匹配

当我们去除建筑表面层层装饰后最终露出下面没有发生变化的最初使用的色彩时，就可以在那里提取出精确的留存下来的历史色彩。如果住宅室内墙体因不断的“修缮”而被层叠的装饰层保护起来，这种幸运才会降临。不受侵蚀的墙面是最精确的原始色彩来源。一个经验丰富的技术人员只要使用一些简单的工具就可以进行调查：一把锋利的小刀、一个放大镜、润滑油、砂纸和便携式灯具。以一定的角度从底层割下一块不到1in（25.4mm）宽的涂层样本。然后涂上润滑油并用砂纸打磨该样本表面直到露出色彩分层环，它类似于装饰性木材胶合板的木材纹理。这些颜色从最底层到面层的排列顺序，清楚地展现了墙体色彩使用的时间顺序。一般情况下的色彩匹配可以采用孟塞尔色标体系或者国际照明协会（the Commission Internationale d'Eclairage，CIE）的参考标准来进行测试。

现场匹配最好是在光线条件一致的情况下来进行——即采用来自北面窗户的自然光。最佳时间通常是在上午，并且要在阳光变化影响最小的时候。如果缺乏这种理想条件，可以尝试把自然光和人工光源进行组合以达到最接近的照明效果。请记住，阳光直射在黄色区域时强度会变大并强化表面材料的最高区，所以建议大家围绕建筑移动以减少阳光直射的区域，这样可以使黄色的匹配更容易一些。通常在现场要想准确地匹配每一种色彩是不可能的，所以我们的目标就是在考虑整个表面的色彩自然变化的前提下，使色彩尽可能地接近。因此进行色彩匹配最好的地方就是色彩纯度最高的地方，特别是那些釉面已经磨损的地方。反射率较高的地方由于光滑表面或者上了釉的关系会显得比其本来的颜色更浅一些。

一旦现场色彩被复原，就要利用这些色彩制作参考性的色彩组合样本。目标是重建历史色彩组合的最初基调，而不只是简单地按照色相或补色对现场还原出来的色彩进行分类。通常在历史建筑的色彩方案中，暖色和冷色是组合在一起的，同样亮色和暗色也组合在一起。按色相关系组织的色彩样本会失去这种色彩温度的并置关系。如果使用了少量视觉效果强烈的色彩作为吸引视线的手段，则可以使用尺寸较小的色彩样本进行实验。

## 涂料样品的处理

建筑原始涂料样本使技术人员能够确定颜料的物理成分。从中可以推断出这些涂料最可能的调配方法和当时用来调配的基本颜料类型，这样就可以保证现场色彩的选择拥有正确的时间坐标。保护出版社（Preservation Press）出版的《美国的涂饰：历史建筑的色彩》（In Paint in America：The Colors of Historic Buildings）一书中对样品采集过程进行了说明（第72页）。用解剖刀或者微型钻把合适的样品剥离出来，并按尺寸从1/16in（0.16mm）到3/4in（1.90mm）进行排列。

从事历史建筑维护的工作者进行现场勘察时，经常刮去后加的材料层希望找到被覆盖的重要涂层。如果这个涂层能够完整地剥离出来，就用解剖刀采集一个涂料样本，把它放在显微镜下进行检查。从裸露的平坦表面采集到的样本由于磨损和阳光照射已经发生了很大的性状改变。从裂缝中或者结合处取得样本保存得好一些，因为那里的涂料更厚一些并受到更多的保护。室内窗户装饰表面或者沿着壁炉饰面上的涂料滴状物可能是取样的好地方。这意味着当我们研究涂层表面的时候，木制品和装饰面轮廓变化或者石膏平面不规则之处往往十分有用，因为它们可能暗示着对最初设计建造的变更。甚至表面的些许变化也可能暗藏玄机，例如隐藏在涂饰表面下的装饰画。

某些美术协会的历史保护研究实验室专门从事颜料的分析。要确定旧涂料的颜色组成，可能会用到荧光着色或者其他化学测试方法。取自建筑某构件的涂料层与相邻的不同建筑构件的涂料层进行比较，可以确定构件的建造时间。这个过程花费很大，要投入极大的精力才能得到可信的结果。同样地，有些建筑成功与否取决于历史恢复的成效，那么这类建筑的历史分析资料数据通常会保存下来，例如博物馆的历史恢复资料。如果一个房间采用现代涂料进行恢复，而且只要求色彩与特定历史时期大致相当即可，对其材料进行技术分析就没有多大意义了。

实验室一旦确定了建筑过去所用的涂料色彩，接下来的任务就是制作用于历史性建筑的参考色卡（一种商业性涂料色彩参考）或者建立带有文字和数字的色彩参考体系［有一种色彩参考体系是由新英格兰文物保护协会制定的，也称为“美国的历史色彩”（Historic Colors of America），可以登陆www.spnea.org获取信息。马丁·塞诺涂料公司（Martin Senour Paints）发布了商业性的涂料色彩指南，例如威廉斯堡选集，可以登陆www.martinsenour.com 或者打电话1-800-MSP-5270订购］。

商业性涂料色彩常常可以提高速度、降低成本，但是业主要冒一定的风险，因为将来制造商一旦改变色彩标准，现在的这些材料可能就再也不会生产了。能保持很长时间不变的色彩参考标准是一种折中的办法，但是它们要求油漆匠具有色彩混合和精确匹配方面丰富的经验。

## 历史建筑整修和灵感

历史建筑整修这种工作不要求提供的历史环境达到博物馆那样的真实水平。此时，色彩的选用会少一些科学性而多一些主观性。倘若这类改建工程满足当地的有关法律法规，这类项目还可以包括历史性重建或者改造。不受限制的历史性整修和适应性再利用项目也可以从历史性设计方法中获益，或者至少能使用到从历史中寻找灵感的方法，这两种方法与这类项目的总体意图都是相吻合的。这类情况下，人们通常希望表面材料更加耐久，而且当初装饰部件上那些令人愉快的原始表面色彩和改建所用的新的合适色彩组合起来。这种整修在多大程度上能够遵循历史发展的顺序取决于设计者的主观意愿，而总体设计意图在事先就已经非常明确了。如果设计手段与历史性设计和从历史寻找灵感这两种设计方法有关，第一步就是要评估现存材料在新设计中使用的可能性。材料表面会随着时间流逝而老化，通常导致表面特征的剧烈变化。这种自然作用的结果可能比复制原始材料更适应新的设计要求，在某些场合还能提供新的纹理质感。在其他情况下，我们可以把新材料的外观制作成古老的样子，这样可以给人年代久远的印象。或者，我们也可以用新材料重新创造出这种材料在其最初状态时的外观。

**室外建筑部件**因暴露在外而遭受风（空气传播微粒作用于物体表面造成磨损）、雨侵蚀，由于阳光的照射而泛白。涂饰表面由于这些作用，可以凸显出木纹中的树节，也可以使表面图案发生断裂，或者造成粗糙的圆形锯齿痕迹。金属面层也会发生色彩变化——铝的腐蚀、钢的颜色变暗和铜的氧化。**附着**是与磨损相反的自然作用，在这种情况下，表面深度增加了，而不是减少了。最常见的作用方式是外表面上的青苔或者地衣的堆积物。植物孢子、阳光和湿气的共同作用使这些生命得以形成，产生出一种温和而有生命的色彩。一些设计师花很长的时间去创造这种柔和的色彩效果，它看起来悠远而富于生机。

**室内建筑表面**暴露较少，但是一样能找到岁月的痕迹。古铜色是个用来形容任何自然老化过程的词语。这种过程产生出温柔而不均的效果，这通常是人们喜欢的效果，所以人们常常通过人工方法来模拟它。以擅长表面涂饰色彩闻名的设计师唐纳德·考夫曼指出，古铜色是努力得来的，而不是商店买来的［《光与色：涂饰空间的明亮气氛》（Color and Light：Luminous Atmospheres for Painted Rooms），第249页］。它是多年作用形成的结果。这种色彩表现方法很容易建立历史背景。墙面上堆积的涂层为视觉提供了一种纹理，使得整个平面有了深度。有时我们会恢复建筑表面过去所用的色彩，或者使用从前用过的壁纸，我们这样做的原因可能更多的是出于审美需要而不是要建立历史久远的感觉。有时刚刚涂刷的颜料也是易变的，这也就意味着它们暴露在阳光或者湿气中很快就会褪色。在另外一些情况下，涂层会发生不均匀的分层现象，从而暴露出一系列的表面色彩。当这些表面装饰方法很时髦的时候，人造色彩装饰设计者通常会在历史建筑整修或者新建建筑中艺术地再造这种色彩效果。

## 惯例

和建筑的历史性恢复一样，设计师进行历史建

**图11.3** 这组色彩显示的是适合于美国东海岸维多利亚历史建筑整修的色彩组合［设计：安·阿拉尼瓦尔（Ann Aranibar）］

筑的整修时，作出决定之前先进行惯例研究，这对于作出正确的决定是非常有价值的。与历史性恢复不同，整修容许设计师和业主可以更多地按照个人的爱好来选择合适的色彩组合，只要它们不与建筑的历史或者风格相矛盾就可以了。与设计项目地点接近并且建造时期相同的其他历史建筑是最有价值的案例，可以帮助我们分析过去使用的表面色彩，为设计建立色彩使用参考。这些工作的目的是要找出住宅或建筑的设计建造时期、设计风格和建筑类型，然后以此为依据挑选出合适的色彩。几种固定色相往往能够统领几个历史时期，但是每一个历史时期的用色都是独一无二的，因为不同时期各种色相的比例以及明度变化和纯度变化都不相同。图11.3、图11.4和图11.5所示的历史性用色案例中，红色、绿色和偏暖非彩色在使用中处于支配地位。但是具体使用这些红色、绿色和非彩色的特点建立了各个历史时期色彩风格的独特特征——维多利亚式（the Victorian）、殖民复兴式（Colonial Revival）和工艺美术运动式（Crafts movements）。

对于居住建筑历史色彩运用有个总的看法——美国住宅的室外装饰在17世纪和18世纪所用的涂料最少。人们更多地将涂料与天然材质结合起来使用。一般而言，19世纪的建筑都用颜料进行了涂饰，但是色彩配置非常简单。房屋的主体只用一种色彩。在联邦和新古典主义后期（Federal and Neoclassical periods，1820～1840年），最流行的色彩组合是白色房屋配深色百叶窗，并且百叶窗通常都是暗绿色。当自然色彩与人工色彩的混用成为时尚而不是为了营造古典建筑的雅致时，住宅色彩的使用发生了变化。最初的白色变成略带色彩的颜色，维多利亚早期（the Early Victorian period，1840～1870年）出现了浅淡的泥土色调，例如浅黄褐色和灰色。

到了维多利亚晚期（1870～1890年），较深的泥土色调，尤其是暗褐色蔚然成风。装饰的色彩变深了：绿色和褐色，或者更暗——栗色。这一时期，许多住宅出现了更为大胆的色彩组合，特别是那些安妮女王风格（Queen Anne style）的建筑，使用了多色配置以增强建筑细部的表现。当使用多色配置的时候，主体住宅被处理成这样一个色彩系列：三楼采用浅明度，二楼采用中等明度，底层采用最深的暗色。即使最鲜艳的组合中色彩也保持了很低的纯度，以期与环境吻合并降低生产涂料的成本。最终在殖民复兴时期（Colonial Revival，1890～

**图11.4** 这个色彩系列可用于殖民复兴时期历史建筑的整修，它使用的色相与图11.3相似［设计：琳达·泰勒（Linda Taylor）］

**图11.5** 这个例子中使用了与前面两组色彩组合相同的色相，然而其特征却大不相同。这个实例中的色彩系列是一个工艺美术项目设计的色彩参考方案（设计：克莱尔·R.巴沙姆）

1920年)，住宅回归到白色和非常浅淡的色调。墙板和装饰被涂刷成比房屋主体更浅的色彩，通常是奶油色或者白色。大胆的维多利亚式色彩组合和传统的白-绿色彩组合在19世纪末逐渐消失。

## 增强历史性建筑形体

自从古希腊时期起，表面色彩就已被用于增强建筑形体的复杂性。18世纪中叶考古学家在寺庙和雕像上发现了残片，经证实其表面使用了染料或者颜料，由此证实了这种观点。帕提农神庙有一块中楣使用了涂料和镀金图案。通过色彩对比，当旅游者走近这座建筑的时候，在很远的地方就可以看见这个带有雕刻中楣所具有的凹凸有致的色彩效果。

居住和商业建筑拥有很多表现细部，利用色彩来增强这些建筑的做法今天依然在沿用。在某些情况下，正如我们在前面所提到的那样，色彩选择要遵循历史遗迹注册文件所规定的要求。而其他建筑的设计，色彩的选择是没有限制的，这就使得设计师可以进行用色探索，有时某时期的设计师会突破风格限制而使用新的色彩。很多这样的用色尝试非常有名，加利福尼亚旧金山号称“脂粉淑女”的涂装潮流就是其中之一，如图11.6所示。20世纪60年代受自我表现运动的影响，一些老式维多利亚式住宅在进行复杂的色彩装饰时开始使用纯度更高的色彩。这股潮流在美国大陆不同历史建筑区域中的发展程度不同。这种独特的、复杂的并且常常互相矛盾的色彩组合通常和历史文脉没什么关系。然而，它们成功地把人们的注意力吸引到历史建筑精美的细部形式表现方面。

这种处理方式有时被称为“店面色彩方法”(boutique color approach)。如果色彩设计时，能够尊重历史建筑的形体，充分理解色彩对比与色彩协调的作用，然后再敏锐地进行色彩选择，这样的设计往往是最有效的。对比用于吸引人们对关键细部的关注，通过较小范围内的生动对比，可以阐明形体更加微妙的细微差别。色彩重量的特性也要考虑在内，整个方案要体现一种和谐平衡的关系以确保强烈的整体感。在那些不太成功的色彩尝试中，色彩使用往往过于随意，忽视了表现的深度和细部体现，这可能会极大地破坏建筑形体的历史特点。

## 基本色彩配置

如果有意识地改变建筑最初的用色方案，如何重新布置好每种色彩是成功的关键。新的色彩组合给人的感觉与建筑最初时予人的印象相同时，这样的设计就比较理想。我们可以推测出最初的设计师具有哪些个人偏好，比如什么细部应该重点表现，如何将它们与那些应该弱化或者最小化的细部区分开来。换句话说，通过使用与建筑最初一致的相对明暗布置来增加焦点区域的色彩对比。

建筑历史学家罗杰·W.莫斯(Roger W. Moss)为住宅中历史色彩的使用提供了一般性指导方针（见参考书目)。他指出，大多数19世纪早期至20世纪的住宅都用三种色彩组合起来进行涂饰。一种色彩用于建筑主体，一种用于详细说明房屋表面的木质装饰，第三种用于可活动的成分，例如门和窗。在许多情况下，坚持使用这种配色方法会使建筑整体色调更接近历史建筑。越简单的房子，成功色彩配置所需的色彩越少。建筑形式越复杂，复杂

**图11.6** 加利福尼亚旧金山号称“脂粉淑女”的涂装实例阐明了怎样使用当代的色彩组合配置来增强历史建筑的细部［摄影：贾尼丝·科帕茨（Janice Kopacz）］

的色彩应用越有可能成功。

传统的三色法中，主要色彩用于主要的面层材料，例如鹅卵石或者墙板。与之紧邻的木质构件被认为是装饰性的。通常这种木质装饰可以认为是与其他装饰部分有机联系在一起的框架系统。它们包括护角板、檐口和装饰线条（如果存在的话）。这时通常将色彩用于沿着屋檐下布置的装饰线条而形成一条色带，包括门廊和凸窗上的次要建筑轮廓线也会用色。装饰色彩比主体色彩暗得多，有时可以让体形较大的住宅显得小一些。在19世纪，门扇通常使用比装饰线条更深的色彩以产生向房屋内部收缩的效果［《色彩百年：美国建筑外部装饰》(Century of Color: Exterior Decoration for American Buildings)，第13页］。

除了在非常巨大的公共空间之外，传统上的顶棚是白色或者非常浅的颜色。在公共空间精心制作的顶棚细部增加了其富丽堂皇的级别。如图11.7所示的私人银行的大厅里，一位设计师建议增加装饰表面色彩的丰富性，但总体色调比白色稍暗，以吸引人们更多地注意那些古老的白色石膏饰板的细部。为此进行了试验——人们将一个石膏饰板涂上了色彩。遗憾的是，顾客觉得这个涂刷了色彩的石膏板在白色顶棚衬托下显得就像一个洞。后来在有所保留的前提下实施完成了这个方案，却取得了非常积极的效果。

## 技术问题

首先简要说明几个常见的与历史有特殊联系的色彩术语。仿古用于描述任何使得物体表面显得年代久远的处理方法。它可能包括表面涂料的裂纹或者刮擦的痕迹、皮革或者织物的磨损以及墙纸的变黄。

正如我们前面所提到的，**古铜色**被用于类似的文脉以造成年代久远的效果。铜被**氧化**后的外表、旧皮革的柔滑和陈旧涂层柔和的外表通常都会被归诸于古铜色。当表面色彩由于褪色而变暗的时候，被称为哑光；但是当颜料几乎完全消失不见的时候，被称为褪色；当坐垫表面装饰被摩擦殆尽，被称为磨损。

有些术语则与特殊的涂刷过程相联系的。当一种色彩中暗含着另一种色调的时候，我们就称之为具有某种倾向。镀金要使用一种较为珍贵的金属，例如金或银。错视画是画在墙体或者家具表面的一种造成错觉的图像，它们看起来像是三维立体的图像。

## 涂料

涂料本身的化学成分在过去300年里已经发生了巨大的变化。某些材料的可靠供应已经影响了建筑独特的色彩风格。大多数颜料随着时间而改变。例如，使用了亚麻油的表面涂料通常是黄色的。过去一些蓝色和绿色的颜料很容易褪色。依据化学成分不同，美国的建筑外部涂料通常被分成两个时期——南北战争前的手工调配时期和1875年之后的工业制造时期。第一次世界大战之前的各个时期的装饰颜料倾向于具有确定的风格。例如所有室外木饰曾经十分普遍地采用油状赭石碾磨物。遗憾的是，几十年过后底漆中的油状物完全干透了，在木材与涂料薄膜之间只留下一层黏土色的粉尘。

17和18世纪的墙面常常用称作白粉的水溶性涂料进行涂刷，这些白粉大部分都是石膏。使用时人们称之为石灰水，所用的颜料是粉末状的白垩或者石灰，它们悬浮在水和盐的混合剂中就成了石灰水。这种解决方案往往不会变黄，但是它们很容易被人们的衣物擦掉并粘在人们的衣服上面。随后，一种动物胶料作为黏合剂的使用消除了这种缺陷。在18世纪，人们用亚麻油、颜料和磨碎的铅白制造出了油性涂料。这种解决方案成本昂贵，能够生产出非常平坦的装饰面，是18世纪中叶英国的首选涂料。

直至19世纪晚期，工业涂料普及之后，大多数美国人才告别了粗糙不平、手工碾磨的涂料。

粒状颜料结合粗糙野猪鬃用于历史建筑的表面会产生微妙的不均匀的效果。19世纪，光滑的涂饰表面不再受到欢迎，油漆匠的色彩调配要消除所有的闪光。沙子常常混合到涂料之中，或者在涂料未干的时候将沙子吹到框架、檐口和门廊的细部之上

**图11.7** 私人银行的设施经过几次整修后焕发出活力，传统色彩的创新使用功不可没［设计：格伦·米德（Glenn Mead）；摄影：爱德华·雅各比］

以期给人一种石材的印象。过去，住宅装饰依赖于当地油漆匠的专门技术，他们将铅白和油料调配成的涂料用于各个建筑。他们也使用装饰性室内石膏和乳胶漆，也称为石灰浆。这是由水、胶和掺了染料的白粉组成的稀薄涂料，它能够用热水清洗掉。

到了20世纪，二氧化钛代替铅这种盖底颜料使得涂料具有不透明性。镂花涂装、镀金和人造表面在这阶段首次频繁使用。从20世纪30年代到50年代，受到装饰艺术风格（Art Deco）、现代艺术（Art Moderne）和包豪斯美学（Bauhaus aesthetics）这些运动的推动，开始流行更为简单的着色，瓷釉系列被运用来产生缎纹、半光或者蛋壳纹的表面。到了20世纪中叶，偏冷的绿色由于涂料成本低廉而被用于大型公共空间的表面涂饰。受到20世纪70年代中叶油料禁运的影响，来自石油产品的材料生产变得更加昂贵，所以人们首选的色彩从高纯度转变成泥土色和较为中性的暗蓝色和暗绿色。

## 色彩预测

在设计中没有什么是静止的。随着人类视角的多元化和新技术的发展，我们对生活中的这个三维世界的预期必然也发生变化。因此，我们所用的色彩也会发生变化。时代色彩偏好的变化——被称为**潮流**——可以引导消费者的兴趣转向新材料。这种情况下，色彩是变化的创始者而不是变化的结果，正如色彩的功能是制造需求而不是对需要作出的反应一样。

有几个组织和几个人始终站在社会色彩联想、潮流和偏好变化的最前沿，并且以此作为他们的事业。公众会预测社会变化对色彩反应的影响，而公众进行预测时会持有什么样的情绪，又会产生怎样的反应呢——这些都是他们密切关注的东西。他们根据研究结果把预期的色彩发展趋势详细地告诉顾客和社会。色彩预测的基本前提就是色彩总是求变的。但是，新的色彩尝试仅仅依靠求新是不能获得成功的。色彩预测师用分析的方法预测人们在单个色彩和色彩组合两个方面偏好的变化。他们所提供的信息包含的是可能性。设计师往往最先发现潜在的色彩动向，并且有效地利用它们。当新的色彩趋势成为现实，消费者就通过他们的钱包来决定哪种趋势会取得成功。如果消费者不喜欢面前的新色彩，他们就不会购买该产品。大多数的消费者并不能领导色彩的潮流——他们只是对其进行验证。

### 信息来源

在美国，许多地方性历史协会都可以提供历史建筑的以往资料、建筑评述说明和其他有关资料，这些都可以成为从事历史建筑修缮的工作人员的信息来源。许多历史保护街区，特别是当它们在大城市里的时候，都有相应的保护组织。此外，两个著名机构提供了更广泛的、跨越地区界线的服务。

**国家历史保护信托组织**（The National Trust for Historic Preservation）是坐落于华盛顿特区的一家非赢利组织。其信用是由国会特许的，用来推进美国重要历史文化场所、建筑和物品的保护。它旗下的出版巨擘——保护出版社，出版发行了许多有关历史性保护和恢复工作的重要文献。信托的基金来源于会员会费、社会捐赠和政府拨款。

**新英格兰古迹保护协会**（the Society for the Preservation of New England Antiquities，SPNEA）坐落于马萨诸塞州的波士顿，是促进新英格兰文化遗产保护的组织。协会是由分布在5个州35处的房地产组成的博物馆集团，他们也收藏家具和其他装饰艺术品，其中的一部分可以在博物馆的波士顿美术陈列室（Boston gallery）里看到。SPNEA提供的服务包括徒步旅行、课程学习、文献检索、调查研究和历史建筑恢复咨询。正式会员、博物馆服务协会（the Institute of Museum Services）和马萨诸塞州文化理事会（the Massachusetts Cultural Council）为该组织提供资金。

## 分析家的任务

为我们提供色彩预测的专业人员就是分析家。他们的工作相当复杂，是以调查为基础的。他们的工作方法极具前瞻性。他们提供的成果可能是某种产品的色彩决策，或者是提供给产品或图像色彩最终决策者的建议。通常分析家要与委托人一起工作，工作形式包括消息发布、集体合作或者与产品设计师一对一的工作会议。为了预测潮流，分析家通常要与厂商的设计小组通力合作，预期色彩偏好的合理运动变化趋势，然后从某种程度上将这种色彩转变体现在产品关键色彩的革新上。

色彩分析家同时关注着各个领域发生的各种活动。他们根据新产品、新的色彩设计方案或者改善后的色彩设计方案和消费者的偏好来描述时代的色彩图景。他们从期刊、时尚和生活杂志、报纸、海报、工业贸易展览、零售市场和电视广播中收集时代的文化信息。媒体热点和日常用语也是潮流和时尚的来源，预映的电影提示人们什么将会流行。餐馆和关于其他新美食的消息、种族差异的表现、当地零售商店和出版媒体也让人体会到了这些变化的细节。

社会背景和政治气氛会影响人们接受新色彩，正如积极或者消极经济前景的影响一样。在20世纪90年代对环境问题的重新关注引发了人们对泥土色调的兴趣就是例证。当民族色彩流行的时候，拥有或者缺乏民族自豪感对这种趋势会产生至关重要的影响。在战争时期的美国，红色、白色和蓝色前所未有地流行起来。还有一种趋势就是短期内某一代人引领了时代的潮流，而他们造成的影响可能会影响到随后社会发展的总趋势。婴儿潮时期出生的人以思乡著称，其色彩偏好与思乡情绪密切相关；而“X代人”以沉溺于物质技术而闻名，他们的色彩偏好转向更强势的色彩组合。

## 调查研究

色彩分析是一个长期、棘手的过程，有些工作只能靠直觉进行观察和预测。大城市中最能引起公众注意的机构中那些赶时髦的人成为最先接受流行的第一批人。色彩预测师还关注最近发生的大事，参加艺术展览，观看戏剧节目和旅行。他们关注设计领域的重大活动，例如家具陈列室的开张、汽车展览、游艇展览和时尚展览。流行的趋势可能会从名人的衣着服饰、电影放映、音乐电视或者重大的戏剧表演中显露出来。成功的预测来自于对特征人群视觉刺激的仔细观察和发现流行图案和时代变化的能力。

另外还有一些调查是靠定性测量来完成的。它要求潜在消费人群对某种色彩或者色彩系列的新产品作出评价。有时在产品面世之前色彩分析家可以加入咨询小组参与产品色彩的评估。无论在哪种情况下，色彩评估都要综合考虑色彩的流行趋势和产品的传统形象这两个影响因素。这一过程的价值在于能够排除最不可能取得成功的色彩方案。这种结论通常是与产品制造商共享的。同时他们也研究人们对特定图像的好恶，并探究这种偏好与个人生活方式和品味之间的关系。最后，在整个潮流的背景下对某种产品的结论进行具体分析。通过这种方法，

### 莱娅特里茨·艾斯曼

莱娅特里茨·艾斯曼（Leatrice Eiseman）是当代色彩专家，她是商业和家居色彩方面的顾问。她分析色彩在产品标识、商标图案的应用，研究如何利用色彩强化商业与个人空间。艾斯曼以自己的辛勤劳动丰富了我们的色彩知识，她通过书籍、文章和公共活动［包括与潘通色彩协会（the Pantone Color Institute）的通力合作］与人分享自己的发现。她还是美国工业设计师协会（the Industrial Designers Society of America）、时尚组织（Fashion Group）、美国室内设计师协会（the American Society of Interior Designers）和色彩营销组织（Color Marketing Group）的成员。

决策者会对所选色彩或者色彩组合表达出来的企业形象予以认同。

## 潮流

色彩和风格的生命周期通常遵循相同的轨迹。同一时间内各种潮流不可能同时影响到社会的各个方面，但是在某个时点上，各个地区将盛行哪种潮流在一定程度上是可以预测的。驱使色彩运动发生改变的催化剂就是色彩自身的推动作用，这是其中一个关键的因素。色彩偏好方面的变化是其他运动的结果，而不是原因。那些有着最大影响力的领域会随着时间流逝而发生变化——建筑、政治、时尚、美术、通信或者表演艺术。感觉越熟悉的潮流，全盘接受起来的速度也就越快。这也就暗示着潮流的起源决定了哪个领域最先跟随它。

制造商非常注意色彩潮流的周期，因为他们必须对开发和销售新产品系列作出重要的投资决定。他们的目标通常是每个新的产品系列能够达到3～5年的平均销售寿命。因为大多数潮流并不会每年都发生变化，这种预计应该是合理的，但是前提是制造商不能由于生产延误而错失市场销售的时机或者错误地判断了公众对潮流的接受程度。纤维和纺织品设计师作出的色彩选择领先于其他的时尚行业。无论如何，大多数色彩学家都已经认识到了——对于预测女性时尚的新色彩、色调和颜色深浅，巴黎、米兰、伦敦和纽约T型台上的模特具有多么重要的地位。当这些色彩呈现在公众面前的时候，它们通常立刻成为时尚色彩的前哨，对于时尚行业和非时尚行业皆是如此。这种正确性部分源于女性希望任何一件产品上都有尽可能多的各种色彩，同时她们也是最先接受潮流的消费者。时尚色彩随后在其他行业以适宜的方式表现出来，包括皮具设计、家庭陈设、汽车和其他环境与工业设计。某种产品的色彩通常都是在其销售季节之前18～20个月的时候进行选择的。它们表现为一系列按类型组织的颜色组，这些类型包括非彩色、深浅色、色彩、色调、高纯度色彩和柔和色，如图11.8的例子中所示。每组色彩通常满足一种特定的要求，这些色彩都在预测消费者最有可能接受的色彩范围之内。

### 哈罗德·林顿

哈罗德·林顿（Harold Linton），当代设计师和色彩学家，也是一名大学讲师和多才多艺的作家。作为一名建筑色彩理论专家，他极力支持在设计教育中进行色彩训练。他的著述包括与色彩咨询和色彩调查现状有关的书籍，这些书通常采用案例研究法。林顿毕业于耶鲁大学和锡拉丘兹大学（Syracuse Universities）。他曾在伊利诺伊州皮奥里亚市的布拉德利大学（Bradley University）、密歇根州南菲尔德的劳伦斯科技大学（Lawrence Technological University）和芬兰首都赫尔辛基的艺术设计大学（the University of Art and Design）任教。除教书之外，林顿还从事色彩性能和材料的技术研究，并担任色彩顾问和设计顾问。

## 接受色彩的次序

人们通常相信非服饰产品制造商采用女性时尚行业所预测的色彩有两个原因。首先，服饰行业通过广告暗示时尚品味的作法已经取得了巨大的成功，这使得非服饰产品制造商选择这种色彩具有了可信度。其他产品的制造商充分利用了这种可信性，希望产品销售取得成功。其次，制造商会假设大多数的色彩决定都是由女性作出的，特别是在住宅涂饰和室内家具方面，使用她们认为时尚的色彩将会增加市场的份额。色彩偏好测试已经表明在服饰行业和非服饰行业产品中最流行的色彩具有某些一致性。作为消费者，我们倾向于在我们周围的每件事物上运用非时尚的色彩。

### 人工产品

毫无疑问，我们对女性时尚色彩的认可没有必要转化到其他各个方面。女性衣着的色彩范围明显

图11.8 该组色彩的例子被产品设计师、制造商、室内产品零售商用作色彩选择的指南（英特时尚概念有限公司）

大于人们认为适合于其他产品的色彩范围。短期用品，例如化妆品，通常囊括新色彩的整个系列。而其他产品，例如男人和儿童的衣着就只用到了时尚色彩的一部分。男人的服装通常比当时的时尚色彩的颜色更暗一些，也更加倾向于中性色，而儿童服装则倾向于采用更加明亮和更加柔和的色彩。

相比较而言，某些行业更依赖于市场潮流——美术设计和产品包装就是那种迫切需要使用时尚前沿色彩才能取得成功的行业。并且每一个行业都对其他行业造成影响，造成这种情况的部分原因可能是不同领域的色彩专家都来自相同的专业组织而具有合作的天性。运动服装的色彩可以影响运动器械的色彩。居室家具影响水溶性涂料的标准。其他产品生产线，特别是成本较高的项目，则不太可能在短时间内更新换代。在由建筑产品所形成的建筑市场中，其产品寿命的时间跨度更长，并且色彩只是在起着背景的作用。在租赁式公寓中的管道附件上使用白色或者米色已经持续了许多代。某涂料制造商生产的所有产品中亚麻色涂料是销售情况最好的，这一情况到目前为止已经超过了25年。尽管制造商有能力生产无数种其他的色彩，在木材和皮革产品中销售时间最长的还是中性色调的产品。

汽车制造商以坚守色彩潮流而闻名有两个原因。首先受设计和生产周期长度的限制，汽车制造商必须在销售的3～4年前对于新的设计模型作出色彩预测。为了抵挡最具腐蚀性的露天状况，漆膜化学配方的调整和测试也要花时间（两年）。其次，制造商准备每种新色彩的花费是可观的，在1998年估计在50万美元左右［《今日美国》(USA Today)，1998年10月26日］。除了汽车的外部涂料之外，多种多样的辅助材料也需要应用新色彩，例如浇铸成型的仪表板、装饰物、座位装璜和地毯。

## 过渡色和展示色

各个行业商业循环周期和经济规律的特点使得各行业色彩潮流的生命周期具有不同的时间结构。女性时尚和化妆品色彩大约每两年改变一次。居室家具往往是5年一个周期，汽车7年一个周期，建筑室内设计7～12年一个周期。换句话说，从潮流开始时的女性时尚商品的销售到人们停止购买使用该色彩的物品为止大约要经过12年的时间。新的色彩潮流的建立不过是借鉴以往成功的关键，对现有色彩进行改造而已。然后新的色彩加入进来就出现了新的潮流趋势，在某些情况下它是作为上述方法的拓展而出现的。

当每个产业发生潮流转变的时候，消费者准备接受的是那些在视觉上与最近已经接受的色彩有联系的新色彩。我们很少有人会为了保持时尚而更换所有的居室家具或者衣服。相反地，新色彩的接受通常都是逐步完成的，但它在最短时间完成了那些最过时产品的替代。过渡色彩就是那些在整个方案中兼顾去年的色彩和今年的色彩并把它们联系在一起的色彩。最好的过渡色彩通常是那种处于两种完全不同的时尚色彩之间的中间步调的色彩。例如，1997年色彩预测师就提出了更为清晰的洋红色、珊瑚色和长春花的蓝色。如此浓烈的色彩要求使用者对色彩更为敏感才能有效地加以利用。当这些色彩与其先前的流行色同时出现的时候，通常要用到它们的更为中性的版本的色彩，例如浅粉色、肉色和暗蓝色。

一些色彩进入流行色之中并不是因为其购买的潜力而是因为它们会影响其他产品的视觉效果。它们的加入使得整个色彩组合更为诱人，这些色彩奇怪的产品甚至根本不可能有人购买。我们称之为展示色。例如，一个袜子制造商可能在其男装袜的色彩组合中用到黄橙色，因为它的存在可以使整个色彩系列更加吸引人。该制造商并没有想卖掉很多黄橙色的袜子（男人往往偏好较深的色调），但是却可以期望卖掉大量的蓝色和紫色的袜子，因为在陈列柜里有黄橙色的存在会使得蓝色和紫色的袜子看起来更具吸引力。

## 文化的影响

色彩是一种使公众可以立刻作出反应的设计概念。因为我们对色彩时尚和色彩潮流的许多反应都受到意识领域和半意识领域的影响，我们各自的文化背景对于色彩的接受与否具有强烈的影响。由于通信卫星的出现，造成多元文化的影响，它使我们能够接触到世界上各民族的色彩。这一点是非常有利的，因为文化上所表现出的这种融合会给我们在设计中提供富有创造性和充满创意的表达。但是，一些文化壁垒限制了人们对关键产品的接受，面向出口的产品首当其冲。这种文化上偏见并不能在设计工作室中依靠我们解决其他色彩问题的那些试验方法予以揭露。

专家们提出了几份总体观察报告。在对欧洲色彩预测师和美国的预测师进行的比较中，黛安娜·卡尔弗特（Diane Calvert）注意到后者倾向于作出更为基本的色彩选择。在《色彩预测：国际色彩营销调查》(In Color Forecasting: A Survey of International Color Marketing）中，她提到欧洲倾向于微妙的、复杂的色彩概念。紧跟潮流的客户，例如纽约人，倾向于寻求一种更加欧洲化口味的色彩，然而零售商却必须服务于大多数持有美国观念的消费者，即使用更亲切和更明确的色彩。卡尔弗特指出，欧洲人预测时关注棕色往往多于美国，在美国可能很少有人会穿这种颜色的衣服。一般而言，欧洲被公认为是时尚的传统来源，这导致了它对美国市场的影响长期存在。典型的美国色彩倾向包括使用传统的色彩系列：骆驼黄、海军蓝、红酒红和森林绿。

在美国从事色彩研究的非赢利组织是国际社会色彩理事会（www.iscc.org)。其成员包括来自艺术、科学和工业领域的专家。该协会致力于促进各个领域中色彩工作的实际应用以维护公众利益。大多数参与者是各自领域的技术专家。他们所积累的数据被分发给艺术家、设计师和教育家。国际社会色彩理事会包括19个团体。其中有美国色彩协会、公司和色彩营销组织。

20世纪前10年，美国国内建材厂商开始精心制作和销售色彩预测样本书籍，使用的基本方法和国际社会色彩理事会类似。1915年，他们成立了纺织品色卡（Textile Color Card）这一专业组织，随后衍生出美国色彩协会（The Color Association of the United States)，最后它们合二为一。该协会的首要职能仍旧是色彩预测。预测是由委员会中12位挑选自各个领域的色彩权威人士作出的。每一个委员有一个专责范围，例如室内或者时尚。在每年的9月和3月，结论会以彩色样本册的形式发布给订购的成员。样本的尺寸有12in × 22in（304.8mm × 558.8mm）和12in × 29in（304.8mm × 736.6mm）两种。其发行时间安排在销售季节之前的22个月。该色彩协会的成员目前已超过1000人（www.colorassociation.com)。

色彩营销组织（Corlor Marketing Group, CMG）是1963年创立的非赢利性的色彩组织。目前它由大约2000名成员组成，其中大约550个色彩预测师每年召开两次会议，由委员会通过研讨会的方式产生色彩样本。每一个委员在主席的领导下专门研究行业中某个方面的色彩变化问题。参与的行业包括时尚行业、医务行业、健康保健行业、工业设计行业（例如玩具和家居产品)、娱乐产品、住宅设计、娱乐表演、运输行业和建筑业。每一个组群根据多数人的意见建立色彩样板，然后以色彩预测选集这种新形式予以公布。CMG每年举办两次的国际色彩预测会议是应其成员（www. colormarketing.org）的需求而制定的，因为成员所属的行业都是顾客导向型的行业。在过去的这些年里，从女性时尚行业

## 专业组织机构

大多数专业人员的工作都是以专业知识为基础的，他们通过信息共享形成行业协会。色彩咨询也不例外。至少有三个行业组织正在支持下列研究：前沿的色彩研究、行业问题研究和寻找新的解决方法。这些群体是非竞争性的，它们是在这样的初衷下运作的：免费教育公众只会增加每个成员所提供的服务价值。色彩行销协会的合作成果以定期发布样本预测卡并印刷色彩样本的形式分发给组织成员。由于要求色彩准确无误但数量不大，这些卡片的制作成本昂贵，所以它成了专家手中的宝贵资源。

接受新色彩到该色彩出现在居室家具和工业产品之上的时间大约是2～3年。最近，通信速度的提高导致色彩潮流循环急剧加速，如同通信对社会生活其他各个方面所造成的影响一样。其结果就是，制造商在其产品中应用新色彩并让公众接受新色彩的整个时间都缩短了。在色彩周期的后期，某个色彩可能会因过于成功而变得使用过度。公众会开始厌倦这种色彩，从而导致该色彩重新流行的时间大大加长。这种例子包括20世纪60年代流行的暗绿色和70年代流行的紫红色。暗绿色直至上世纪末才在许多消费者中重新流行起来，但是它却被改装成了橄榄绿和黄绿色。紫红色是维多利亚时代的流行色，直至20世纪70年代它才重新流行。

源自历史文脉或者当前潮流的色彩灵感在本性上是非常复杂的。任何情况所导致的限制都会增加特定项目的挑战性。历史性建筑完全可能改变成任何用途——住宅、公共空间、旅馆或者教育设施。那些以当代时尚色彩为重点的项目可能面向任何用户群体，但是最常见的是运用在零售行业和侧重表现的行业。不管该色彩是根植于历史文脉还是新近开始的潮流，每一个项目都有其功能要求，而这种要求会影响其进行有效的色彩选择。色彩所涉及的范围包括从实际应用到符号逻辑。既然我们已经在色彩标准的层面上对其进行了探讨，现在让我们再来看看在设计实践中这种主打色彩组在功能方面的问题。我们将先从私人住所展开讨论。

# 第十二章
# 住宅色彩应用

住宅设计给我们提供了独一无二的机会去探究现实中个人空间的解决方案。该设计完全是个性化的，就像它们的居住者一样独一无二——我们通过姓名来认识这些人。住宅设计实践中的关键在于要了解客户的生活状况和他们希望达到的设计目标。我们需要问明他们的嫌恶和物质需要以求达到令其最舒适的状况。我们要发现用户的理想世界，建立最优的空间来实现它，这是上天赐予设计师的特权。

色彩被予以这个宝贵的机会，它可以提高人们的情绪、激发个体的动力或者平抚个人的经历，因此它可以成为一种设计的利器。显然，个性特征是任何私人空间色彩选择过程的关键。我们也要考虑到个体状况对色彩需求的影响，特别是老花眼和成长中的儿童的色彩需求。在这一章里，我们根据住宅设计中个体色彩感知和色彩影响来研究色彩选择的标准。

## 私人住宅

在理论上，家居工程的色彩选择主要是考虑居住个体的特殊需求和个人偏好。这是一个真正需要合作的过程。它要求熟知居住者的个性特点，并在某些场合下熟知他们的个性弱点。这也就意味着就每个个体而言对形体和色彩解决方案的探索都是独特的。住宅可能包括各种各样的休闲空间，它在满足日常生活基本功能要求之外，可能还要满足工作空间，或者还有娱乐空间的要求。

人们认为住宅能够为居住者提供安全感。在大多数和谐的状态下，私人住宅会给用户以舒适安逸的感觉，也能振奋他们的精神来满足个人的精神需要。这些需求的复杂性通常形成居住个体个性或者居住群体共性的共同表达。而色彩是这种表达的关键。

## 设计色彩

为了使设计能够反映每个居住者的需求，对于谁是使用者、他们的起居时间以及家庭成员之间的确切关系要有一个清晰的认识。在客户现在的住宅里走走可能会得到一些启示。人们与其现有空间的交流方式可能提供下列线索：对每个人最重要的区域是哪里？尤其是那些根据个人需要应该改进的地方。如果计划增加或者重新布置空间的时候，人们通常总是最关心那些最需要改变的地方。这个过程中，设计师会把已经成功的设计细节理所当然地保留下来。设计师对色彩的描述要能揭开色彩现象下面的本质。一个人认为很醒目的色彩在另一个人看来可能只是平静的中性色。“仁者见仁，智者见智”，不同的人对相同语言的理解都可能会有歧义，甚至像“复杂”、“多彩”或者“抚慰”这类描述性词语对于不同的人也可能意味着不同的意思。能够知道客户是如何把色彩和描述性的语言联系起来的，才能保证把他们的语言描述更准确地转化成色彩的组合。

每一个设计师都会提一些关键问题，将客户真正的需要明确地罗列出来。下面列出来的这些条目在住宅设计中对色彩方案的确定有着显著的影响。

- 谁会在房子里居住？什么人会经常来访？理想的私人空间色彩选择应该适合于每一个居住者的个性，而不只是其中某个代表性的个性。
- 个人有任何强烈的色彩好恶吗，它们是什么？某一个体对绿色的强烈厌恶意味着在公共空间中要保守地使用这种色彩或者在其私人空间里根本就不能使用这种色彩。
- 尽量将那些主要被某个人使用的空间和那些被许多人使用的空间区分开来。大多数人都有一个他们常去并感觉舒适的空间。它可能是厨房、工作室、卧室或者书房。某个个体最喜欢的空间中的色彩选择要能够理想地反映其个性。
- 哪些区域将成为过渡空间？是在不同的需求空间之间，还是在那些根据个体不同色彩偏好而分隔的空间之间？一些家庭空间充分地反映了群体需求而不是个体需求。当一个人厌倦了群体空间，他(或她)就可以退回私人空间之中去。
- 将会在哪里招待客人？哪些空间需要同一种水平的私密性？一些家庭认可非常清晰的私人界线，就像有些人的个体意识非常强烈一样。色彩可以巧妙地表达这些差异。
- 在哪些区域活动最频繁？这就意味着那里的色彩需要更具刺激性，例如更多的色彩对比或者使用纯度和明度更高的色彩。
- 是否存在一些区域，哪里的色彩应当成为背景？如果该客户拥有大量的收藏，它们是否是高质量的艺术品或者只是瓶盖？这些物品需要环境色彩来衬托它们。
- 在已有的住宅中，什么特征要予以保留？保留的关键部分中哪些色彩是不能更改的？是否存在家传的宝物属于必须予以保留的范畴？因为这些都需要包括在整个设计之中，把它们都囊括在内的协调的色彩组合可能更令人印象深刻。

显而易见，对于一个家庭而言令人愉快和激动的色彩对于另一个家庭可能就是单调乏味的。当整体色彩与集体成员很协调的时候，会使用到一系列的色彩过渡。一个长期生活在一起的家庭似乎很少有极端不同的色彩，因为同样的事物对每一个成员而言都会有熟悉的感觉。当家庭成员的年龄差距过大或者来自不同的社会经济背景时，就可能会表现出较大的差异性。

## 个人偏好

由于居室设计要创造一个安全的避风港，所以当面临色彩选择的时候，人们往往接受那些熟悉的色彩。在某种程度上，这也解释了居室家具常用色彩通常会跟随时尚潮流的原因。那些近年来大家认同的时尚色彩能产生积极的作用，一开始就会让你觉得很熟悉。一个室内设计师希望说服她的朋友在起居室的教堂式顶棚上涂上某种色调的色彩，设计师以某种方式表达了这种想法。设计师在提出建议之前，她聪明地先送了一件与那种色彩相配的毛线衫给她的朋友。设计师希望朋友能对这种色调熟悉起来，那么当她提出建议的时候，朋友就可能会接受那个大胆的色彩方案了。

为了发现个体独特的色彩倾向，让他们辨识出自己喜欢哪些物体或者空间，可能对设计有帮助。另一个被许多居室室内设计师使用的方法是参观客户的衣橱以洞察其个性。某位客户拥有几件红色金属片女服，而另一位客户衣橱里大部分是以米色棉布和亚麻布为主，他们的个性色彩偏好就有可能截然不同。图12.1和图12.2中的抽象色板中，设计师对人作为社会角色所表现出来的两种个性进行了一些假设，然后向我们展示了这些社会个性如何影响其色彩偏好。为了与喜剧演员雷·罗马诺（Ray Romano）所扮演的角色性格比较随和的特点相适

**Color Palette for Ray Romano**
雷·罗马诺的色彩组

Ray is... 雷是：
- Comedic 喜剧的
- Down-to-earth 现实的
- Extroverted 外向型的
- Masculine 男性化的
- Casual 随意的

Ray's colors are... 雷的色彩是：
- Simple 简单的
- Highly saturated 高纯度
- Contrasting in hue 存在色相对比

Claire R. Bassham • Color for Interiors • Instructor: J. Kopacz • Suffolk University • 11.07.02

**图12.1** 该概念性色彩板块阐明了简单而常见的色彩和喜剧演员雷·罗马诺的个性之间的逻辑联系（设计：克莱尔·巴沙姆）

**图12.2** 这里表现的是另外一种色彩设计思路，莎朗·斯特所要表现的个性在这里通过更为复杂的色彩表达出来（图中她身着范思哲服饰）[设计：戴夫·皮罗（Dave Pirro）]

应，设计师建议服装使用常见的红色、绿色和蓝色而且形式要简单。设计师提出的另外一个更加复杂和生动的色彩搭配，可能更适合于电影明星莎朗·斯通（Sharon Stone）的形象（请回顾“色彩偏好与个性”，参考第六章“色彩反应”）。

大多数人能够轻易地指出他们最喜欢和最不喜欢的色彩，而不太容易把它们描述出来。使用真实的色彩样本并观察个体的反应，以此为基础与客户讨论色彩问题，这种方法有时会比较容易解决这个问题，至少在设计初期是这样的。强烈的反应通常意味着长期存在的色彩偏见，即使这种感觉不能清晰地表达出来。如果一种色彩反应是积极的，就值得我们去研究如何将这种反应下面所潜藏的色彩联想应用于新的住宅设计中。如果其反应是消极的，有时也值得我们去找出这种反应的根源以确定这种消极是不是真实的。经过这样的深究，客户可能会认识到自己排斥某种色彩的理由根本就不存在。彻底弄清这种消极的色彩反应之后，他（或者她）也许很愿意因为这种色彩的优点而在新的色彩组合中重新接纳它。

## 色彩序列

从理论上来说，住宅设计涉及一系列空间，这些空间在色调上相互之间略有变化。从第六章的讨论中我们知道，一个内向的人似乎更满意于色彩组合能够表现出细小微妙的色彩变化。这种人可能更喜欢色彩布置更规整或者用色更加一致。而一个外向的人，不仅更喜欢增加整体的刺激程度，而且喜欢各空间的色彩组合完全不同。富于冒险精神的人如果嗜好越多，当然，相应的色彩方案也会更具探索性。当我们对这些关系作出评估的时候，切记即使在最极端的情况下，内向的人有时也需要刺激，外向的人也需要寻找沉思默想的机会。

一栋住宅的色彩序列有时就是一系列连续的对比。暗色或者中性色彩的框架，例如门口、室内窗口和正门，它们将使明亮的色彩更加明亮，甚至在很远的地方也能吸引人们的注意力。中等明度带框的门窗洞口实际上软化了相邻空间的转变。入口是第一印象形成的地方。即使入口的形式相当简单，我们还是可以运用色彩来创造住宅形象。当我们进入另一侧空间的色彩之中时，都是以前面这个房间的色彩作为背景的。在一个深的、巨穴似的住宅里面，这可能意味着要把最明亮的色彩放在最远的那一面墙上。如图12.3的例子中所示，在厨房和餐厅中都采用了谐调的色彩。但是，纯度的增加和强烈的几何图案都表明前景房间（厨房）中的人活动更为频繁一些，而远处餐厅复杂微妙的色彩组合体现了由动到静的一种过渡。

## 情绪

要想将居住者的意图和每一个房间联系起来，设计者就得帮助他们在空间中将自己的情绪和感觉表达出来。这与讨论房间如何使用是完全不同的两回事。这里的目的是把心灵的渴望具体转化为形象化的图像。依靠这种图像，我们可以知道哪种色彩能够表达那个客户所需要表达的情绪。

莱娅特里茨·艾斯曼，专业色彩顾问，在她所著的《你的每种心情相应的色彩》(Colors for Your Every Mood) 一书中说到，她用这种方法帮助客户解决了住宅空间设计中色彩方面的问题。艾斯曼用实例指出可能存在的空间情绪包括：反复无常的、安静的、有教养的、传统的、沉思默想的、动态的、浪漫的和富于美感的。《潘通色彩表达指南》(Pantone Guide to Communicating with Color) 中提到了她所提出的其他色彩组合，这些组合传达的情感包括：精力充沛的、灵敏的、健康有力的、多变的，等等。这种选择是无限的。捕捉到一种情绪就向客户展示一幅图像，她就是这样帮助她的客户理解了色彩组合是怎样表达其所对应的情绪的。一旦确定要表达某种情绪，用于哪个空间也确定了，我们就可以找到好几种将这种抽象精神具体化的色彩组合。这类方法并不意味着可供选择的情绪数量有限。她的用意是帮助用户认识到他（或者她）的愿望并找到表达情感的方法。

色彩具有与情绪保持强烈联系的能力，这种联系本质上是情绪化的，并且以个人经历为基础、具有强烈的个体化特征。如果某个空间提供了让人松弛的感觉，通常这种感觉都能够被描述出来。通过视觉再造出客户喜爱的地方或者场景（例如，海滩上礁石的色彩），就有可能使客户和那个地方或场景中的主导色彩重新建立联系，进而在一个新的环境中重新建立起这种积极的情绪。对于某些人而言，合适的色彩倾向对心理健康有益，也就是说，要使用全部温暖或者全部寒冷的色调，如图12.4所示的起居室的例子。如果客户能够清楚地表述出其积极的色彩联想，这些色彩就可以用来强化空间，这种基于个体经历的色彩体验是独一无二的。

小林重顺 (Shigenobu Kobayashi)，当代日本色彩心理学家，在其《色彩意象尺度》(Color Image Scale) 一书中谈到了色彩与情绪之间的联系。他按照两个级别的矩阵来组织色彩——一个是由硬到软，另一个是由暖到冷。他由这两个等级所构成的色彩组合建立了一个基本的参考色彩组格栅，在该格栅中每一个色彩组都按其情绪进行分类。色彩类别包括（但并不局限于）：随意的、端庄的、时尚的、浪漫的和自然的。这样的参考方法在作为设计的起点通常都很有用。但是，既然色彩体验是很个性化的，住宅的具体用色必须反映这种个性，必须得到客户的亲自同意才能实施。正如语言有时可以是主观的一样，色彩也可以是主观的。

## 色彩布置

居室中每一种色彩或者色彩组合的位置通常还涉及除情绪之外的其他一些需要考虑的事项。房间彼此之间的关系可能关系到色彩温度的决定。在某

**图12.3** 通过色彩布置和框景的仔细斟酌，这两个在功能上完全不同的房间之间的转变变得更加柔和［建筑师：格伦·帕科（Glenn Pacheco）；设计师：比尔·菲尔布鲁克（Bill Philbrook）］

些场合下，冷色更适合于朝南的房间（在北半球），而暖色能够通过对比强化北向房间的冷色调。整个住所的色彩可能成为单个房间的背景。在一连串冷色调房间之中的一个暖色调房间或者在几个简朴房间中的一个明亮房间都会非常引人注目。为了把两个或者多个房间组织成一个套间，设计的时候可以通过色彩把它们联系起来，如果透过这个房间可以看到下个房间时尤其要注意其相互之间的色彩联系。如果我们想让各个房间有不同的色彩表现，中间的那个房间可以作为房间之间的非彩色过渡区。或者中间那个房间也可以使用非常强烈的色彩组合以建立焦点。在这种情况下，周围那些更加柔和的空间色彩可以提供一种缓冲。一个黑暗的走廊如果其末端导向一个明亮的空间可能就会变得十分生动有趣。我们可以考虑使用连续对比的方法在每一个空间建立起对下一个空间的热切期望。

在住宅设计中，避免使用传统的白色顶棚是改变房间整体感觉的最有效方法。顶棚平面色彩的明亮程度会直接影响房间的外观温度。说到这儿我不禁想起纽约一座漂亮的公寓，它的起居室里用的是红色的顶棚。而当地西班牙居民的顶棚则是中性的色彩。这种红色与向上照射的灯光组合在一起给整个房间非常温暖的感觉。但是，当人们从街上走过的时候它吸引了太多人的目光。对于当地的传统主义者而言，顶棚上明显地缺乏白色引起了他们的关注。

## 色彩对比

我们通常依靠对比来突出特殊的细部。强烈的对比把人们的注意力吸引到边界上，补色对比能够

**图12.4** 该房间的色彩组合明显地给人以寒冷的感觉［设计：库·德·基尔（Koo de Kir）；摄影：格雷格·普雷鲁］

**图12.5** 该住所的色彩布置利用了对比的效果突出其建筑细部（建筑师：格伦·帕科；设计师：比尔·菲尔布鲁克）

增强色相。在图12.5这个翻新的建筑中，建筑师在门廊的顶棚上使用了淡淡的紫色阴影作为黄色墙板的补色，并利用水獭皮色调与相邻的白色车削木质构件形成明度上的对比。

在住宅设计中装修色彩通常扮演着关键角色。如果从房间到房间的装修色彩是协调的，就可以使在每个房间产生的不同情绪得到统一，从而为人们从一个空间走到另一个空间的时候创造一种平稳的过渡。如果墙面涂刷了中等强度的色调，要达到和谐一致的效果，添加白色是最为常用的方法。自然的木质部分通常使用泥土的色调。如果窗户凹进墙面非常深，在其凹进的表面涂刷与周围形成对比的色彩，可以将人们的注意力吸引过来。突出轮廓是把人们的注意力吸引到空间的几何形体上的另一种方法。无论是否存在装修，装饰墙纸或者蜡纸上的花边图案都可以将任何构件的边缘凸显出来。

使用对比色彩的关键在于进行组合的时候保持色彩用量的不同。一个色彩比例完全相等的方案很快就会使人失去兴趣。它看上去像是一幅巨大的图案而不是完整的作品。不均衡的色彩看起来更具有趣味性并且使人第一眼看到它的时候会有一种层次感。一般而言，同一个色彩族在创建色调方面具有更为重要的作用。这种统领总体的色调随后可以靠色彩对比予以补充。运用这种色彩面积不等规则，每种色彩的面积都可以被调整到合适的程度，将观众的眼睛从一种色彩吸引到另一种色彩，从而使观众迷恋上这一空间。这种对细部的关注在居住空间中是非常值得注意的，因为这是一个人们长期停留的空间，而其中的居民并不需要在其中进行表演之类的活动。

当客户走进正在改造的住宅的时候，就进入了过渡时期。旧的设计要素被移除，新的色彩组中的色块在这一过程中显现出来。通常人们会有强烈的冲动，想要改变似乎游离于背景之外的新色彩。对于客户而言，这种感觉可能十分强烈。他（或她）感觉失去了有着某些情感联系的老地方。在这里只能看见一些新色彩，伴随着旧的色彩配置及未完工的粗糙墙壁和灰泥、暴露的金属钉头螺栓和混凝土以及未经处理的木材。使用的第一种新色彩总是会游离于背景之外并显得“太什么”——例如太暗、太蓝、太纯等等，凡此种种。成功的住宅设计师通过说服客户耐心等待，通常都能很好地控制这种局面，将这种风险的影响降低到最低程度。当所有的新色彩都各得其所之后，再进行适当的调整就比较容易了。

## 老年人

无论是社区住宅设计还是私有住宅设计，给阅历丰富的住户提供起居空间设计对于设计师而言特别具有挑战性。在40岁之后的某个时候，人类眼睛的屈光度会增得更大或者减得更小，视力的敏锐程度开始降低，随后在60岁之后会失去对光谱的感知。这些变化积累的效果可能会极大地影响一个人的感官世界，包括在色彩感知方面的感觉丧失。此外，阿尔茨海默氏（早衰性痴呆症）病人在老年人口中增多，它和视觉障碍有联系，这使得色彩控制问题变得更为复杂。这种疾病潜在的方向知觉丧失和其他症状增加了为老年人提供恰当的住所设计的难度。

一般而言，如果设计师敏锐地调节色彩、光线水平和图案，将年老造成的这些问题的影响降到最低，他（她）就为老年住户提供了周到的服务。专家并不推荐通过使用或者过度使用白色墙壁的办法来简化色彩。相反地，老人往往会长时间在其居住的住所里度过。如果持续暴露在没有色彩的环境里，由于缺乏色彩刺激可能会引起视觉退化。凝视白墙往往会让人昏昏欲睡，墙面似乎在褪色，人的头脑处于无刺激的状态。测试一个色彩组对于老年人住所是否合适，就是要考察居住者已经发生的视觉变化，并注意色彩对比和图案色彩的选择，特别是对于那些处于同一视线上的物体的对比和图案的选择。

## 视觉

按照《IESNA照明手册》（第3～13页），在视觉体验的过程中人眼会发生几个变化。晶状体（凸透镜）形状的调整和弹性的减少导致其聚焦能力的减弱，特别是在近距离内，这被称为老花眼（远视眼）。这种情况的后果之一是失去深度感知的准确性。同时，瞳孔变得更小，从而引起视域深度的增加和到达视网膜的光线数量的减少。视网膜接受的光线更多的是离散的，并且其光谱也发生了改变，因为更多的短波被吸收了。视神经也衰退了，导致视力敏锐性、色彩辨别和对比灵敏性的降低。闪光的敏感性则增加了，并且眼睛在照明变化中用于调整的时间显著增长。

白内障、青光眼和黄斑变性的发生也增加了老年居民视觉体验的困难。白内障是晶状体不透明性的增加，从而引起更多的穿过晶状体的光线被吸收和分散，而视网膜图像对比的降低进一步引起了对比灵敏性和视觉敏锐性的降低。青光眼是由于视网膜和视神经的损伤而引起的视域收缩变窄，这也就意味着夜视能力的减弱，由于闪光而视物困难，以及随光线水平变化的视力调整的速度减慢。黄斑变性也造成潜在的困难，如由出血和萎缩所引起神经细胞和感光器不起作用。它也会引起视觉敏锐性的降低、色彩辨别能力的减少和对比敏感性的降低。在这种情况下，对阅读的影响比对周边视觉的影响更大，增加照明可能会有帮助，至少在早期阶段如此。

## 色相的范围

色彩组合在老年人和青年人看来是非常不同的。老年人普遍视觉敏锐性降低，对比敏感性减少，而且日益严重。正如我们前面所述，这时区别色彩的能力也降低了，特别是对特定色彩族而言。这主要是眼睛中的晶状体变得更硬、更厚并且渐渐地变得更黄。这种**黄色的滤光器过滤了一些短波的光线，使它们无法到达视网膜**。因此他们对那些短波长的色彩——紫色、蓝-紫色和蓝-绿色变得不太敏感。取而代之的是那些显得颜色更深一些并且纯度也较低（更多灰色）的色彩。色彩看上去就像是透过一扇黄色的玻璃窗所看到的一样，如图12.6所示。白色和黄色无法区分，蓝色（黄色的加色补色）被中性化。其结果是某些色调失去亮度，纯度降低后的色彩彼此之间更加难以辨别。

为了预见这种在感知上的变化，色彩顾问吉尔·帕拉罗西亚（Jill Pilaroscia，加利福尼亚州旧金山市索鲁尔工作室）自己用黄色聚酯薄膜镜片制作了一副眼镜。她的职责是为一个老年社区中心的巨大圆形大厅的天窗设计一组彩色玻璃窗。当每一种色彩的实物模型制作出来之后，她戴上那副特制的眼镜对该组色彩进行观察，这样看到的图像和那些老年人所看到的就一样了。

对于老年人而言，另一种色彩感知的局限性可能在于亮度损失。一般而言，这是指他们对光谱两端的色彩失去识别能力。任何一位老年人都可能发生长波色彩损失、短波色彩损失或者光谱两端色彩损失。一些眼睛的功能失调对于长波长的色光感知也有影响，这些色光包括红-紫色光、红色光和棕色光（中性的红色），其结果是它们看上去相对要暗一些。尽管这种情况的老年人并不普遍，但是在为某个个体进行色彩设计的时候最好还是要考虑这种可能性。许多人还有失去色彩对比敏感性的经历，而另一些人则失去纯度区分能力。大多数的人则体验到全波长（色相）辨别力在某种程度上的减弱。

**图12.6** 为了说明老花眼的色彩效果，首先盖住下面的色彩组看上面的一组。然后盖住上面的看下面的。上面的色彩组展现的是年轻人看到的色彩，下面的色带显示的是经过调整后的同一个色彩组，它表现出老年人看到上面的色彩时所得到的效果

## 伊丽莎白·布劳莉

伊丽莎白·C.布劳莉（Elizabeth C. Brawley）是一位知名的环境设计师，她在设计早衰性痴呆症病人病房（这些病人需要长期和特别的护理）方面经验丰富。在她为老人寻求的积极的治疗方案中，她研究的是设计标准、空间组织和治疗实践方面的问题，其中包括在色彩和照明方面的实用性建议。她公开评论地方和国家的公共政策，阐述环境设计问题，并且出版了这方面的书籍和文章。她的文章定期发表在健康设计中心的网站（www.healthdesign.org）上。布劳莉还是国际室内设计协会（the International Interior Design Association ，IIDA）和美国室内设计协会（the American Society of Interior Design ，ASID） 的会员以及伊丽莎白协会全国委员会的董事。

少数的老年人只受亮度损失（在光谱的一端或者两端）的影响。当我们为某个特定的个体设计色彩的时候，知道其视觉准确性就有可能提出适当的解决方案。了解整个人群可能存在的视觉局限性可以为社区生活提供更加有效的解决方案。为老年人设计居住环境时不能排除任何色彩，这也就意味着为了用户的利益需要更强烈的对比和更纯一些的色调。

### 形体感知

老花眼还会对老人的环境感知造成直接的影响。一般而言，我们有赖于水平和垂直平面的在明度上的细微变化来告诉我们它们的远近距离。当人们瞳孔的尺寸减小的时候，明度变得更加难以辨别。同时，由于晶状体的硬化，感觉远处的变化变得更加困难。当我们失去认识细微差别的能力的时候，我们就失去了对平面变化的感觉，因而也就失去了对环境空间和室内物体的空间形体感觉。

衰老的过程还会引起视觉记忆的减退，特别是在早衰性痴呆症病人和其他痴呆症患者这样的病人之中尤其如此。他们在认识色彩和关于色彩的一些重要联想两方面的能力都发生记忆减退。当一个老人在家里行走的时候，他通常以记忆作为一种定位的手段。而一旦这种工具也失去作用的时候，他们则必须更多地依赖于色彩识别和深度感知的能力，而这种能力正如我们前面所说的已经被减弱了。这些状况的累积影响使得通过运动来穿过空间变得更加困难。

**增加明度对比会增强居住者的视觉功能，因为色相和纯度对比会因此弱化到某种程度。**图12.7的例子阐明了这一点。如果我们能够依靠精心的色彩选择来清楚地展现平面边界和区分物体，那么老年居民的日常活动将得到改善。这也就意味着我们要根据一系列明度变化来完善我们的色彩组合。门框色彩中性而门扇明亮，家具与其背景形成对比，或者中等明度的厨房工作台面反衬着深色的地板，都可以更好地避免老人与物体发生碰撞。在地面升起的地方改变地板面层的明度可以减少由于地板高度变化而造成的风险。如果床边和地板的色彩截然不同，它就比较容易在周边视觉中定位。一间全白的盥洗室看起来可能更清洁卫生，但是如果固定设备能与白色的瓷砖墙壁和地板产生一些色彩对比的话就更加容易识别其边界。

### 色彩偏好

老年人在色彩偏好方面的一些特点是独一无二的。为他们设计公共设施，暖色调通常更可取，因为大多数年老的个体更容易识别暖色。暖色产生更多刺激的感觉。当然，由于色彩在老年人看来往往带有黄色调，所以差异大的色彩组合更为适宜，高纯度的暖色立刻就可以变得令人难忘。透过一个黄色的透镜看一面黄色的墙壁对大多数人而言都显得过于强烈。而一面橙色或者绿色的墙壁略带一些黄色的话，在某些色彩组合中是令人愉快的，在另一些情况下则不是那么令人满意。冷色调有着稳定情绪的优势，但是冷色调之间的变化不太明显，这也就意味着如果使用较大的色相变化或者较高的纯度

**图12.7** 在这栋老年人的住所里，有效地利用了对比的手法来清楚地表明平面的变化和房间之间的区别（建筑设计：切尔兹、伯曼和德思克里建筑师事务所；室内设计：韦尔兹利设计顾问；摄影：©爱德华·雅各布）

水平就会使冷色的组合更为成功。

对于许多老年人而言，色彩的饱和度降低了，变得就像浅淡的彩色蜡笔画一样，彼此之间难以区分，特别是较冷的色调（那些短波长的色彩）。清晰的色彩——那些处于完全饱和状态和略带中性色的色调之间的色彩——是最容易区分的色彩，也因此而深受老年观众的喜爱。室内设计教育家理事会（the Interior Design Educators Council，IDEC）发布的一项研究报告指出，通过对100位早衰性痴呆症患者的调查，结果显示蓝色是首选色彩，然后是红色。**高纯度的色彩**也很受欢迎，对**中等明度色彩**的偏好超过非常浅或者非常深的色彩。

当我们使用更为复杂的色彩组合的时候，只关注事情的一面是不够的。虽然使用各种不同的色相可能有助于把人们从单调的视觉效果中解放出来，但是对于那些有色彩感知障碍的居住者而言，在同一时间接受大量色彩的刺激是非常困难的。几种非常不同的色彩就足以使他们困惑了。

## 图案

对于老年居住者而言，图案具有限定空间形态的作用。在由罗伯特·德尼罗（Robert De Niro）和罗宾·威廉姆斯（Robin Williams）担任男主角的电影《唤醒》(Awakenings) 中对此有完美的诠释。这部电影描述了几个在精神康复机构的病人，其中包括一个非常孤僻的老年妇女。这名妇女总是盯着窗口但却只能走到房间中间的某个特定点那么远的距离。日复一日她总是在同一个地点停下来。最后，护理人员确定她之所以不能继续走下去是因为房间里面地板上巨大的西洋棋盘图案在那一点就没有了。为了使她能够把地板看成一个连续的平面并继续走到窗口边去，他们把房间的另一部分也涂上了那种棋盘状地板图案。

在设计中图案与纹理的结合可以创造出更为有趣的空间。但如果使用不当，它们会使痴呆症患者的生活更加困难。上了年纪的成年人视觉和听觉都不是很好。如果再加上痴呆症，当一条视线上图案过多的时候就很容易产生过度刺激。例如，如果床单图案的尺度与地毯图案吻合或类似，床的边缘就不容易辨认。为了尽量减少这种可能性，图案应该与实体产生对比，或者把小尺度的图案改成色彩对比较弱并且尺度大的图案。使用镶边或叠边这类方法形成的具有强烈对比的显眼的平面边缘，也可以清楚地表现出具有图案的平面的边界。地板上大尺度图案的色相对比应该柔和一点。地板上图案的强烈对比形成的边界会让人误认为是台阶或凹槽边；而地板上随意的圆圈图案会比较显眼，让人觉得像是一个洞。明亮的地板所产生的眩光同样会对具有视觉障碍的人造成不利的影响。由于色彩影响而产生的空间感知混淆显然会影响居住者在房间里的正常行走。

## 图案偏好

许多老人喜欢色彩大胆、尺度巨大的图案。前面提到的IDEC（室内设计教育家理事会）的那份报告还指出，老年人对**大尺度**的图案的偏好超过那些较小尺度的图案，对**有机**图案的偏好超过几何图案。在图12.8所示的社区住户使用了色彩非常丰富的地毯，当地70岁以上老人中的大多数都喜欢这类图案（老人们年轻一点的邻居中有人认为这种图案有点过于醒目了）。这种图案之所以适用，部分原因就在于它的复杂性。进行设计和产品研究的帕特里夏·罗德曼发现年龄会对图案产生的刺激性有影响，在《室内环境图案》(Patterns in Interior Environments) 一书中她对此作出了说明。老年观者特别关注图案背景和图案是否熟悉，并且他们喜爱有机形态超过几何形状。这可以归因于与不规则的形态比较起来，几何图案坚硬的边缘会导致视觉残像的增多。

一些图案可以采用适中的对比，特别是在某些地方更要求这样做。医院中超大尺度、高对比度的几何图案可能会让病人变得摸不清方向或者晕头转向。对比强烈的宽大条纹也会使一些居住者产生压迫感。实际上，一些波浪形或者使用了强烈几何形状的图案能够给人以运动感，从而使观者心神不宁或者有些作呕。同样，高对比度的小尺度图案不适合早期的早衰性痴呆症患者，因为他们会试图把图案从墙上挖下来，类似于两岁儿童的心理趋向。

### 纹理

表面触觉具有治疗作用，特别是在人们称之为家的地方。触觉成为伟大的治疗师。遗憾的是，那些视力略有损伤的人有可能失去从纹理中获利的机会。用户更容易感知材料相互对比时的种种变化。房间里最亮或最暗的色调可能是覆盖着绳绒织物或者马海毛的物体表面。大麻织物覆盖的墙壁比冷色的其他三面墙具有更加温暖的色调。或者精美的丝质枕头可能是色彩纯度水平最高的。

## 照明

设计师伊丽莎白·布劳莉在改进老年人的色彩设计方面提供了更多的深刻见解[《针对早衰性痴呆症患者的设计：如何更好地创造护理环境的策略》(Designing for Alzheimer's Disease: Strategies for Creating Better Care Environments)]。她指出一些视觉变化可以使用以医生验光单为依据而制作的镜片进行控制（采用普通眼镜或者隐形眼镜），而另一些视觉损伤（例如那些不能通过透镜或者药物干涉进行控制的情况）则会影响我们对周围世界的感知。这些视觉损伤包括诸如远视度数的增加和深度感知的衰退，还包括亮度需求的增加和眼睛适应照明剧烈变化的调整时间的增加。并且对眩光的敏感度也增加了，这就增加了从明亮光线的视觉残像中恢复过来的时间。其后果是当我们进入一间光线急剧变暗的房间时会产生暂时性的失明，聚焦能力的丧失，深度感知的减退，色彩感知的变化，中心视觉和（或）周边视觉的缺失。

当视域变窄，瞳孔尺寸缩小并且晶状体变厚，从而使到达敏感性已经减弱的视网膜的光线更少了，而眼睛对光线亮度的需要就增加了。年龄越大，所需要的合理照明水平就越高。当深度感知和区分细节的能力减弱，接受光线的能力也会削弱，就会造成正常视觉的混乱。比较起来，一个20岁的年轻人可能只需要75岁老人所需光线的1/3。这部分多出来的光线可以轻易地从阳光中得到补偿。可是，老年人把越来越多的时间消磨在室内人造环境中，他们独立安全生活的能力减退了。这需要更高的整体光线水平来放松老人的眼睛，高照度和低照度区域之间也需要一种过渡性的照明强度。照明质量的改善也有利于避免光幕反射。

## 人工照明

通过有效的照明可以略微改善视力变化问题。其中一个值得关注的问题是眩光，这是由光线散射而不是聚焦在视网膜上造成的。其视觉体验是明亮

图12.8 该区域地毯的图案具有典型的大多数积极活跃老年人所偏爱的特征：彼此截然不同的高纯度色彩和其中所蕴含的有机形状（建筑设计：切尔兹、伯曼和德思克里建筑师事务所；摄影：©彼得·范德沃克）

光线的泛滥。这种经历以及任何亮度的巨大变化都会引起视觉残像。当老年人改变视点的时候，这种视觉残像还要持续一段时间，从而使其不能判断景物深度。另一个值得关注的问题是阴影。一道地板或者墙壁凹陷处的阴影可能会造成对距离变化的曲解，从而扰乱行进路线。在某些极端的情况下，它们的后果可能是惊人的。眼花和强烈的阴影都可以使早衰性痴呆症患者产生幻觉。

较高照度和均衡的照明可以帮助我们把上述潜在的问题减到最少。此外，色彩的温度和色彩还原可以保证老人的住所得到调整。我们建议采用3000～3500K的色光温度作为普通照明的色温。我们还推荐80以上的色彩还原指数（CRI），因为老年人的眼睛对短波光线的敏感性降低。这些改进综合在一起就会改善老年居住者的生活质量。

## 结论

伊丽莎白·布劳莉为我们提供的关于社区生活环境设计的观察结论令人充满希望[《伊丽莎白·布劳莉对早衰性痴呆症患者的观测》(Elizabeth Brawley on Alzheimer's)]。她发现长期性护理病房有转向高质量聚集的趋势——在这种布置中空间布置较小，各个空间特点更加家庭化。几间卧室群聚在共享的起居室和就餐活动空间的附近。在这些设置中，色彩组合可以更好地帮助我们把个人空间（例如卧室和浴室）和共享的公共空间区分开来。有些空间可以保留更多的具有刺激性的色彩组合，这样可以促使人们在这些地方进行更多的活动。

假设现在我们已经理解了上面的情况，再来看看布劳莉和其他一些人提供的几点建议——如何对老人经常使用的空间进行色彩控制。

- 不要从整个色彩系列中排除任何色彩，但是要考虑调整其中某些色相的位置使其距离更远一些，这样它们彼此就可以区分了。不要从色相环中相邻的部分选取对比色，除非它们在亮度上能形成对比。
- 夸大前景与背景色彩之间的明度区别。让浅色变得更浅、深色变得更深，视觉的准确性就会得到改善。
- 考虑使用更为清晰的色彩，这样容易使人察觉其色调。这些色彩是低于完全饱和色，但高于整个色调范围中最中性的中间点纯度的那些色彩。
- 当使用冷色调的时候，试着组合多种色相而不是按通常所尝试的那些方法，因为这样可以辨别色彩之间的差别。或者，如果只使用了较少的色相，请试着调整明度和纯度水平以强调色彩的变化。
- 避免将浅色的蓝色、紫色、紫罗兰色和红色（极端的波长）与深色的蓝绿色、绿色、黄色和橙色进行对比。不要把纯度和明度相似的色相并排地放在一起，因为它们可能会失去差别。
- 考虑在公共空间的关键区域使用暗红色、红橙色或者红紫色，因为这些是老年人最容易分辨出来的色彩。
- 色彩组合时要考虑黄色作为底色的影响，预见到老年人的视觉反应。
- 避免低纯度色彩与中性色的组合，因为这两种色彩难以区分。这包括柔和色或者浅色与白色或者浅灰的组合。
- 在大尺度图案上试着少用强烈的色彩对比，否则在平面发生变化的时候居住者会无法观察到色彩最暗的物体。
- 为了避免造成可能出现的混乱，要限制尺度相似的图案的数量。为了达到最佳效果，有选择地运用纹理和小尺度的图案。
- 增加老年居住者常用空间的整体照明水平，自然采光或者人工照明皆可。
- 使各个房间内光线分布均匀以避免阴影转移。
- 运用过渡空间建立光线的逐级变化、减少视觉残像。
- 减少强光点的数量并限制镜面（反射光）的使用以减少眩光的影响。
- 选择灯光的类型，提供至少80%的还原率（80 CRI）以突出色彩的变化。

此外，色彩可以在社区服务中心作为指路的工具（例如，找寻“蓝色的橱柜”或者“橙色的门”）。假如这样的话，我们还可以考虑把这些特征与其他特征结合起来以方便视觉损伤者的使用——比如找寻“有褶皱的蓝色橱柜”或者“巨大的橙色门”。明亮和清晰的物体通过色彩成为我们的目标。由于扶手的色彩与墙面的生动对比，可以使扶手更容易被看见。工作人员就可以这样指路——“沿着黄色的扶手走到大厅的尽头”。色彩也可以用来在一栋建筑中标识出住户的房间。门的色彩变化可以轻易地将各个房间区分开来。如果由每一个居民自己选择他（或者她）的房门色彩，他（或者她）就能很快找到自己的房间。

## 儿童

对于设计师而言最令人激动的机会是为孩子们进行用品和环境色彩设计。高纯度色彩、强烈的色调和面积对比运用于这种场合比用于其他任何场合都成功。儿童对色彩和纹理质感的反应比成年人快得多。他们的环境体验往往更多地倾向于本能，他们的色彩感知也更为本能，更接近于行为反应这一层面。

在儿童产品和空间设计中取得成功的设计师常常会从孩子的父母和老师那里寻找线索，还会恳请儿童积极参与设计过程。在儿童空间中使用活跃的色彩可以使儿童精神愉快。对儿童所处的发展阶段进行调查，就可以通过有选择性的色彩应用来增强其生理发育。相反地，如果父母把自己的色彩偏好强加于儿童身上，就会失去机会探究儿童的情绪与色彩之间的联系。

### 色彩的选择

父母、教师和临床医学家常常鼓励儿童以各种各样的方式表达自我。我们已经知道的表达形式有舞蹈、音乐创作、模型制作、牵线木偶、手指画、写故事和科学试验。自我表达的每一种形式都使儿童能够发展其某一个方面的机能和智力。

身体的各种感觉对儿童有极大的影响，例如音乐声、表面的变化引起的触觉，当然还有对光谱色的视觉感知。儿童每次以某种方式参与到这个过程中，都可以起到自我表达的作用。独特的色彩能鼓励儿童创造性的反应。当孩子们每次发现新色彩的时候，都有可能激发儿童丰富的想象力。

### 与年龄相关的问题

大多数儿童早期的色彩反应所遵循的模式都可以预测出来。人们一致认为婴儿在生命的最初几个星期只能区分黑白。这是由于其具有感知明度的能力，而区分色相的能力则非常有限。当婴儿的眼睛经过几个星期的发育之后，他们更容易对明亮的色彩发生反应，我们认为他们最先认识的色彩是——红色。因为新生儿不能辨别形状，色彩是他们最先接触的刺激。并且由于他们天生就是近视眼，所以只有出现在短距离的聚焦范围内的明亮色彩才能被看见。

基于以上原因，对于头18个月的婴儿我们建议做两件事。第一件事为，**定期地在婴儿面前展示强烈的色彩以刺激大脑的活跃**——明亮色彩的玩具、衣服和其他活动的物体。第二件事为，婴儿的个人空间最好使用抚慰的、微妙的色彩组合，例如肉色。否则，婴儿可能会由于持续强烈的色彩感觉经历而体验到感官超载并变得烦恼不堪。简单的背景使得在视觉上呈现出物体的形状更加容易。深度感知和运动敏感性发生在大约4～5个月的时候。其后不久，婴儿就开始感知色相对比，将几种色相的色彩进行组合可以给初学走路的孩子适当的刺激。

到了三四岁，儿童就有了明显的色彩偏好。大多数儿童选择图12.9所示的清晰、明亮的色彩，特别是橙色，通常还有粉红色、紫色或者蓝绿色。儿童选择玩具、衣服和其他物品，色彩通常放在第一位的标准，优先于其他任何特征。

在室内设计中，我们很少使用完全饱和的色彩，除非要作为重点进行突出。但是，**婴儿和幼儿往往偏爱最纯的色调**。对于他们而言，色彩温度变化的表达、强烈和柔和色彩的搭配组合，以及巨大和微妙的色彩对比都会产生积极的影响。居室设计中色彩对儿童具有强烈的感官影响，能够引起他们的情绪共鸣。这也就意味着较大的纯度适合于游戏区域。但是这并不意味着随意的强烈色彩配置就是最好的。而是以多种表达形式精心地进行色彩布置才能令人最满意。大多数有见识的设计师已经停止使用三原色作为经典的儿童色彩组合，因为它们过于强烈可能会吓坏一些儿童——完全饱和的三原色可能是最强烈的色彩组合。取而代之的是由几种中等纯度到高纯度的色彩所达到的平稳的协调，这样才能达到最佳效果。事实上，色彩分析家费尔曼的最新测试表明，当我们让儿童在大范围内进行色彩选择的时候，许多儿童作出了相当复杂的选择。这种结果暗示着以前关于原色和间色组合是最佳组合的设想是由于传统的测试数据只包含了那几种色彩。

通过选择性的色彩抉择，我们可以更主动地运用色彩感觉。按照芭芭拉·阿里亚（Barbara Aria）的设计思路[《托儿所设计——为你的孩子创造一个完美的环境》（Nursery Design：Creating a Perfect Environment for Your Child）]，蒙台梭利学校[由儿童早期教育家玛丽亚·蒙台梭利（Maria Montessori）创办]将色彩训练融入初学走路孩子的日常活动之中。她为孩子们设计了存在色相对比的砖块，例如红色和蓝色；或者非常相似的色相，例如蓝色的阴影。其目的是通过训练使儿童能够认识到色彩的微妙变化，这正如训练儿童认识到钢琴在音乐范围内的音调变化一样。

## 空间的理解

儿童的早期发育主要是与感觉联系在一起的，而不是物质实证。由于深度感知的不足和身体感觉的加强，其色彩反应明显早于形式感觉。婴儿对三维空间的体验是一种心理上的体验。在一定距离内的几条线集中于一点的事实并不意味着房间的深度，直到孩子们所积累的经验告诉他们这一点他们才会知道。相反地，当每一个平面被分解开来并填充上色彩的时候该空间就很明确了。

但是，更大一些的儿童学会了观察形体和深度。形状变成了可以识别的符号，对物质世界的层次感觉得到发展，这是一种学习得来的反应。随着儿童的发育，眼睛聚焦的距离不断增加。随着这种观察能力的增强和后天知识的增加，儿童就可以认出组成三维形体的图案了。例如，一名儿童的经验会告诉他（她），当墙上的线条会聚于一点，说明墙面向远方延伸。此时，环境中的形体和色彩真正结合在了一起，从而使感觉转变成知觉变得更容易了。如果使用某种方法将色彩应用于形体之后，在空间中

**图12.9** 儿童三四岁的时候就逐渐拥有了个人色彩偏好，图中这类清晰的色彩能给儿童以更多的刺激

能够形成正常的投射阴影，物体边界也很清晰，这时的色彩和空间感受就是可信的。而如果刻意歪曲环境中的形体感知，就会使儿童失去眼见为实的机会。在迪斯尼乐园这样的地方可能需要幻觉，因为它可以为孩子们提供娱乐，但是在教育性或者康复性的环境中这种情况则是不受欢迎的。

## 色彩与儿童发育

专家们有时会使用艺术治疗的方法来评估儿童的智力发展水平。例如，孩子与父母的牵手方式可能暗示着父母与孩子的关系。对孩子而言，使用某种特殊的色彩可能象征着他们所不熟悉的事物。类似地，如果鼓励儿童参与环境空间设计，儿童空间就可能成为孩子们艺术地表现自我的一种形式。恳请儿童参与设计，我们就能确定在某个时间和地点哪种色彩在空间里会对孩子们产生非常积极的影响。使用提问与回答的方法或者观察儿童游戏的方法，可能会很容易对此作出判断。儿童最先使用的那种蜡笔的色彩通常是他（她）最喜爱的色彩，正如他（她）从一组塑料杯子里首先选择的色彩一样。如果孩子们争夺某一个色彩的物品，这可能暗示着群体的色彩偏好。

当儿童渐渐长大和成熟起来的时候，他们在情绪上会受到周围图像的影响。来自电影电视和教育机构或者零售商店的人物形象都可能对他们有强烈的影响，并为色彩主旋律的形成提供诱人的资源。例如，以电影《星球大战》为基调设计的房间或者充满体育明星的徽章标记的房间，在某个特定的时间和地点上，可能是理想的儿童休憩空间。遗憾的是，当孩子们发现这种偏好的时候，他（她）都已经长大了，不再适合于这些东西了。确定空间基调的物品如果很容易替换将更有实际意义。具有长期适应性的色彩用于永久性物品的表面将会更加有效，它们会陪着孩子们，见证他们所有的梦想。表现主题色彩的另一种方法是焦点墙面，它可以用来展示个人物品，这些物品用大头针、磁铁或者胶带固定，还可以替换或移动。

在儿童的日间学校里，尽管学生经常改变，但是平均年龄基本不变，色彩更容易与建筑的功能目的结合起来。在图12.10的例子中，设计师在儿童视域范围内的瓷砖上运用了彩色字母作为图案。这些字母被放置在色彩互补的背景上提供了有效的色彩对比与平衡——并且可能还给教师提供了进行色彩讨论的工具。加色也可以用于儿童环境。用来捕捉阳光的彩色聚酯薄膜窗或者有策略地悬挂棱镜都可以在日光移动的时候在房间里产生光谱色彩的变化。带有滤光板的导轨灯令人兴奋不已，特别调整其位置使游戏区域沐浴在阳光中或者表演皮影戏的时候特别刺激。色彩随着阳光变化的特性更增加了白天色彩的变幻，从而使得它成为一种更加具有互动性的解决方案。

### 安东尼奥·托里切

安东尼奥·托里切（Antonio Torrice，美国人）是活跃于20世纪的一名儿童成长顾问和专攻儿童空间设计的环境设计师。他在维拉诺瓦大学（Villanova University）学习了有关儿童早期教育、人类发展和戏剧艺术的知识，在宾夕法尼亚州德国城的雷文希尔学院（Ravenhill Academy in Germantown, Pennsylvania）了解了用于儿童学习的蒙台梭利方法。他在宾夕法尼亚州德文的德威瑞克斯基金会（Devereux Foundation in Devon, Pennsylvania）为情绪受到困扰的居民和州医院智力发展非常迟缓的伤残儿童工作。在这之后托里切还从事过商品推销视觉策划和零售商的商品展示以及设计研究工作。后来他成立了自己的设计机构——“就在朋友中间”（Just Between Friends），主要致力于儿童居住空间和学习环境的设计。作为人类环境奖的获得者，他是美国室内设计协会的专职会员，直至1992年逝世。

**图12.10** 色彩是一种有效的工具，它使用有教育性的方法吸引孩子们注意环境中的东西（设计：弗兰斯博格建筑师事务所）

## 个人空间

安东尼奥·托里切致力于儿童空间心理学和室内设计的专业研究。他反对把成年人的嗜好强加于儿童的个人环境之中，相反，他提议让儿童主动参与设计。正如在他与罗·洛格里波（Ro Logrippo）合著的参考书《我的房间》（In My Room）中所解释的那样，这种方法具有多个优点。当然最明显的优点是给儿童以个人表达的机会，这样可以培养一种积极的自我形象。在建立个人空间中，儿童感情投入越多，这个空间就越会吸引他（或她）去寻找游戏、学习或者娱乐的机会。也应该相信儿童会投入时间和精力去维持属于自己的空间。谁负责那个空间的维护也就不会引起太多的争议，因为一个孩子可以清楚地把自己的空间与家庭内的其余空间区分开来。

为了建立儿童空间的色彩组，必须确定其色彩偏好。这种选择和任何已有的色彩偏好测试所要做的一样多——测试环境与任何具体的房间、物体或者空间都没有关系。它只是向儿童展示一系列的饱和色，并要求从中选出最喜爱的一种。托里切使用六张卡片展示三原色和三间色，对孩子们做多次测试，以确定他们强烈的色相偏好或者喜欢哪些色彩所组成的组合。在另一种场合下，则要求儿童使用这些色彩来给一个他们房间的设计草图上色。该草图完美地体现了设计师和儿童通过测试确定下来的属于该空间的色彩要素。在这个练习中，儿童最先使用他最喜欢的色彩着色的物体是对其最重要的关键要素。

在儿童色彩选择中的后期工作是根据关键色彩收集各种不同明度的涂料样本或者从卡片中选出这些色彩。要求儿童根据草图中相应的着色，从这些色彩样本中将它们选出来。这些色彩可以在纯度或者明度上略微进行降低，因为在大的平面上其色彩会得到增强，只要让儿童认可在空间中的最终色彩是其所选择的色彩就可以了。通常如果客户（通常是儿童的父母）不喜欢最终选定的色彩浓度，就得做出一些调整。在维持空间个性化色调的同时，可以降低高彩度色彩的饱和度，或者把该区域中最强烈色彩的亮度降低。例如，可以在某个墙面上涂上所有墙面中最浓的色彩。或者，我们可以把完全饱和的色彩运用在房间中容易发生变化的要素上，例如被子或者窗帘上。如果不想涂刷固定的木质装饰，也可以用大的边框来装饰，并把具有孩子们最喜好色彩的织物缠绕在框子外边。因为一个孩子对于选定色彩的心理偏好会随着年龄的增大而发生改变，如果房间里永久性表面少用些最强烈的色彩，那么事情就好办了。

### 行为观察

安东尼奥·托里切做过一份关于个体色彩选择的重要观察报告。他观察到儿童并不会以成年人的那种方式得出个人偏好的色彩。儿童倾向于按照需要选择色彩：比较好斗的儿童选择蓝色，更为被动的儿童寻找橙色。他进而注意到说话口吃的儿童偏好绿色，那些没有学习能力的儿童则移往紫色，有些运动技能有限的儿童则选择红色。用试验的方法，他发现当以其偏好色彩的灯光进行照明的时候，孩子们反应很积极。为了确定童年时期的色彩偏好是否与健康状况和身体发育有关，托里切在一个儿科医院建立了一个六种色彩分区的环境。各种各样治疗恢复期或者多种多样残疾的儿童能够在这里选择他们的活动空间。在观察儿童的发育和康复过程中的色彩偏好时，托里切发现特定色彩和儿童成长发育的阶段或者身体功能的康复之间存在关联。他对这种联系的解释如下[《我的房间——儿童空间设计》(In My Room：Designing for and with Children)，第49页]：

- 红色——运动技能。
- 橙色——神经系统和循环系统。
- 黄色——胸腔、心脏和肺（哮喘）。
- 绿色——咽喉和声带（说话技能、语言）。
- 蓝色——眼睛、耳朵和鼻子（视力、听力和嗅觉）。
- 紫色——头和大脑的活动性（关注、混乱）。

无论这些发现是否为成长中的儿童提供了特定的解决方案，在通过使用光谱色为儿童成长和健康建立一个积极的整体环境的过程中，他们的确清楚地向我们展示了这种方法的价值。寻求儿童合作以探究适用的色彩选择这个过程互动性越强，解决方案就越接近儿童的真正需要。当儿童挑选了一种确定的色彩，没有必要把它作为相应的身体功能不发达或者受损的信号。色彩偏好也可能意味着孩子在那个地方成长过程中自然出现的选择或者一种灵感激发出来的决定，作为积极的外部刺激这两种情况都有利用价值。例如，一个正在学习一种新语言的小孩也有可能选择蓝色，只要这种选择支持着他（或她）现在的行为。

## 色彩和形式

形式的组合给儿童环境提供了许多的机会。成长中的儿童寻找任何能够激发全身感受的事物。当出现一个打开的检修口的时候，好动的儿童不是站在后面从远处窥视，而是更喜欢肚子贴着人行道趴下来把脑袋整个伸进洞口里去。与儿童相邻的大尺度图案能够帮助他们确定特定的活动区域。地板上的主要圆形图案可能标志着一个歌唱小组的就座区域。人们常常会将某种重要的色彩和某个熟知的不断出现的物体联系起来，儿童会把这种环境结合到自己想象的游戏之中去。这样的例子包括沿着墙壁浮动的白云、铁红色的砖块、绿色的树，或者黄橙色的太阳。在设计中缺乏游戏要素的时候，在建筑中可以用一种关键的色彩，例如用明亮的粉红色清楚地表明裸露管道或者用偏蓝白色的大型管道系统来模仿天空。在如图12.11所示的公立学校中，设计师运用强烈的明度对比来强调尺度巨大的形式。当儿童穿越这一开敞空间的时候，这些线轴（设计灵感源自当地纺织工业）和地板上的正方形的组合就给孩子们提供了一个全身体验的机会。

运用色彩使儿童和环境之间产生交互作用的另一种方法是帮助儿童在整理东西用色彩来分类。罗·洛格里波，当代的托里切，连续撰写了许多关于儿童空间设计方面的文章，他建议采用色彩译码来分别储存儿童的物件[《我的世界——儿童生活和学习环境的设计》(In My World: Designing Living & Learning Environments for the Young)]。还可以赋予抽屉和拉手不同的色彩。也可以给每一扇橱柜门安上彩色的球形拉手。靠墙的搁架也可以用不同色彩的隔板连成一体。如果储物柜的色彩与里面存放的东西一致，就可以建立一种视觉上的联系。

## 图案

图案通常与儿童空间的设计结合在一起，特别是在卧室和游戏房里面。但是，图案的尺度往往要根据其功能进行变化——或装饰要素，或功能要素，

**图12.11** 为了儿童的健康成长，这里使用了强烈的对比来强调其尺度巨大的图案和形式（设计：弗兰斯博格联合建筑事务所）

或教育设备。前面已经讨论过，两岁的儿童对于小尺度印刷表面的识别有困难。他们会尝试着把图案从墙上抠下来，特别是当其对比强烈的时候，从而形成一种正负效应。这也就意味着大尺度的图案可能更适合于年幼的群体，或者还要包括更多的色彩以软化其边界并造成一点深度感。

色彩作为图案或者设计的手段，它的位置在儿童空间中是非常关键的。年幼的儿童对世界的体验完全是身体方面的体验。为了让儿童与色彩要素联系起来，色彩要素必须在其身高范围之内。否则他就无法体验该要素。如果一个图案醒目的护墙板是在儿童能够触摸得到的位置上，他（或她）将会因为图案的复杂性而心劳神疲。但是，如果它在视域范围之外，也就是说，超过其眼睛的高度，像檐口那样需要歪着脑袋才看得到，儿童就不会考虑将它列入可能触摸的形体之类。通过测量儿童视线的高度并以此确定图案的位置，儿童就可以更完整地欣赏它了。当装饰墙纸或者蜡纸上的花边图案位置合适的时候，就能有效地吸引其视觉注意力。对于一个初学走路的孩子而言，地板之上大约24in（609.6mm）的位置恰巧是与眼睛齐平的位置。

## 结论

从这里所提到的最近进行的一些色彩调查中我们可以得出以下几点重要建议：

- 在涉及儿童个体的色彩设计中，尽可能让儿童完全参与其个人空间色彩的选择过程。
- 除了婴儿之外，高饱和度的色彩在年幼儿童的生活空间中是有益的。
- 当我们为一群孩子进行设计的时候，要注意由年龄不同而造成的色彩偏好的变化，并按照年龄选择色彩细节最适宜的高度位置。
- 确保色彩与形式组合适合于儿童的身高，并且各个区域有清晰的边界。
- 当儿童的兴趣转移到另一个设计主题（这可能在很短的时间内就会发生）的时候，只有当客户的预算容许重新设计的时候，才需要重新考虑设计主题。

我们在色彩讨论中已经注意到，个体需要与年龄、阶段、个性和群体功能息息相关，它们都可能影响色彩的成功配置。正如对于老年居民而言，没有一个标准提到要排除任何一种色彩。但是，通过个体进行色彩选择，可以使每种方案都增加了为个体环境提供更多鼓舞和舒适的可能性。

如果住宅设计要揭示出居住者独一无二的个性特征和色彩偏好，那么公共空间的设计则是其对立面。现在，我们已经讨论了最个人化的空间——居住空间——的色彩设计，让我们再来看看我们工作、成长、健康和游戏空间的色彩设计问题吧。在最后的章节中，我们要探究适合于公共空间、生产区域、教育环境和治疗恢复空间的色彩标准。对于这些设计项目而言，色彩对绝大多数人都有影响。

# 第十三章 公共空间色彩应用

社会中的每一个人都受到各种色彩的影响。其中一些色彩表达起到了视觉暗示的作用：它们引导我们前进或者阻止我们进入，或者诱导我们参加一些活动，例如就餐、购物或者娱乐。还有的色彩仅仅只是唤起我们记忆中熟悉的东西，以帮助我们进行识别和确认。对于公共空间设计者——包括风景设计师、环境设计师、建筑和室内设计师——而言，在空间中色彩的选择受到凌驾于一切之上的功能目标的左右。环境色彩直接与形式联系起来是最为理想的，而这种形式则是由功能来决定的。色彩可以通过自身的直接影响和文化的间接影响，传达出空间的首要和次要功能。此外，色彩选择能够最灵敏地反映出空间使用者的生理和心理健康状况。

在这最后的两章里，我们将讨论公共服务空间的色彩，其重点在第十四章中与我们的健康有关的色彩，特别是在工作场所中的色彩应用问题。而本章所关注的焦点是公共区域的色彩如何影响人们的行为——使人群能够按照我们希望的那样去做，无论是消费、休闲、休息、学习还是祈祷。每一个功能空间自身都有一套成功应用的色彩标准，而零售、医疗和集会空间却都有一个共同点——它们的所有者必须相互竞争以赢得消费者。这个目标和私人空间不同，私人空间关注居民的独特性，而公共空间设计的目标是吸引大多数的人。用户可能来自不同的社会经济背景，他们使用该空间的目的也可以存在着很大的差别。在公共空间设计中，要通过形体光谱色的表达使人们在空间中感觉到某种意图，这一点是不会改变的。

## 零售空间

在零售空间中检验色彩的实际应用效力是最有效的方法之一，因为零售空间的首要功能是促使物品、服务或者这两者的消费。产品都要通过其形象进行销售。每位制造商都需要建立一个对于目标消费者而言既富于灵感又不可抵抗的形象。而空间环境则通过生理反应和心理联想建立起这种形象。空间、尺度、形式和色彩设计都是为表达这种形象服务的，其中色彩产生了最强烈的视觉和情绪影响。

制造商在零售市场上出售的系列产品在消费市场中所定位的目标群体称为目标客户。目标客户要根据多种多样的特征来进行选择，如年龄、社会经济背景、教育水平、运动水平、可支配收入、性别和地区人口统计等，这里只列出了其中几项。一旦确定了目标消费者，就可以运用销售形象的概念了，而这种形象被认为是最具有吸引力并能使目标客户变成消费者的一种形象。对于这些影响因素要进行分门别类的分析，而不是一个个地分别进行分析，这样就能得到一个整体性的结论，但是这种结论在某种程度上并不精确。通常，要对目标人群中的个体进行访谈以确定其色彩偏好。当然，品位有高低，社会和地理位置也会影响人们的偏好，也就是说，即使消费者的抽样调查是可靠的，最终的销量也有可能与预测的相同或不同。这种科学可靠性的缺失，促成了一些销售战略的巨大成功，但是也使得一些产品销售没有取得商业上的成功。

## 考虑顾客的需要

一旦目标客户确定了，目标也就确立了，产品形象也就丰满了。然后就要用物质空间来支持产品形象，检验所用的色彩能否支持希望产生的视觉联想。在确定空间色彩的时候，一般很少考虑流行产品系列的色彩。只有产品色彩的共性才有影响，而不是某种产品色彩的个性特征。产品设计必须经常变化，它们通常都可能落后于时尚潮流。因为产品的生产需要时间，当产品生产出来的时候，潮流的顶峰可能正好已经过去了。另有一些产品只需要根据季节的变化更改其色彩，或者在色彩组合中增加新的内容。只有那些专营商店，例如珠宝商，似乎喜欢年复一年地使用相同的色彩展示其产品。

**零售商人依靠视觉的高度聚焦来吸引顾客和突出产品。**由于店面或者展示区域的色彩是确保顾客注意和促使其靠近的关键，所以它必须能快速地向顾客传达产品图像。来自色彩偏好测试的统计信息可以作为参考。在组合中使用什么色彩要根据商店的地理位置、当前的色彩潮流和社会现状来确定，例如战争的爆发、良好的经济形势或者对环境问题的关注。这里有个相关的案例：如果色彩和材料的设计让顾客看来显得很昂贵，而这时的经济又处于不景气的时候，顾客可能马上就会认为该产品对于他而言太贵了——而不管其实际价格如何。

我们都知道色彩组合在一定程度上能够吸引顾客的注意力。包括较高水平的强烈对比和使用更纯的色彩。零售的关键是不但要使产品设计能够为产品树立适宜的形象、吸引人们的注意力，而且还要保证它能够支持销售时进行的产品展示。这也就意味着要用足够的刺激来鼓舞顾客购买，但又不要过度刺激他们。这就需要对什么心情会刺激目标客户购买有一些认识。色彩选择就成了我们为待售商品建立这种气氛的一种手段。例如，纯度和对比都较低的色彩会吸引盆景购买者的眼球，然而想要购买皮艇的运动员可能对更为浓烈的色彩反应更为积极。图13.1中所示的佩沃·里尔（Pavo Real）的店头使用了独特的风格来树立产品与众不同的形象。这种色彩能够吸引眼球，让顾客感受到其所传递的信息。店头看起来既令人感兴趣，又与内部色彩繁多的服装不相矛盾。

社会经济学的分类对色彩在零售行业中的应用有着最明显的影响。按照统计的说法，低收入人群偏好更为强烈、更为饱和的色彩，而高收入人群则更容易接受非常中性的色彩组合（这一点在第六章“色彩反应”中有更为详细的论述）。我们已经知道明亮的色彩是经典的刺激购买的色彩，它通常最适合于廉价产品或者销售量很大的产品。在休闲购物和产品标价较高的场所，消费者会被更为哑光和复杂微妙的色彩展示所吸引。消费者个性特点的其他方面可能决定他们喜欢暖色超过冷色，或者偏好多种多样的色彩纯度水平。尽管珠宝的色调是一种能够强烈吸引顾客的耀眼的色彩，但是近距离看到大量珠宝的时候可能会感觉过于强烈。把陪衬物处理成更为哑光的色调用于珠宝展示会更有效。

## 商店的色彩

零售店的设计师强调产品需要，而不太看重通过空间进行较大设计理念的表达。此时，空间成为展示产品的背景并用来促进产品的销售。所要展示的产品的数量和尺度越大，所能看见的背景空间就越小。用来悬挂服装的架子、橱柜和杆子都是背景的一部分。这些都不应该吸引人们的注意力，否则就会对产品的展示造成损害。有些人把这个过程比作砌筑建筑的围护结构，同样，空间内部的产品就好比是建筑内部人们的“活动”一样。只要保持店

**图13.1** 该零售店正面朴实的色彩传达着一种适合于特定目标客户的形象（佩沃·里尔零售店；设计：博格麦尔联合建筑师事务所；摄影：©陈露西）

铺色彩的清澈朴素，就能更加明显地增强商店的形象，而不会与产品发生竞争。如图13.2所示的洛克波特（Rockport）商店就是一个很好的例子，它在重点部位使用了冷暖对比。

色彩背景在色彩选择中也有暗示作用。在一个零售街区里，工具店的明亮橙色可以影响相邻鞋店的店面。在这个案例中，在整体色彩上的一种突然变化可以帮助我们把鞋店与其相邻店铺区别开来。但是，在一个大型百货公司有几个不同区域的时候，太多毫无关联的相邻色彩的突然变化则可能会产生非常混乱的感觉。在这里更可取的方法是使用微妙的色彩变化或者互相搭配的色彩慢慢地推动顾客从一个部门到另一个部门，这样它们彼此之间就可以产生视觉上的关联。超级市场的设计师是依靠使用统一、特定的象征性色彩建立起产品的同一性而做到这一点的。商店字号则通过使用有限的几种色彩来表现以保持自身的完整性。

**经验丰富的制造商会在包装上运用色彩来影响顾客的感受**。这种包装袋上散发着令人满意的承诺。在视觉上一个粉红色的方盒使人确信里面的东西是甜美的。冰蓝色的纸杯则保证了它可以消除口渴。只要预先知道顾客的需要，使用色彩象征就可以有效地表达出他们内心的期望。这就是色彩引发顾客在文化方面产生联想的价值，正如我们在第五章“色彩的个性”中所提到的那样。因为不是所有的联想都是可以预测的，在做广告之前我们通常会通过市场调查来测试新产品的包装。费尔曼讲述了一个关于衣服清洁剂外包装的市场调查。参加测试的女士们认为测试所用的清洁剂的黄色包装色彩太强烈了，而蓝色包装色彩又太淡了，有着蓝、黄两种颜色的包装则色彩恰到好处。如果这种清洁剂把这三种包装全用上，那就会非常引人注目（《色彩——神秘的影响》第145页）。

## 产品

多年实践证明了一些特殊色彩倾向的可靠性，正如维尔马·巴伊特（Vilma BaIT）和查尔斯·E.布劳迪（Charles E. Broudy）在《营销设计》（Designing to Sell）中所描述的那样。成年男性的服装在中性色彩的空间里展示一般会获得成功，而明亮得多的色彩则吸引了更多的年轻人。展示女性服饰的墙壁可能是色彩变化最大的，因为这些产品的色彩经常改变。在这里我们所关心的是墙体色彩可能会对它所要展示的服装产生消极的影响。如果彩色色调适合于零售商的企业形象，墙体使用几种色彩可以使零售商在商店里展示更多的产品而不会产生消极的色彩影响。色彩还可以增强销售过程的附加值。例如，在试衣间使用诸如浅橙色这样的暖色可以使镜子里映射出来的皮肤色调更吸引人。

如果一些产品本身的色彩非常丰富，那就意味着要限制其展示空间中环境色彩的数量（参见第三章图3.6所示的服饰配件商店）。这种产品包括家用器皿（例如被单和毛巾）、音乐碟片、书籍和手工艺品。在色彩使用上受到限制的产品，例如器械和鞋子，可以使用与产品形象相适应的色彩形成对比的背景，从而更清楚地突出产品。如图13.3所示的例子里，顶棚上的彩色照明灯和彩色的活动物件在远处就能吸引人们的视线，并使人联想到水族馆的场景。一旦置身于该商店，以白色展示架为背景的各种玩具和服装马上就以其强烈的色彩吸引了人们的注意力。该展示空间只有最后面的墙涂上了颜色，它可以吸引顾客一直向产品销售区走过去。

美术作品最好是用中性或者低饱和度并具有中等明度的表面来展示，除非艺术家要求背景使用与作品互补的色彩。在美术作品的展示中，白色并不一定是最佳的背景色。作为一种极端明亮的色彩，它并不能作为中性色来陪衬彩色图画。白色背景和画布上主导色彩的对比会分散人们的注意力，使该幅作品中微妙的色彩变化变得不那么明显。如果这幅作品整体是暗色调的，那么看起来就会像是墙上的一个洞；由于眼睛要不断调整以适应墙面明亮的白色，也就注意不到那些较暗的色彩之间的细微变化。在不适于采用白色的情况下，可以考虑使用浅到中等明度的灰色来做背景；在风景画展中，使用橄榄绿作为其背景色彩逐渐流行起来。

**图13.2** 作为背景的明亮的中性色调，结合天然材料的本色，为这些精美的皮革产品创造了一个美观的展示空间［洛克波特商店；设计：博格麦尔联合建筑师事务所；摄影：©赖春燕（Chun Y. Lai），2003年］

**图13.3** 该水族馆礼品店通过色彩向人们传达了强烈的视觉形象，它向人们保证，其产品会非常有趣［田纳西州水族馆商店（The Tennessee Aquarium Shop）；设计：博格麦尔联合建筑师事务所；摄影：理查德·T.布赖恩特（Richard.T. Bryant）］

### 季节性的色彩

许多零售商店依靠季节变化来预测销售量能否增加。对于这些环境的设计，设计师可能想要创造一个系统使季节色可以“随时降临”。在这种情况下，需要追加装饰以确保该空间看起来完全处于当季的状态。在图13.4中，该博物馆商店一面巨大的墙上绘制着当时正在展出的某幅展品的图像。该幅彩色图像增强了该展览的情调和风格，告诉消费者那里可能会展现什么样的产品。该商店其余部分的色彩则保持其原来的样子不变——只有这面“季节性墙面”改变了色彩。

## 服务空间

有些场所为来宾提供暂时的休闲、娱乐或者社交服务，色彩在某些空间中是一种非常有用的工具。为了便于讨论，我们把这些空间统称为服务空间，并特别包括了旅店和餐饮空间。与零售店相似，提供服务的人会尽一切努力通过有效的形象来吸引特定的顾客。这也就意味着，通过数据测试所获得的有关色彩联想或者色彩偏好分析的知识，对于其中有些项目会派上用场。在另外一些场合下，例如历史性恢复工程或者国际工程，考虑文化、建筑或历

**图13.4** 礼品店右侧入口的墙被指定用作形象展示，墙面会经常变化以适应所陈列商品的变化［美术博物馆波士顿店(Museum of Fine Arts, Boston Shop)；设计：博格麦尔联合建筑师事务所；摄影：沃伦·贾格尔摄影公司(Warren Jagger Photography, Inc.)］

史文脉可能会更有意义。有时色彩表达与功能在概念上的联系才是设计的核心，例如会议中心、博物馆或者图书馆的功能。能够表达那些功能的主要色彩才能使人产生恰当的视觉联想。

在服务空间中，其形象是在前门确立的，以此向顾客承诺将会满足他们特定的期望。这种设计承诺提供的服务根据空间使用功能的不同而有各种形式，比如美食、娱乐或者休闲等等。通常这些功能区域都会组合在一座建筑内，在这种情况下，色彩成为用于体现各区域之间差别的主要工具。安静的阅读区域通常与服务台或者夜总会有着完全不同的色彩。在一些服务空间中，公共接待区域还结合了其他功能，例如旅馆大厅里的酒吧或者车站大厅内的餐厅。在这些场合中，当半私密空间和公共空间相互能够看见的时候，色彩对比就成为将它们区分开来的有效方法。

## 餐饮空间

餐饮设施的色彩标准涵盖了各种功能空间。餐馆是最主要的功能空间，还有自助餐厅、咖啡馆、快餐厅；舞厅、酒吧和鸡尾酒会；夜总会和迪斯科舞厅。尽管这些空间的功能存在着很大的差异，但是所使用的色彩标准还是相当一致的。其解决方案主要要注意三个问题：树立形象、支持功能以及色彩与所提供的食物饮料之间的关联。

### 形象

如果说零售商品形象表达了销售商出售商品的期望，那么餐饮形象就是出售形象本身。无论我们在哪儿喝一瓶百威啤酒（Budweiser）或者一杯奥比康庄园红葡萄酒（Chateau Haut-Brion），其味道都是一样的。我们从餐饮经营者那里购买的是一种权利——参与创造餐饮形象的权利，即使这种权利只是暂时的。出于这种考虑，色彩大有可为。它与形态组合在一起传达了一种暂时脱离日常生活的积极形象。这样做的时候，它就触及了目标客户的需要，使他（或她）在享受服务的过程中感到舒适、刺激或者放松。

和零售商一样，餐馆老板也有其确定的目标客户，通过建立整体形象，以促进饮食产品的销售。与零售空间不同的是，在这种空间里的色彩受到了更多的约束。产品可能会随季节而变化，但是表现餐馆形象的色彩设计思路是不变的，如何用色几乎完全由具体的环境来决定。餐布、花卉或者其他装饰要素可能要用强烈的色彩，但是这些色彩通常都是按照永久性房间色彩的理论来进行选择的。人是活动的，空间形象就要与其保持一定的互动。让我们来看看如图13.5所示的半径餐厅。一种饱和的红色出现在室内和室外的关键位置，但是由于其补色以灰绿色的形式存在，因而其效果是和谐的。形体，特别是那些沿圆弧的形体，由于使用了实体色彩(没有图案的色彩)和沿圆弧使用了强烈的明度对比，所以很容易识别。形成一种朴素的优雅效果，与餐厅复杂精妙的烹饪风格相协调。

### 照明

由于食品服务设施通常强调“看”和“被看”，所以照明在其中起着重要的作用。如果灯具的整体色彩温度是暖色的，它就会美化我们的皮肤色调，因为大多数皮肤的色彩都有些偏黄或者偏红（粉红色）的底色。这种加强尽管细微却非常有效。另外一些更加热烈的场合下我们可能会用彩色透明滤光板制造暖色，如果这种方法用于餐饮空间，可能会因为过于强调色彩而对食物的视觉吸引力产生消极的影响。我们知道白炽灯通常成为关键位置的首选，这是因为它对皮肤色调和食物都有积极的影响。在缺乏白炽灯的就餐空间，灯的色彩可能要被限定在高CRI的水平以增强皮肤的色调和食品的外观。

微弱的光线更适合于非常私密的环境。但是，即使是在私人就餐区域，仍然需要足够的光线来看清菜单并能够彼此进行视线的交流。在服务区，光线的水平一般都要高于就餐区。因为我们依靠对食物的视觉印象来确定其味道，所以我们需要用眼睛看清楚食物的色彩，特别是在购买的地方尤其如此。

**图13.5** 这间优雅的餐厅设计使用了补色协调和强烈的明度、纯度对比以确立其形象［半径餐厅（Radius）；设计：博格麦尔联合建筑师事务所；摄影：理查德·曼德尔科恩］

## 功能

在功能方面，色彩常用来影响顾客预期的停留时间，区分不同的噪声水平，以及保持员工区域和顾客区域的差别。一些饭店鼓励休闲式的就餐方式，而另一些则有赖于高频率的顾客周转次数。**色彩对停留时间长短的控制在于对比的应用，特别是明度对比：对比度越高，平均逗留时间越短。**当顾客处于微妙的色彩配置之中的时候，其柔和的对比使眼睛放松并容许长时间的注视。相比较而言，具有生动的明度变化的更为惹眼的色彩配置将更容易吸引就餐者的注意力，但是在短时间之后就会使其失去兴趣。因为明度对比水平越高对视觉的冲击越猛烈并很快让人产生厌倦的情绪，高明度对比在色彩配置中的运用会鼓励顾客离开，类似于略微有些不舒服的坐椅所产生的效果。其他色彩对比对这种环境也有不同程度的影响。一种强烈的色相或者纯度对比与明度对比结合起来能使物体产生向前运动的感觉，而使用图案或者中等明度的色彩将使该空间更为舒适，适合于长期停留。如图13.6所示的例子中显示的是城市商业区中一个供应快餐的咖啡馆。这种咖啡馆的商业成功就在于客户数量的多少，所以使用强烈的色彩对比很合适。其热闹的色彩形体组合令人们很愉快，部分的原因是其采用了光谱平衡(成对平衡)。

### 声学

当人们对环境作出反应的时候，环境刺激对噪声水平有影响。环境空间的刺激等级越高，顾客所发出的声音也越大。这种刺激可以来自音响的增加(例如音乐设施)、通过回声（使用了坚硬的表面材料)，或者通过添加强烈的色彩。色彩可以引起下意识的内脏反应。据我们所知，色彩刺激是由增加对比的数量、增加色彩的纯度水平，或者导致不平衡协调的色相组合所引起的。色彩选择的差异性可以反映出下面两种空间的区别：安静的就餐和阅读空间，视觉效果强烈的爱斯普利索咖啡店或者钢琴酒吧。**这里有个简单的规则：色彩造成的刺激越大，人们的反应就会表现为更高的噪声水平**（见图13.7）。

### 空间的差别

色彩有时也用于区分就餐区域和服务区域。食品制作间墙面的色彩通常保持明亮和中性，并且其光线水平比就餐区要高。穿过厨房门时色彩的快速转变可以提醒服务员他（或她）已经远离了公众的视线。很显然，这种色彩转变成功与否取决于门的位置，因为视觉从餐桌的柔和色彩突然转变成明亮的白色厨房令人非常不安。如果一个餐馆很大，就要用关键色彩来指明路线。例如，你可以沿着蓝色的棋盘格子的瓷砖到达“蓝宫”(Blue Room)。其余的房间可以安排在珊瑚色的墙面之后。有时一个具有私人性质的房间可以采用与主体空间的审美意趣完全不同的色彩，这样可以显示个体的特性。通常，休息区与主要就餐区也有一些不同。在自助餐厅，备餐室和实际就餐空间通常使用不同的表面材料以适应更大的交通流量和更为频繁的清洁。如图13.8所示的一个自助餐厅空间，是一个大型公司办公楼的焦点区域。在这里色彩设计的目的是将人们从工作的紧张中解放出来，同时强化公司积极的专业形象以激励其雇员。

## 食物

食品服务区域的色彩可以通过象征性的联想来支持其消费（参见第五章“色彩的个性”）。色彩可以使我们更容易联想起食物本身的色彩，例如黄色让人想起玉米或者淡棕色的面包。略带橙色的红色使人想起西红柿，而偏紫的红色则意味着葡萄酒。棕色总是衍生出咖啡和浓咖啡的联想。这里提出的看法是与某种食物相一致的色彩能够增强人们对其的渴望。其他一些积极的联想与色彩的历史背景有关。绿色一直是健康意识的首选色彩，因此可以进一步提升健康的形象。棕色意味着与自然食物的联系，例如所有的谷类食物。红色总是与用于意大利面食和比萨饼的浓烈酱汁联系在一起，从而增强了意大利南部烹调风格的韵味。

**图13.6** 在并置形式的相交边缘使用明度对比与色相对比暗示着较高的顾客流通率。请将本图与图13.8所示的午间餐馆进行比较［布里亚克咖啡馆（Caffe Briacco）；设计：博格麦尔联合建筑师事务所；摄影：©陈露西）

## 食欲

色彩不但能够引起人们象征性的心理联想，还可以从在两个层面上影响食物——就餐者当时的食欲和食物的外观。近年来，人们对特定色彩和增加食欲之间的相关性进行了观察，他们发现食欲是与饥饿本身截然不同的一种状态。令人不快的声音、不干净的感觉，或者光线不足都会使人们减少对食物的食欲。所以色彩可以增强或者降低人们的食欲。一个室内设计师在银行大楼自助餐厅墙面的重新着色中，用新色彩替代了昂贵的革新色彩之后也发现了这一点。顾客们并没有意识到真正改变的是什么，只是在其色彩发生变化之后津津乐道于食物的味道变好。

莫顿·瓦尔克博士告诉我们，**有红色存在的地方食物会显得更加芳香，人们也会吃得更多。**卡尔顿·瓦格纳在同一时期也发现了这一特点。并且他还注意到人们不仅吃得更多、吃的时间也更长，而且他们在红色的影响下还愿意为食物付更多的钱（《关于色彩反应的报告》第7页）。其他能够增强人

**图13.7** 这间爵士乐酒吧运用活泼的色彩和明度对比强烈的色彩创造了一种强烈、富于刺激性的景象，适度地暗示出该空间更具互动感和运动感。请将本图与图13.8所示的公司底层午餐空间进行比较［布鲁克林爵士乐酒吧；设计：博格麦尔联合建筑师事务所；摄影：©赖春燕，2003年）

们食欲的色彩还有红橙色和橙色，正如图13.9的图表中所提到的那样。能够降低或者减少饥饿感的色调包括黄绿色、黄色、橙黄色、紫色和紫红色。以蓝色和绿色作为环境色，它们与食欲似乎有一点点联觉（请注意，当蓝色出现在食物上的时候被认为是一种肯定对食欲有抑制作用的色彩。在这里我们讨论的是房间的色彩而不是食物的色彩）。**饱和一些的色彩比中性色彩往往更容易使顾客吃得更饱，因为它们更具有刺激性。**黑色和灰色，特别是偏冷的灰色被认为会抑制进餐。它们会给人情绪冷漠的感觉，反之心理上的温暖会刺激食欲。这并不是说所有的就餐空间都应该由红色或者红橙色来主导。相反地，许多就餐活动的目的根本就不在于要增加进食食物的数量。一些餐馆对就餐中体验到的气氛和质量的关注超过了对食品消费数量的关注。显然，就餐目标的确立将对色彩的选择会有一些影响。

## 食物外观

食物的色彩对于就餐者的食欲有极大的影响。食品测试机构的专业人员对此都知道得很清楚，他

**图13.8** 将本图所示就餐设施与图13.5所示的更为正式的就餐空间和图13.7所示的更为活跃的休息空间进行比较，它们都是出自同一个设计小组之手［宇德公司（Intex）设计方案；设计：博格麦尔联合建筑师事务所；摄影：©陈露西］

们会仔细控制照射在受测食物上的照明色彩，所以只有食物的味道会影响最后的检测结果。他们要遵照电灯的使用说明，要调整光线的数量，在食物测试的周围区域采用中性色彩以消除任何色彩的影响，这样才能得到正确的测试结果。理想的灯光，包括反射光线和阴影投射，是不能对食物色彩有分毫减少的。一般而言，暖色的灯光是首选，因为冷色的灯光在给红色的肉和蔬菜着色时会使其呈现出灰色而显得毫无吸引力。为了增强食物的色泽，展示区和服务区有时需要调整其色彩。图13.10所示为通过空间设计以增强食物外观的例子。

在食物展示中，补色对比和同时对比都是有帮助的。一个略带粉红色的盘子将会比蓝色的盘子使生菜显得更绿。白色的上菜器皿会增强深色食物的色彩，例如李子或者葡萄干；而深色的碟子可以强调较浅的色彩，例如果汁牛奶冻。白色是许多加工后食物的色彩，例如面包、米饭、意大利面食，以及海产品。这些食物在较强烈的色彩衬托下其色彩会得到增强，而只用白色的瓷器盛放的时候则会显得很单调。因为大多数人不喜欢蓝色的食物，所以这时碟子的色彩通常都会采用白色或者强烈的色调，因为这样会与其形成对比。

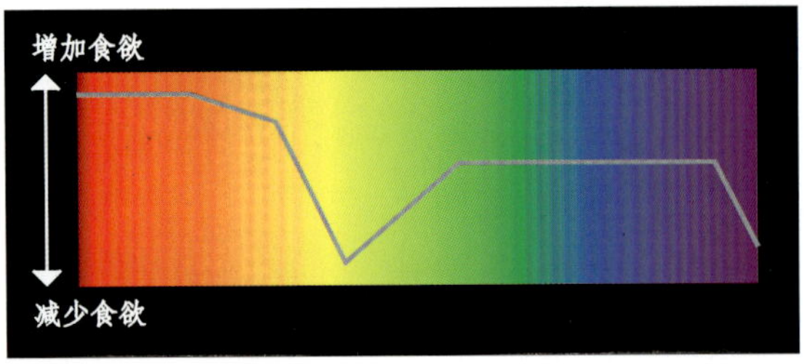


**图13.9** 根据具体使用的增强食欲色彩的变化，相应的设计建议也不同，但是一般而言，色调是按照这些关系范围来影响食欲的

## 旅馆

旅馆是与居住有关的商业建筑。因此，我们总想给人们宾至如归的感觉。然而问题在于，它们究竟该仿效谁的住宅模式呢？每位旅馆经营者都试图为客人提供一个舒适的庇护所，使他能够一再光顾，选择这间熟悉的旅馆而不理睬其他竞争者的旅馆。其挑战在于如何确定该空间的基调，使得它最令人感到亲近和富有魅力，以至于每一个客人都只选这一间旅馆。选择这家旅馆的人越多，也就是常说的“入住率”越高，旅馆就越成功。

旅馆的位置通常成为影响色彩选择的一个方面，除非该旅馆是连锁店，连锁店都由其连锁形象来主导其色彩。精品旅店一般都拥有不会令顾客失望的乡土色彩。如果能够利用室外美丽的风景，可以通过与当地自然或者建筑美景建立视觉上的联系来表现这种乡土特色。在这种情况下，色彩被用于支持外部景观。我们还可以把地方文化特有的色彩融入到设计之中去，积极地反映其地方特色。自然奇观周边的宾馆通常都融合了自然的色彩，而大量使用华丽的暗色调（特别是黑色）的宾馆很可能与纽约这类大都市的文化联系在一起。

**图13.10** 在该自助餐馆，色彩还原良好的照明突出了食物本身的色彩［马尔什餐馆（Marché）；室内设计：蒙丘尔联合设计事务所（Moncur Design Associates）；建筑设计：博格麦尔联合建筑师事务所；摄影：©陈露西］

## 形象

旅馆用色的目标之一是，即使其功能多种多样，也要形成建筑内部整体协调一致的强烈感觉。其空间包括休息空间、社交空间、就餐空间、商务会谈或学术会议空间、表演空间、娱乐和休闲空间。贯穿整个设施的色彩要能够容纳这一系列的功能要求，同时还要强化一个整体印象让顾客记住它，旅馆经营者希望这种熟悉的整体印象能让他们再次光顾。

旅馆的设计师通过这种“熟悉”传达出一种安全的信号。当然，对于每一个顾客而言，熟悉的内容是不同的。强调个人价值的美国客人，如果看重传统和家庭，那么能够体现美国传统文化的色彩会让他们感觉很自在。如果旅馆不按等级分类使用色彩，社会经济上处于弱势地位的客人可能感觉会更自在一些。欧洲客人可能更偏爱绿色、棕色和米色。一个追逐时尚的人可能会寻找具有独特色彩组合的当代精品旅店。于是**形象分析成为包含这些内容的分析过程：明确目标客户和旅馆在他们心里的地位。**如果组合中所有的色彩都是为了表达一种观念，关键就在于弄明白自己到底要传达什么样的观念。图13.11展示了一座位于某个小城中历史性建筑区域的旅馆所具有的非常鲜明的独特风格。在这座旅馆中感觉就像回家的客人，这与喜爱图13.12那种现代旅馆大胆、清晰的人，他们所认可的形象显然大不相同（图13.12所示的旅馆位于国际大都市迪拜）。该现代旅馆的内外结构表达了一种与航海有关的形体。由于其地处温暖气候带，所以冷色和饱和色深受顾客欢迎。

**图13.11** 该旅馆的形象反映着古代世界的典雅，历史文脉以及对于细部的关注

由于旅馆可能是非常复杂的空间，通常色彩可以突出空间中的关键要素。不像本书介绍的色彩在其他群体中的用法那样，旅馆中的色彩很少用于区分公共空间和私人空间。整个设施都是为客人准备的。因此空间的层次更多的是处理方位的问题而不是分隔空间的问题。

关于客房的色彩，一些旅馆认为，频繁往返的客人会对所有房间看起来一样的外观感到厌倦。在这种情况下，房间的色彩设计应该允许对家具、亚麻制品和其他附件的色彩进行更换，这样各个房间就可以形成不同的色彩形象。与过去相比，现代旅馆客房的活动中心已经发生了变化，这就使得色彩或者图案的布置也随之不断发生变化。例如，经过这些年的变化，书桌已经从一张小写字台变成了一个多功能电子工作台，配备了大量插头供笔记本电脑和打印机等设备使用，并提供连接高速英特网的接口。木质框架的坐椅已经被符合人体工程学的座椅所替代。现代社会人们强调安全防护，所以旅馆中的床铺成为关注的焦点，包括使用更大型的床头板和更多装饰的被褥。随着时代的变迁，潮流变得转向色彩的更为简朴和其他方面的日益奢华。当我们优先考虑的问题发生变化，也会影响我们的色彩选择、色彩布置以及图案的使用、不使用抑或过度使用。

图13.12　该图是由主要大厅仰视室内中庭的上部所见的景观，它通过在阳台底板上运用强烈的色彩来反映建筑的形体［摄影：罗伯特·波利多里（Robert Polidori）］

## 实践中的问题

旅馆设计给设计师提出了一些与色彩选择有关的独特的挑战。一方面，该空间要努力提供一种居住的感觉；另一方面，在某些高度商业化的空间里它们却被滥用。此外，旅馆设计要在相当狭小的空间内容纳太多的功能。设计中应该能够有效地协调各种色彩，并保证旅馆能够长久地保持成功，而上述几个方面的综合作用使设计变得特别富于挑战性。尽管这样，这里还是为旅馆设计师们提出的一些建议，以保证在设计此类空间时取得成功。

- 旅馆中主要空间的**地面**是交通最频繁的地方。大量的人流一天24小时使用着该区域。使用带图案的地板和运用中等明度的色彩会使这些空间更易于管理和维护。
- 大型旅馆要处理好客房部的**长廊**。聪明方法就是将其墙体分解成相同的小段，或者在末端使用强烈的色调提高其视觉审美效果。正如在大型餐饮设施中一样，我们可以用色彩帮助人们认路。例如精心选择图案，引导客人进入舞池，以及改变电梯休息厅的色彩以区分楼层。
- 旅馆需要**频繁地进行维修**——平均每6年一次。但是，当进行维修的时候旅馆不能关闭，这样会给客人在该地区另找一家旅馆的机会。这也就意味着维修工作需要依次进行，一个时间只能在一个区域内进行维修，而且各个区域维修的间隔时间要尽可能地短。时间长了旅馆的**形象必然会发生转变**，变化后的色彩必须能够把新旧图像有机的联系起来，避免突兀的变化。转变也反映了功能变化的需要。例如，由于更多的商业女性出门旅行，为了使她们感觉更安全，照明水平普遍得到了提高，并且已经开始采用明亮的表面色彩。
- **工业制造技术**的变化也会影响旅馆的色彩选择。溶液染色的纤维由于其耐久性好而成为织物和地毯的首选材料。过去在很多情况下，要想使用具有传统色彩的这些材料进行设计是不可能的，所以在色彩选择方面受到了一些限制。近年来，随着色彩丰富且不褪色的新型合成纤维的出现，生产制造也从库存生产转向了即时生产，这种限制已经大大减少了。

与其他任何类型的空间设计相比较，服务空间设计中照明在整体组合中起着更为灵动的作用。首先，光线水平的变化是非常令人愉快的，它可以产生更为复杂的阴影。在大多数社交场合中，适当地照亮人们的脸是相当重要的。这也就意味着调整灯光的位置，使每个人看起来都处于最精神的状态。光线集中投射会在人们脸上造成阴影，例如光线直接从头顶上照射，这样会对空间设计的成功造成负面影响，无论其他色彩或形状如何成功都无济于事。

旅馆中的多数房间的使用功能在24小时内会发生各种变化。同一个房间可以用于家庭早餐、商务午餐、集体会议以及教育性演讲。为了满足这些要求，可以轮换着使用几种光源，可能还包括日光。这也就意味着每一套房间的色彩会处于多种多样的照明条件下，并被各种各样的用户所使用，这无疑增加了色彩选择的挑战性。

## 集会空间

大空间中运用色彩的时候要给予特别的考虑。这种空间包括集会空间，例如影剧院、交通枢纽和很多人为某个目的聚集在一起的任何其他功能区域。居住空间和小型商业空间常用色彩把大型平面分隔成适合于个人尺度的小型单元，而集会空间不同，色彩在公众的眼前呈现出宏大的规模。一些政府建筑外装饰通常因相同的中性的用色而进一步强化了那种规模宏大的意义非凡的感觉。其他情况下，色彩用来建立人们之间的相互联系。在大尺度的空间里，当人们试图确定自己在空间中的位置时，色彩的功能就发生了改变。可以通过设计使房间的边界非常明显，减少色彩的数量使空间更加简单，这样就可以帮助人们在空间中定位。关于大型集会空间我们提出下列建议：

- 改变中心区域的色彩可以轻易地提供**方向感**。

如图13.13所示，将讲演厅前部与两侧区别开来，或者将舞台与管弦乐队的演奏空间区分开来。

- 使用大面积的纯色以**减少由标志、门口、窗口、顶棚的图案和其他小尺度的要素所引起的视觉混乱**。当这些平面变得更加易于识别，该空间的体量就变得更加清楚了。
- 如图13.14所示，可以考虑将色彩对比非常协调地布置在各个建筑要素上，以此来**分解超大空间的主要构成要素**，而不必使用整体形态简单化这种折中的方法来达到这一效果。
- 使用能够被周边视觉看见的色彩来**暗示参观者**。这意味着座位与周边物体表面之间的对比以及栏杆扶手与阳台本身之间的对比。两者在如图13.13所示的演奏厅里都可以找到明显的例子。

## 宗教空间

在宗教机构中色彩通常用作一种表达工具。正如在集会空间里一样，这种做法也是象征性的，它以微妙的方式表现了宗教的哲学观。在某些宗教信仰里，白色是一种象征着纯洁的标志。在一些基督教的传统中，紫色是神职人员专用的色彩。在伊斯兰的宗教里，绿色是非常尊贵的色彩。通常，色彩被宗教空间所选择是由于它们能为宗教集会创造亲近感和舒适感。从哲学层面看，色彩为集会空间设置了一种基调。一些最华美的彩色玻璃窗组合出现在教堂中，它是为神灵感应服务的。在其他设施中，选择的色彩更加昏暗，反映了一种沉思冥想的环境。在宗教集会空间，色彩对比选择性的布置可以引起人们对关键功能或者符号的关注。

尽管有些宗教在环境中紧紧抓住传统色彩不放，其他的宗教却已经采取更加现代的方法进行色彩设计了。哈罗德·林顿在他的著作《建筑色彩》(Color in Architecture，第175页）中与大家分享了他的经历：如何为密歇根州西布卢姆菲尔德(West Bloomfield, Michigan）的以色列教堂的传教中心和霍达里儿童图书馆（the Hodari Children's Library）设计了色彩绚烂的三维六芒星形。这种方法既传达了宗教传统又考虑到了机构的未来，教堂的图书馆中使用了几种高科技产品。圣母堂附近的出版社进行改造的时候，色彩的选择成为宗教学家和设计师重点关注的问题。宗教是以思想为基础的信仰，教徒依靠沉思和书面表达来坚定自己的信念。对于他们而言，神灵工作的地方需要次序、美丽和优雅，而不是平实的教堂形象。建筑设计小组尽力完善阅读空间和工作空间的设计，最终的设计是独一无二和令人鼓舞的（见图13.15）。

## 教育设施

某些为公共用途而设计的项目由于受到严格限制而更具挑战性，在这种情况下作出创造性的设计方案几乎是不可能的。资金来源和成本预算的限制使得我们不能创造性进行空间设计。尽管如此，几个设计团队还是发现了通过色彩和形式组合的新方法来增强空间。在某些类型的空间设计中，通过创造性的色彩应用可以让空间不断焕发出新的生命力，教育空间就是其中之一。来自教育者的经验告诉我们，只要合理运用色彩，丰富的色彩可以促进信息的接收和其他思维活动。在前面讨论其他问题的时候，我们已经看过几个关于色彩在教育环境中应用的例子，它们要么传达了某种信息，要么方便了使用。让我们再次回顾这些例子。

- 色彩和图案可以给复杂的教育设施提供内外的一致性（见图7.5和图7.6），或者提炼教育建筑的形体，使其与相邻背景保持恰当的比例（见图3.12和图4.4）。
- 色彩可以通过以下方式来强化公共空间以刺激学生：增加趣味性、改善比例和提供空间功能的微妙暗示（见图7.7、图7.15、图7.16、图8.9、图8.15、图8.23和图9.13～图9.17）。
- 色彩的特征帮助我们确定在空间中的恰当行为（见图13.9）或者在空间中给学生以引导（见图3.10和图3.11）。
- 色彩与空间相融合的方式使其成为一种教育工具（尽管在图12.1和图12.11中我们已经举例予以

**图13.13** 该集会空间的焦点区域是非常明显的。明度对比为观众提示了主要平面的位置，纯度对比则为座位提供了清晰的边缘。这就使得即使在表演期间光线水平减弱的情况下，观众仍然能够找到自己的方位［设计：米勒·戴尔·斯皮尔斯（Miller Dyer Spears）；摄影：格雷格·普雷鲁］

**图13.14** 在该音乐室里，明度对比向人们清楚地展现了地板和墙面的形体变化，这样可以避免使用者横穿房间的时候摔倒。对于这个年龄段的儿童，整体色彩是设计的关键——比用于更小儿童的色彩更为柔和一些（设计：弗兰斯博格联合建筑事务所；摄影：格雷格·普雷鲁）

说明，但是在这一部分我们还要进一步对此进行讨论）。

既然在教育设施中最常见的空间是教室，那么就让我们来看看怎样用色彩布置来帮助这些学生（见图13.16）。我们假定学生在课堂上的大部分时间都在面对说话者或者视频展示。那么在这段时间里，眼睛会进行调节以适应前面墙壁的色彩。一段时间之后，这个大面积的色彩就会对人眼造成压迫。如果其色彩非常明亮，瞳孔就会由于长时间收缩而需要一些较暗的色彩使其放松。如果其色彩很暗，就需要瞳孔扩大来进行调剂。为了使人们的眼睛能够从某种色彩中解放出来，需要一种相反的色彩使视锥得到休息，这样就可以缓解眼睛的压力了。学生们需要改变他们的视点给眼睛以休息的机会。闭上眼睛一段时间可以让疲劳的视锥细胞得到休息，但是在侧面墙壁上布置一种不同的色彩（或者明度不同），学生就可以向旁边看一眼而获得更为有效的快速调剂。当其再次注视前方的时候，他的眼睛由于经过短暂的休息而可以更好地聚焦。改变墙面的色彩还有一个好处，在第一次使用的时候它可以让你轻易地察觉其尺寸和形状。

## 幼童使用的设施

我们可以预见到儿童随着成长而发生的色彩偏好。当我们对适宜于儿童使用的运动设施所用的主要色彩进行评价的时候，应该考虑到色彩偏好测试得出的与大多数儿童情况相吻合的结论。但是切记，这些偏好会随着地理位置的不同而改变，特别是在不同的国家之间。儿童色彩偏好中保持不变的就是总体的倾向性，比如那些学前班的儿童都比较偏爱高纯度的色彩。随着儿童年龄的增长，学习的过程变得更加复杂，思维要求更加集中。为了使他们更加专心，不那么强烈的色彩（例如，纯度降低的色彩）变得更加合适。如果使用的现有教育中心儿童年龄的平均值发生了改变，重新着色是改善环境适应新学生而又花钱最少的方法（参考第六章“色彩反应”中关于年龄群体的色彩偏好的论述）。大多数色彩学家相信，不到5岁的儿童靠色彩区别进行记忆比依靠形式进行记忆要频繁得多。这也就意味着他们不具备理解建筑形式的复杂经验，只能理解色彩传达出来的形式信息。在这一阶段他们可能已经发展出强烈的色相偏好，任何高纯度的色彩都比柔和的色调更受欢迎。一般而言，幼童对色相强烈的色彩的偏好大于柔和色彩的原因在于他们的内心是倾向于性格外向的，因而寻求体验所有层面上的色彩交互作用。基于这种认识，儿童护理中心往往倾向于使用完全饱和状态的三原色或者三原色与三间色，有时还拒绝使用其他色彩。当代许多教育家和设计师警告说这种解决方案已经被滥用。例如，阿尼

**图13.15** 该阅览室和工作空间的色彩是根据宗教组织的特点进行设计的，这里没有依赖传统的宗教形象对其进行表述（设计：ADD有限公司；摄影：©陈露西）

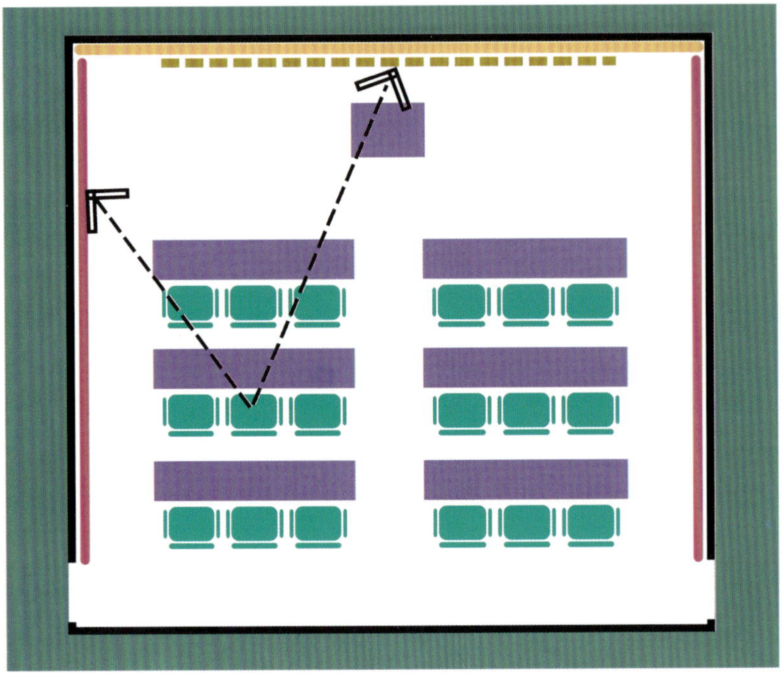

**图13.16** 增强教室功能的最直接的色彩方案是改变正面墙体的色彩

塔·鲁伊·奥尔兹（Anita Rui Olds）在儿童护理设施设计的书中就指出，当儿童处于在视觉上过于强烈的色彩之中的时候，他们很难集中注意力[《儿童护理设计指导》（Child Care Design Guide），第228页]。尽管他们偏好具有刺激性的对比色调，但是持续暴露在诸如三原色这样的强烈对比之中可能会使孩子筋疲力尽。暴露在过多的色彩之中可能导致过度活跃和疲惫不堪。当儿童接近其感觉极限的时候，其感官可能发生关闭——与教育目的相悖的反应。奥尔兹建议，设计中可以使用色相对比和完全饱和的色彩对比，但是必须以一种适当的刺激水平与教育设施结合起来。

### 适当的刺激

儿童玩具上出现明亮的色彩，可以有效地抓住孩子们的注意力，但是把它作为一个教育中心的墙面和家具色彩的时候就得不到这种效果了。在私人住所中，儿童房或者游戏区通常采用强烈的色彩。但是当我们把这种强烈的色彩用在教育设施中的时候情况就不同了，因为要同时满足多个孩子不同的色彩偏好。将个别儿童喜欢的色彩大面积地应用于儿童的集体空间会令孩子们感到紧张。奥尔兹建议在儿童护理设施中要减少冷暖色彩的完全饱和程度以求得平衡。为了适应儿童集体的需要，既让他们能够看见全光谱的所有色彩而又不产生过分的刺激，推荐使用平衡性的色彩协调。因为三原色协调是最强烈的色彩平衡组合，所以不推荐使用完全饱和状态下的这种色彩组合。三原色和三间色所组成的六色组合在完全饱和状态下几乎是带有强迫性的。可供选择的是六种三次色组成的六色组合或者同一种色相的四色组合，这样各种色相就能够得到平衡，也更易于控制色彩强度。

此外，降低了纯度的色彩还有另外一个作用，它能够给强烈色彩以合理的调剂。在第四章图4.16所示的例子中，六色组合与白色、灰色和黑色结合在一起，在忙碌的空间里给人一些调剂。如果要以一种色彩作为主色调，就要通过降低纯度和运用补色或者分离补色使其变得柔和一些。这种方法既满足了儿童渴望丰富色彩的需要，又没有产生过度的刺激。这样的效果对教育工作者来说是十分有益的。

洛里斯·马拉古齐（Loris Malaguzzi）在这一领域进行了研究，谈到了在当代儿童护理设施中色彩运用的复杂性[《儿童、空间及其联系：幼儿环境中期设计》(Children, Spaces, Relations: Metaproject for an Environment for Young Children)]。马拉古齐强调在儿童护理空间中要包含冷暖两种色彩。马拉古齐和奥尔兹都推荐使用中性色作为儿童护理中心的背景以减少儿童处于明亮环境包围时注意力难以集中的问题。他们的做法就是让儿童的艺术作品、玩具、衣服和其他教育性物品带有最强烈（最饱和）的色彩，这样他们就会比墙体和空间本身显得更为重要。把色彩强调的重点限制在关键区域，就会使空间更有次序，色彩就成了强调教育目的的手段。只使用高纯度的色彩可能会增加儿童的焦虑感，控制这类色彩在空间中的数量可以提供一些视觉上的调剂从而确保视觉的平衡。完全排除强烈色彩并不是解决问题的办法——儿童需要并且渴望受到强烈的完全饱和色彩的刺激。儿童空间最好先具有一定的空间结构，然后在这些结构的基础上使用物体的色彩对其进行补充。

## 特殊的色彩

教育性空间设计中要解决的一个问题是，如何降低学生在教室里的活动性以免对其他学生造成干扰。色彩确实对人们的活动有影响，因此应该也能够对学生造成生理上的影响。进行教室或者校长办公室空间设计的时候，顾及十几岁青少年的特殊需要，设计师有时会考虑使用粉红色。许多案例证明，当儿童和成年人进入粉红色的房间后就会停止其破坏行为[参见然·马尔金（Jain Malkin）的《医院室内设计方法》(Hospital Interior Architecture)，第56页，或者吉尔·莫顿（Jill Morton）的《色彩的魔力》(Color Voodoo)，第3页，心理影响的研究]。正如我们已经注意到的那样，使用这种方法来解决问题所起的作用只是暂时的，如果在日间教室运用粉红色，它似乎并不能使一群学生一直处于顺从的状态。

在学校里6岁以下儿童的睡眠区域，我们推荐采用降低表面纯度和使用更冷的底色的方法，而在活动区域我们建议采用高浓度的色彩。随着儿童年龄的增长，每一个特殊的年龄群体所接受的色彩也有其确定的特殊色调、彩度、阴影或者色相混合方式。丁香花看上去与紫色有很大的区别，粉红色也与红色不同。随着儿童年龄的增长，这些差别变得更加容易辨别。青少年在许多方面非常容易受到同龄人的影响，色彩就是其中最明显的例子。一般而言，年龄大一些的儿童偏好纯度低一些的色彩，如图13.14的例子中所示。

## 纹理

儿童与环境之间的复杂联系，暗示着我们不能为了限制色彩的变化而使用单调的表面色彩。理想的色彩变化包括实体表面色彩（如涂料和织物）、透明色（如薄膜、玻璃和丙烯酸树脂漆）和可变色（在更为有机的材料，例如木材、宝石、石头或者金属上所呈现的色彩）。专家们进行了一个案例研究，研究在儿童护理设施中，纹理变化如何辅助儿童学会建立色彩与形体之间的联系。当色彩与触觉变化相联系的时候，它们增加了感官功能并能够鼓励儿童作出更多的探索。儿童最初几年较为强烈的感觉日后可以相应地转变成知识，这应该是让成长中的孩子们高兴的事。

## 教学工具

由于年幼的儿童本能地接收色彩表达多于形式表达，所以色彩通常与教学工具结合在一起。季节性的展览、顶棚上的横幅，或者彩色方块的地板材料都是暗示视觉焦点转变的信号或者介绍新概念的有效手段。罗·洛格里波建议把彩色方块组织得像日历一样来介绍光谱的色彩分布。其他教师用色彩来进行存储分类和排序。其方法是给每一种功能分配一种色彩——例如，红色是装红色木块的抽屉，绿色是装绿色框架的木质拼图玩具的抽屉。但是不会暗示孩子们哪种色彩应该分给谁。这样就建立了孩子们个人物品的层次，但是由于某些色彩是大家都喜欢的，有的儿童就会获得大家偏爱的色彩的抽屉钥匙，而有的儿童则会分配到所谓的不好的钥匙。还可以用儿童的美术作品的标签或者其他形式作为其个性化的存物柜的标志。

## 培训和会议空间

会议设施在许多情况下是成年人的集体教室。它们常常用于会议以外的其他功能——非正式的聚会、茶点服务或者展示。在较大型的会议设施中，色彩是区分房间的常用手段，非常类似于旅馆的会议室。在培训和会议房间内部，一些教育家建议使用中性色彩，然后用明度来强调重点。然而，这并不是唯一可行的解决方案。带有明度变化的单色主题，辅之以色相的对比，是同样有效的解决方法，与中等纯度色彩加上色温对比的方案具有相同的效果。其目标与任何其他教育性的教室是一致的——分享信息和激励学习。作为一个学习的环境，会议和集会空间设计的经验性方法和教室布置类似，只不过设计内容稍微多一点。

- 简化色彩组合以明晰房间形式和层次，避免造成不必要的学生注意力的分散。
- 每个平面都使用色彩，或者改变从一条边线到另外一条边线完全一致的形式，把色彩与建筑整合为一体。
- 房间的侧面墙壁使用与正面墙壁不同的色彩，使眼睛可以从高度集中的状态得到休息。
- 培训课桌使用中浅色并减少饱和度，防止使用者将其视线从桌面转向房间的前面或者后面的时候发生视觉残像。
- 将所有高纯度的重点色彩布置在更为细小的区域里。例如，将它们用在茶点区或者房间后部的入口，这样可以减少对学习和会议过程的干扰。

### 视听问题

一般而言，在演讲中使用视听设备只是从一个方面使得色彩选择变得更加复杂，那就是，非常明亮的表面会反射大量的光线，所以要调整它们的位置，使反射到任何背投投影仪或视频监视器表面的光线最少。当墙面的形状、顶棚上的拱腹或者其他这类东西的影子出现在屏幕上的时候，它都会干扰演讲者正在进行的陈述。减少这种状况的最常见方法是在侧面和后部的墙面上使用中等明度的色彩或者通过调光器减弱房间的光线水平。此外，屏幕必须是平坦的而且要放置在顶棚的正下方，或者稍微向下倾斜的地方。在房间里这是难以控制的地方，可以采用非白色的顶棚平面。

随着在培训和集会空间中**视频会议**的运用越来越普遍，彩色视频图像的效果也变得越来越清晰。这种情况下，需要我们付出更多的努力才能处理好出现的问题。假设有几个人正聚集在一张桌子旁，一部摄像机正对着他们，色彩选择的中心问题围绕以下几方面展开：使参与视频会议的人脸清晰可辨，对方能够将他们与背后的墙壁分离开来，同时能够很好地还原他们的脸色，使其看起来比较精神。图13.17中阐明了这些步骤。

- 大多数人的皮肤色调都带有黄色或者粉红色（浅红色）的底色。**参与者后部的墙壁**最好是冷色的——任何绿色和蓝色范围内的色彩，例如松石绿或者水绿色——因为它会与大多数人的肤色形成补色的关系。当我们在接收端观看视频图像的时候，与背景相比，对方的脸部会更加突出。
- **暖色光**照射在脸上会给皮肤染上最好看的色调，包括任何从顶棚表面反射出来的光线。这就意味着光源和用来反射间接光线的表面都必须是暖色的。
- **灯具的基座**也应该精心布置，使光线能够形成散射或者能够从桌子对面照射过来。如果它们被布置在用户头顶的正上方，他们的脸上会产生长长的阴影，在视频图像中更会夸大这种效果。

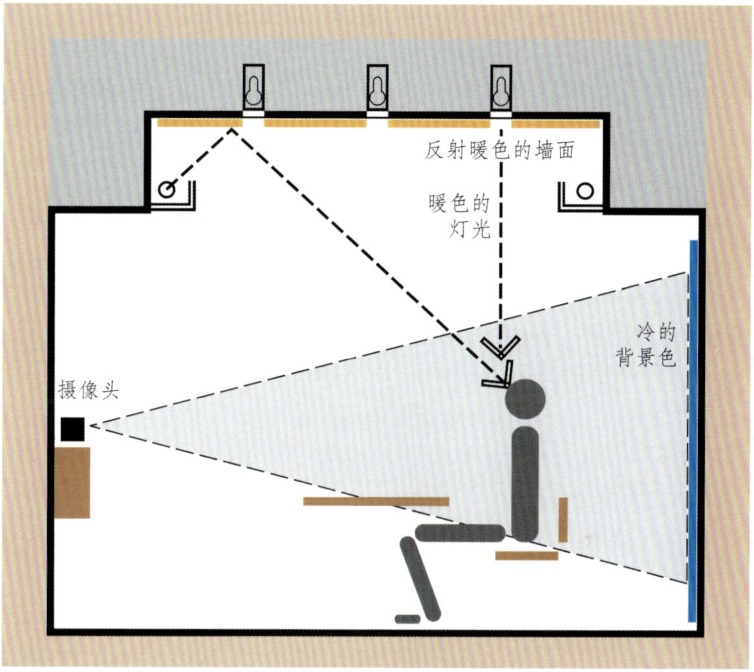


**图13.17** 该图展现了色彩和照明以某种方式有效地适应了视频会议

• 录像要求的照明条件比日常会议高得多——大约要达到150英尺烛光，而平常只需60英尺烛光。这也就意味着房间中**主要表面**的明度越高就越有可能反射更多的光线。

• 在举行视频会议的房间里不推荐使用大尺度的**图案**。小尺度的图案在录像带上看起来会更清楚一些，而大型的图案可能会对视频图像造成干扰。

## 小结

如果考虑到本章研究各个使用者群体时所用的共同主线，我们就会意识到成功的色彩应用可以被简化为一些非常简单的指导方针。零售商店、餐馆、旅店、宗教和教育设施的设计都是在不同层面上通过空间中的视觉暗示作用在公共设施中对人实行控制和管理。为了充分发挥色彩在这些商业项目设计中的作用，可以采取下列步骤：

• 通过确定目标客户和设定预期目标来**建立企业形象**。当空间很大的时候，可以考虑以色彩作为组织或者定位的手段。

• 利用色彩来**传达空间形式**有助于把握整体方向、方便空间的使用和增强个人的体验。

• **以色彩支持其功能**。这意味着利用色彩来促进商品销售、增加消费、增加舒适感、神灵启示或者强化学习效果。

• 在适当的情况下，根据人们的行为特点来确定如何**运用色彩影响空间**的特征，例如逗留时间的长短或者会谈的音量。如果有可能，使用色彩和照明来增强关键要素的表达，例如食物、产品、人或者材料的表达。

• 考虑空间使用的长期**持续性**，使用的色彩必须与设施维护的频率和保养状况相适应。

商业项目因其空间尺度和展示性的需要，一般都会为设计师提供独特的色彩设计机会。成百上千的人不太可能同时感受一间设计得很棒的居住空间，但是在商业空间中这种现象却是非常常见的。其挑战性在于发现有效的色彩解决方案，使尽可能多的人对其空间满意。

通过对每种类型色彩细节的讨论，我们能够看到其中的共同要素。我们也会从色彩应用的成功方法中获益——甚至获利——让这些空间的使用者作出的反应与设计师和委托人所希望的吻合。在下一章里，我们将探究另一组商业设施中色彩的成功应用。在这些案例中，我们所要讨论的问题不是怎样给用户提供闲适，而是怎样帮助他们提高工作效率。正如前面所讨论的那样，设计的过程还是保持不变的。所改变的只是使用空间的目的，因此色彩和形式要作出必要的和适当的变化。在这些案例中，我们努力的方向是改善我们的生活质量，工作场所的完善和健康水平的提高是检验工作成效的标准。

# 第十四章
# 商业应用

色彩的商业应用是用来服务于商业行为的。它们包括许多类型，包括前面已经讨论过的服务业、零售业、教育业和老年护理设施。此外，商业项目还包括写字楼、工业生产和制造车间、研究实验室及医疗中心。它们都有自己的设计标准，它们也都有自己的设计决策程序。其中有些程序相当简单明了，另一些则需要更多技术经验丰富的人共同参与，所以许多设计会充分利用设计咨询委员会这一资源。

最终，设计方案还是要取决于商务需要。到20世纪末为止，主要有两个刺激因素影响空间设计，它们是争夺消费者的竞争和对生产效率的重视。在教育机构、老年护理中心、医疗设施这些机构中，创造正面形象以提升竞争力的做法明显增加，它们也学会了零售商和旅馆经营者的那一套商业竞争的方法。最近的发展趋势已经对公司产生了促进作用，促使它们把空间设计作为一种投资，希望在争夺顾客眼球的竞争中取得优势。竞争加剧导致企业的盈余更少，所以对设计费用的底线控制得更为严格。既然员工的可靠性是这种控制的关键部分，特别是对于公司、工业和医疗设施来说，所以能够获得员工的参与支持的设计方案也会得到赞赏。

我们发现工作场所的色彩应用对我们的健康和福利具有最直接的影响。从心理的角度出发，色彩作为一种工具，能够提升工作空间品质，这一价值已经得到人们的广泛认可。此外，大家都知道某些环境条件有利于工人的工作表现，正如我们都知道哪些环境会降低工人的生产效率一样。我们的目标是使色彩成为环境设计的工具，使我们的身体和头脑都处于最佳状态。这些色彩设计的累积效应不但可以改善我们的工作表现，而且可以改善办公室、制造业和医疗护理工人的个人福利。在这方面只要取得少量的正面影响，其价值就相当可观，而且这种影响是不断累积的。在医疗护理方面，这种现象尤其明显。考虑到色彩组合对员工生活质量的影响，最后一章就要讨论对我们的健康和福利影响最大的空间——办公室、工厂、实验室和医疗中心中色彩的有效应用。

## 公司

在公司这种部门，应该考虑到优秀雇员之间所存在的竞争。在失业人数减少的时期，雇主必须更为主动地关心雇员的工作环境。根据最近的美国室内设计协会关于人们找工作的调查表明，22%的应征者在决定是否接受一份工作的时候把物质环境质量列为重要组成成分，而11%的人列出的是地理位置。物质空间可以作为第二选择标准，而第一标准当然可以理解为工资[该资料出自设计波士顿研讨会(the DesignBoston Conference),2000年11月15日]。如果那些寻找工作的人已经不那么关心地理位置，转而更加关注工作环境的空间质量，那么空间设计就可以作出有益的贡献。积极的色彩应用并不会增加多少建设成本。它只不过要求我们作出明智的选择而已。

当然，内部工作空间是一个人工环境。它同样需要程度合理的刺激和变化，这样可以避免其使用者的麻木与不敏感。在本质上我们习惯于明度、温度和纯度方面的色彩变化。我们也希望看见图案、阴影和其他可以增加室外空间复杂性的设计。设计最理想的状态是，人工色彩变成自然色彩的替代品，能够提供一些外在的刺激，一些变化的复杂性和室内环境的显著变化。我们的方案越有效，使用者越容易在里面长时间地持续工作。

## 制造一种印象

在理想的情况下，办公室环境要同时支持两种功能：使用者富于建设性的相互交流，每个个体高度专注于自己的工作。如果这两种功能不能在各个独立的区域重复，它们就会表现为矛盾和对立。我们通常可以按照这两类空间的区别来组织和选择色彩。交互式空间涉及集体认同和形象设置问题，还要能够增强个人对群体行为的渴望。专属区域设计时，设计师对工作任务的特殊性必须敏感，同时还要在空间内保持合适的视觉范围。在理想的办公环境中，成功的色彩分配要解决这两件事。它们既可以鼓励相互交流又支持个人独力完成任务。

让我们先从交互式的区域开始讨论。我们对某公司的概念通常是在公司建筑物的入口处或者接待区域形成的。因为色彩比其他任何要素都更早地进入我们的视野，所以它是向来访者传达信息和创建第一印象的关键设计要素。色彩所表达的信息可能是明显的，也可能是微妙的，却几乎总是能够帮助来访者对公司形象产生或多或少的认识。让我们来看看图14.1所举的例子，这是一间通过国际互联网帮助其他公司进行商业交易的咨询公司。其空间使用了强烈的几何形体和非常现代的色彩，表现出一种积极和奋进的氛围。请注意顶棚凹处和它所用的反射色彩，它们扩大了发光体的尺度，显著增加了该空间温暖的感觉。

## 品位和潮流

品位的形式多种多样，具有明显的地域特征。当我们与公司代表谈到品位问题的时候，语言表达可能会成为障碍。人们通常用同一个词语描述非常不同的印象，比如某人的“大胆”可能是另一个人的“微妙”。对这些公司的长期价值观进行解剖分析，会设计一种持久的公司形象，当然这些公司的产品与流行趋势没有关系。图14.2所示法律事务所空间的色彩选择反映了委托人期望色彩纯度更高的愿望。与多数技术型公司的总部相比，这栋建筑的色彩使用更加受限，使用了相当中性的色彩组合。但是，这种设计似乎更能经受住时间的考验，为其所从事的业务类型传达了适宜的形象，也表明了该事务所与其竞争者之间的区别。

某些情况下，很有必要把公司与时尚色彩联系起来，例如公共关系机构、化妆品制造商或者时尚顾问公司。色彩组合如果与当前潮流绑定在一起，很快就会落伍。体现了最新潮流的色彩组合将会比综合了几个阶段的色彩组合更快地过时。为了解决好那些十分依赖于潮流的公司的形象问题，最时髦的色彩通常布置在容易替换的表面上，例如涂饰墙面或者可移动的家具。更为耐久的表面，例如石材地板或者固定的木制品，可能被赋予不那么醒目的色彩组合，这样可以由于对比而把人们的注意力吸引到那些时尚色彩上面去。

## 行为的影响

因为人们很容易对环境作出反应，所以可以用色彩来激励雇员或者给来访者留下深刻印象。只要通过总体基调不变的设计就可以给人以这样或那样

**图14.1** 该公司通过办公空间的视觉表达暗示着一群思想前卫的专业人员［勒沃维尔公司（NerveWire）；设计：博格麦尔联合建筑师事务所；摄影：©陈露西］

的印象，进而让使用者产生有序或者混乱的感觉。一个明显紊乱的环境将滋长混乱的行为或者思想；但是总体色彩协调一致，重点色彩布置井然有序，就可以为来访者提供交通布置的线索，告诉他们主要功能区域的位置。图14.3所示主要接待区域中，设计师通过色彩和材料的变化向人们传达了该专业性劳务公司的强烈视觉印象。大胆而复杂的色彩组合表明这个核心空间是各种活动的聚焦点。当我们穿过远处的办公室，那儿的色彩和材料的暗示作用已经明显降低，但我们仍然可以确定自己还在同一个空间之中，只是两个地方的复杂性不同罢了。

甚至雇员对交流的渴望程度也会影响空间的色彩选择。正如人们在喧闹的空间里会大声说话一样，在视觉刺激越多的空间里，用户似乎变得越喜欢相互交流。在进行决策讨论或者辩论的空间中，色彩对比通常比那些独立工作空间更多一些。如图14.4所示，餐厅一般是办公楼里色彩最具有刺激性的地方。这里展示的就餐区与图14.2所示的接待空间属于同一家法律事务所。在该办公空间中，位于两个区域的色彩被施以根本的调整，以形成一种过渡。

**图14.2** 该公司通过这种美观大方的室内设计表明，它能理解现代时尚却不被时尚所左右。设计师为了满足公司的需要，使用了非常现代的色彩来表现公司形象，但是又保证了整体形象与法律咨询业务的一致性（设计：切尔兹、伯曼和德思克里联合建筑事务所；摄影：©爱德华·雅各比）

## 支持繁重的劳动

过多的色彩对比会对办公室的员工造成压力。当色彩过于复杂的时候，就会像吵闹和拥挤的物质环境一样引起混乱。人们的眼睛不得不以各种形式适应这些变化，过多地调整会令眼睛变得非常疲劳。缺乏色彩变化的空间，又限制了对眼睛的视觉刺激。这同样也会引起不利的反应。当我们面对白色的时候，瞳孔收缩以限制进入晶状体的反射光线的数量。当较暗的色彩进入视野的时候，瞳孔扩大以产生更大的开口让光线进入。由于眼睛的功能是由肌肉来完成的，所以当眼睛工作过度的时候就会变得疲劳，并且疲劳会导致头痛或者眼睛周围产生沉重的感觉。如果没有色彩变化引起眼睛的伸缩，长时间的注意力集中将会使感觉丧失、眼睛不能正常工作。其症状是易怒。这两种情况都会降低雇员的工作效率。**理想的设计是带有一些变化和层次感的有组织的设计，这样既可以使视域清晰又可以使眼睛能得以休息。**所以设计要从视觉工程学出发进行考虑，正如用可调坐椅和键盘来保护身体的其他部位一样。

有些员工因工作关系而长期呆在自己的办公室里，在这类地方，白色看来是被滥用了。造成这种现象的原因有以下几个：当使用者对色相选择不能达成共识的时候，中性色彩是常见的选择，这样就不会得罪任何人；现在仍然有人认为，从完成任务的角度出发，较明亮的空间由于能够反射更多的光线所以更令人满意；没有任何一种其他色彩，明度比白色浅，光线反射比白色多。一个全白的环境令人失望的是：非常单调；变色、污垢显而易见；阴影明显；随时可能发生刺眼的反光。而全白环境在自然界是非常罕见的。

补救措施包括把明亮的色彩布置在与公司员工保持一定距离的地方。如果其位置与用户的计算机屏幕成90°角，那么只要把头转90°，该使用者就可以使其眼睛注视一会儿远处的平面，然后再继续集中注意力。这种环境下再次集中注意力的时候，已经得到放松的视锥不再紧张，眼部肌肉更容易重新调整再次聚焦于眼前的物体。**假若在员工注意力集**

**图14.3** 该公司办公室通过材料本色的复杂运用和单一的红橙色背景反映出其专业人员是一个自信的群体［室内设计：格里斯伍尔德、海克尔和凯莉联合建筑事务所；摄影：彼得·佩奇（Peter Paige）］

**图14.4** 该午餐空间的明亮色彩明显地给员工以该区域适合公开交谈的印象（设计：切尔兹、伯曼和德思克里联合建筑事务所；摄影：©爱德华 · 雅各比）

**中工作的地方使用一种混合的色彩，就可以为他们提供视觉上的调剂**。色相和纯度的变化与自然环境更为一致，所以它们能提供身体所需的刺激以产生积极的生理反应。为了确保一种色彩组合不会造成混乱，要根据平衡色彩协调来用色，当我们集中注意力工作的时候，那些最强烈的色彩应该在视线范围之外。

## 明度对比

根据经验，最适宜于办公室工作区的明度范围的首选比率是3∶1，其含义为最暗色彩的明度不应该超过最亮色彩明度3倍。为了确定这个比率，我们假定光线分布是均匀的，这样所有的色彩都可以根据光反射明度（LRV）进行测量。对于室内物体表面而言，从涂刷表面反射回空间的光线数量实际上一般在5%（黑色）到90%（白色）之间。如果说一个大约40%LRV的中等明度的蓝色和一个大约80%LRV的浅黄色一起使用，最暗和最亮色彩的比率就是80∶40，或者2∶1（为了评估有机材料的LRV，例如木材或者石材，可以选择一种与该色彩非常近似的涂料色彩来进行评测）。下面再推荐一些办法，可以用来消除引起眼睛疲劳、随后引起头痛、恶心和紧张征兆的状况。

- 有大量直射**阳光**进入的空间，例如朝东的窗户，要使用浅色的墙壁，以将阳光反射到空间的深处，同时要减少强烈的明度对比。这就为该区域的其他明度设定了基准。
- 在注意力集中的工作区域里，限制直接进入视线的色彩对比。例如，如果**工作区**被高于45in（1143mm）的面板所包围，并且堆放着白色纸张的文件，那么面板色彩的光反射明度至少要达到75%以上（见图14.5）。
- 在最常见材料的合理明度范围内选择**工作台面**的色彩。黑色桌面在陈列室的展览中能够有效地树立形象，但是在办公情况下它们却对眼睛有危害。我们推荐使用带有适度图案的表面，因为它们会散射光线并减少刺眼的可能性。在无纸社会里，理想的水平工作面的光线反射率可以考虑在30%～50%之间。
- 一些需要注意力集中的任务会使眼睛由于自发地**移动**而产生疲劳。如果一个计算机用户必须在垂直的屏幕和水平的图画或者报告之间不断重复地变换视线，眼部的肌肉就会疲劳（垂直放置文件会消除这种关系）。如果屏幕的色彩与印刷介质的对比强烈情况就复杂了。调整其中一种或者另一种的色彩对比（连续对比）就可以减少这种状况的发生。

## 色相对比

对于必须在室内工作的个体而言，如果室内在白天日照最充分的时候仍然没有直射阳光的话，就更需要全光谱的色彩和照明。带有色相的色彩，即使所含色相很少，也比灰色或者其他真正中性的色彩更令人满意，因为它们可以保证适当的刺激和建立空间的次序。在这些情况下，**强调平衡性色彩协调的色相对比是首选**。毫无疑问，更好的工作环境可以带来工作效率的增加。办公室的员工用于调整以补偿环境干扰而损失的能量越少，员工的工作效率就越高。实际上，设计师在追求真正符合审美的色彩设计方案时，光谱平衡都能够满足要求，尽管一些专家认为冷色调适合于要求精力非常集中的场合。

在视线内存在强烈的色彩，会引起眼睛无意识的反应，如瞳孔的调整和视锥细胞的紧张或者放松。这种调节的持续不变会使正常的眼睛产生疲劳。这也就意味着在员工的直接视线之内布置非常明亮的色彩（高明度、高纯度）将会对其眼睛产生干扰。当眼睛快速地从其所专注的对象转变成背景的时候，瞳孔被迫经常进行调整。**强烈对比**的最佳位置是在工作时的视觉范围之外，或者在员工的上方，这样他们必须向上看或者站起来。如图14.6所示的例子很好地说明了这一点。为了将注意力集中在印刷的文件上，而大多数文件使用白色纸张，所以办公室员工在其直接视线内需要**适度的对比**。近视距工作

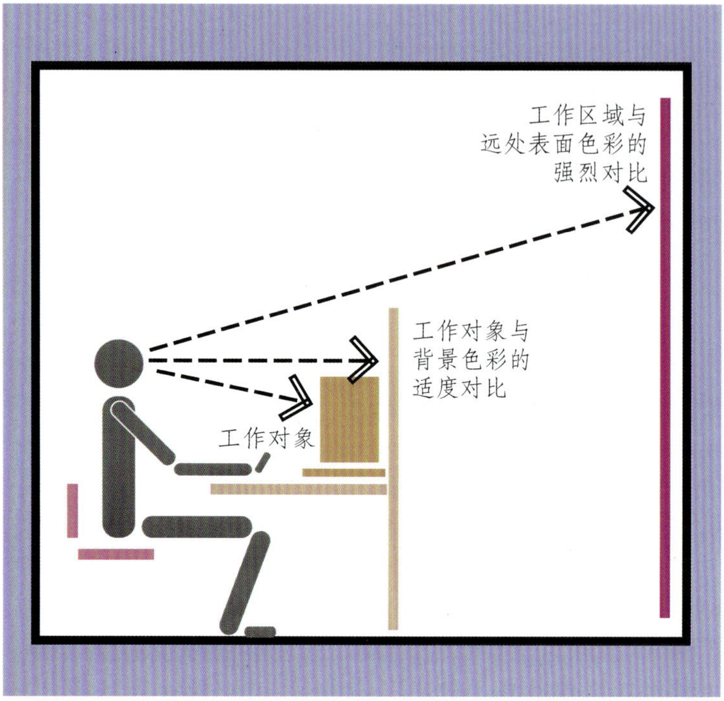


**图14.5** 该图显示了工作对象、近处背景和远处背景之间的关系。只要远处的背景不在用户的直接视线之内，当他（或她）向上看的时候它就可以提供视觉调剂

要求视力长时间的集中，在没有环境色彩的帮助下也会引起视觉疲劳。对于视力集中的工作而言，要想在视线范围内产生持续的调节，某种色彩的哑光变化或者与中性色的组合会产生良好的效果。下面提供一些色相对比（色相对比、同时对比和色温对比等）的指导方针。

- 任何办公室设计中都应避免使用单一的色彩，要用补色、一对分离补色、或者一些其他色彩变化与其进行组合，这样可以给视觉提供**调剂**。
- 在进行相互交流的空间中使用比较强烈的色相对比和较大范围的对比，这样可以使它们从紧张的工作中得到**放松**，即所谓的视觉松弛。这样做的时候，这种偶然的运动可以给眼部肌肉提供非常必要的调剂。
- 色彩**温度**可以用于影响空间的使用。如果该空间的整体色调是暖色的，并且其表面明度很高（浅），人们的注意力就会在更大的程度上被吸引到环境的外表上。相对而言，在较低的亮度水平和较冷的表面色彩下大多数个体聚焦在其空间内部。
- 在注意力集中的工作中，用户周边视觉范围内的强烈色彩对比通常是夸张的。员工封闭空间的边界靠得越近，其影响就越强。这也就意味着**工作区部件**的端部封边条或者装饰条与其工作面稍微形成一点对比，不会对员工造成什么干扰。
- 在注意力集中的区域要慎用**图案**。透过大头针固定的纸张可能会看到的棋盘格子的织物图案或者热闹的墙纸图案。当把它们放在计算机的显示器后面的时候可能引起视觉摆动。这种情况类似于巨大而不规则的图案可以干扰一个人的平衡感。

• 在合适的位置布置**图案**或者色彩对比，以适应员工从个人工作空间偶然向远处观看。如果该使用者能够不用离开其工作空间就可以把脸转过去并调剂眼睛，他（或她）就会经常这样做。使用者从大约15～20ft（4.57～6.09m）远的距离观看，可以使眼睛得到放松。

## 照明

似乎有越来越多的证据表明了在日常生活中保持全光谱色彩和色光的好处。当人们在直射日光下度过大量的时间，就暴露在全光谱色彩中并从阳光中获益。如果没有这种机会，就只能在人工环境中靠色彩的选择来实现全光谱色的照射。为那些持续工作又无法接触日光的人们进行空间设计特别具有挑战性。最理想的照明方案就是，在预算限制范围内，为工作空间尽可能选择CRI级别最高的照明设备。

完全不考虑在色彩选择的背景下的照明和亮度的效果，而来讨论色彩的功能问题是非常困难的，尽管这不是不可能的。要创造符合视觉工程学的环境，需要通过照明建立明亮的光照水平，也需要表面色彩的参与。

关键是要把这两种手段以某种方式结合起来以提供适当的刺激和兴趣。照明设计时遵循一些基本的步骤，就可以确保采用的色彩方案能带来积极的色彩感知，给使用者提供缓解视觉疲劳的保护。

• 尽可能指定全光谱照明。这就意味着选择最高CRI**等级**的灯具应用于我们的空间环境。

**图14.6** 在该例中，设计师有效地运用各种对比，比如高于视线的较强的色相对比、工作表面的较浅的明度水平和地板上的图案。这样既有效地减少了对办公室员工的视线干扰，又使员工不需要离开他们的工作站就能得到视觉上的调剂（设计：ADD有限公司；摄影：©陈露西）

- 在处理那些会从巨大表面发生反射的灯光（例如间接吊顶灯或者固定在墙面上的灯）时，要把这些表面的色彩反射率控制在80%～90%的**范围**之内。
- 用充分隐藏光源和窗口（窗帘）、限制镜面（高反射率）的数量、控制人工照明的直射（如使用抛物线形的灯具）和精心安排光源与反射光源光线的表面之间的位置等方法来**消除刺眼的光**。
- 如果**照明过度**就会大大降低显示器的可见度。为了避免这种状况的发生，在不涉及文书工作的情况下保持15～35英尺烛光的照明水平，如果要将书面材料输入电脑则要保持35～50英尺烛光的照明水平。
- 在反射灯光的墙面上限制半光泽或者**光泽涂料**的使用。
- 在**计算机工作室**，要考虑降低各表面的光反射。例如，可以采用顶棚60%、墙面40%、地板20%的光反射水平。这样仍能保持光亮度3∶1的比率，而总体效果又减少了反射光线。请注意，此时设备成为处理手头工作的关键要素，屏幕的色彩与远处的墙面不能形成强烈的对比。

## 工业中的色彩应用

如果员工的工作就是生产制造或设备维护，那就应该让他们获得尽可能清晰的视觉以帮助他们进行识别和操作。要实现这个目标，色彩是最有效的手段。第二次世界大战以后，这已经成为安全生产的重要部分。当时，色彩学家费伯·比伦提议在生产车间中使用精心挑选出来的色彩来标识出安全生产要素。具体的方法就是运用色相对比度高的色彩来区分复杂建筑结构内部的要素，较弱的色彩对比则用于那些由机械完成的工作。近些年来，色彩顾问和环境保护论者弗兰克·曼克提出了关于环境保护色彩的专门技术，丰富了关于车间安全设计的理论。

### 概念

工业通过系统地组织劳动力来创造具有价值的产品。色彩可以用于说明这些复杂的系统，改进工业设施的巨大尺寸和复杂形式。在大空间的工业建筑内部和周边采用合适的色彩，可能会带来三个好处：表明自己的生产制造类型、建立商业形象和激励工厂员工的士气。当设备、管道、轴承和其他部件使用了与众不同的明亮色彩，工业建筑就会变得既独特又很好理解（见图14.7）。这种厂房完全不同于过去使用的老套色彩——那种给人以年代久远印象的灰色，这种灰色只是依赖于和灰尘相似的外观而把它们掩盖起来。

有时光谱色的分配更具说服力。随着材料从原始状态到加工成品的生产流程，周围的色彩也发生逐步的转变，就是这样的例子。它们也可以用于产生对比，例如使用对比来区分关键活动区域和生产辅助区域。色彩已经用来表现工业活动所必需的机械系统。排烟装置可以使用一种色彩，给排水管道系统使用一种色彩，通道、楼梯和电梯使用另外一种色彩。如果水体正在进行加工处理，那么处理前所流经的管道可以采用一种温度的色彩，而处理后的采用另一种温度的色彩。对于一个制造工厂而言，色彩对比可以吸引人们对于任何可移动物体的注意，提供一种向后站的警示。在制造过程中容易产生灰尘的地方，如果在关键部位使用足够强烈的色彩，使我们能够把它们与灰尘区分开来，这样的设计是最有效的。

### 应用实践

在工业设施中，工作区域的照明和色彩问题类似于商业设施中的工作区域。避免眼睛的视觉疲劳可以很好地保护雇员的安全和效率。这就意味着只要把光线维持在一个适合于工作的水平上，就可以防止眩光的发生。这也意味着在工作区域的紧邻区域、视线范围所及的地方要避免使用极强烈的明度对比。同样地，也可以在远处的物体表面上使用色

**图14.7** 正如该现代工业厂房所体现的，色彩选择可以用于表达管道系统、输送系统或者容器内部的活动［建筑设计和工程设计：西姆斯·马伊尼和麦基联合公司（Symmes Maini & McKee Associates）；摄影：©克里斯多弗·巴恩斯公司（Christopher Barnes com.）］

彩，让工人从对近处物体的长时间注视中得到放松。设计时必须牢记：在环境背景色彩衬托下，我们能看见用于原料和每种设备的各种色彩。尽管如此，这里还是提供一些关于色彩布置的建议。

- **几个大型机器设备**同时存在的地方，这些设备色彩的共同作用类似于墙体色彩的作用。在这种情况下，使用纯度较低的色调效果最好，特别是那些附近有工作时间较长的重活的地方，要使用明度浅的色彩。
- 正在被装配的材料和正在使用中的**设备或者工作台**之间需要色彩的对比。中等的色彩明度对比或者色彩温度对比就够了（见图14.8）。
- 在设备和**背景**之间以及焦点物体和**背景**之间也需要对比。如果设备只能用灰色，远处的墙壁可以采用略浅或者略深色调的温和色彩，这样设备的边缘容易从周边清楚地辨识出来（见图14.8）。
- 在进行精密工作的地方，还应该限制**图案**的使用；否则，图案的复杂形体可能会导致注意力很难集中在焦点上。相反地，在更加单调的组装过程中，彩色图案会成为视觉焦点而受到欢迎。

如果工作区域是在一个开放的空间里面，工作区域的旁边要设立遮护板以限制视域，并为手头的材料提供一个可以控制色彩对比的地方。从反射光线的角度来看，哑光和不光滑的表面质感可以最好地避免刺眼的反光。在进行**染色**工作的工厂里，应该避免白色的背景。其原因是工人会看到加工件的视觉残像，并把它投射到白色的墙壁上，而频繁的视觉残像可能会引起恶心和反胃。在使用大型设备或者活动机械的地方，设备色彩的明度不应该与其背后的墙体形成极其强烈的对比；否则，就会产生

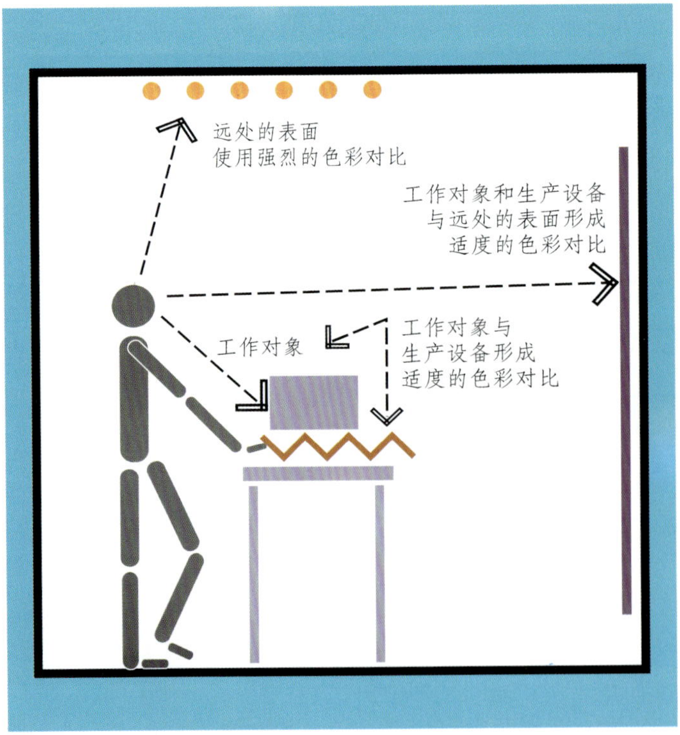


**图14.8** 在制造和加工工作区域，在视线容易直接到达的区域使用中等程度的对比、在远处使用较高程度的对比可以提供一种视觉调剂

**图14.9** 在这个大型而整洁的房间里，色彩的分配可以帮助我们组织空间、缩小外观尺度，以及根据地板了解功能分区［建筑设计和工程设计：西姆斯·马伊尼和麦基联合公司；摄影：约翰·耶伦斯（John Yereance）］

对比疲劳。当工人注视着一个特定的目标，其眼睛会对周边视觉内的产生对比的物体或者表面作出调整。这就像外围的声音和活动一样会对其产生干扰，特别是在背景明亮的时候。

其他一些积极的方法包括：使**手柄或者按钮**保留明亮的色彩以吸引人们对机械关键部位的注意，运用色彩为主要工作人员提供**建筑功能要素**的线索。在如图14.9所示的例子中，地面瓷砖的色彩组织传达了在这间整洁的房间里可能发生的活动，并给该巨大的空间以秩序感。当工人与大型设备一起工作的时候，我们推荐在**底部或者平台**上使用比设备色彩更深一些的颜色。否则，该设备看起来会显得过重而无法支撑，这是就心里感觉而言的。

## 工作场所的联觉

在色彩的工业应用中，联觉引起我们极大的关注。处于持续的大量噪声中、暴露在极端的温度下或者在特殊气味中活动的工人，通过环境色彩可以得到缓解。正如我们在第六章“色彩反应”中所讨论的一样，人类对于色彩具有一种无意识的生理反应。由于色彩与生理之间存在着强烈的联系，通过合理的色彩选择就可以抵消恶劣环境所造成的不良反应，从而改善个体的工作环境。最明显的联觉模式是**温度**与色彩之间的联觉。如果一个工作环境的温度维持在较低的水平，像红色或者橙色这样温暖的墙体色彩可以在某种程度上用于抵消低温的影响；而一个温暖的环境可以用蓝色、蓝绿色、绿色或者是白色来略微地降低其温度。**湿度**也与色彩联觉有关。黄色、黄棕色、棕褐色和米黄色与干燥具有强烈的联系；冷色调，例如蓝色、绿色和蓝绿色暗示着湿润或者潮湿。这也就意味着在那种干燥的情况下可以靠蓝-绿色彩进行补偿，潮湿环境则可以使用从明亮到中性的黄色调予以补偿。

气味是色彩**联觉**的另一种情形。从事香料生产的制造厂商认识到，某些色彩和特定气味之间存在着强烈的联系，芳香剂产业的某些管理人员也有这样的认识。例如，我们知道红色的存在会改变我们识别香水的能力。和温度和湿度的概念一样，很早就有关于联觉一致性联系研究的记录了［参见莫里茨·兹温普费尔（Moritz Zwimpfer）的《色光的视觉——彩色照片的基本理论》（Color Light Sight Sense：An Elementary Theory of Color in Pictures），第427节］。红色和粉红色、杏黄色和丰富的中等褐色会增加甜的感觉；黄色、黄绿色和暖绿色则会增加酸的味觉和嗅觉效果。在《色彩和光线》（第109页）的正文中，曼克夫妇进一步提出特殊色彩的存在不仅能够增强特殊气味的效果，而且可以减少令人不快的气味效果。如果工作场所的色彩对令人不快的气味能够产生一种有效的平衡，那么环境色彩就可以成为一种有效的嗅觉调节工具。例如，在一个充满了酸味的环境里，人们相信红紫色的存在可以减轻其影响。在一间巧克力工厂，绿色、蓝绿色、绿蓝色或者蓝色的大量存在可以平衡强烈的甜味。浅蓝色是减少麝香味的首选色彩，而带绿色调的棕色似乎可以增强麝香的味道。

曼克夫妇还提供了工作场所利用色彩减弱**声音**的联觉解决方案。在充满尖锐声音的场所里，他们认为从心理的角度出发，橄榄绿色的环境色彩能够有效地减少这种干扰，而黄色则似乎会增强这种干扰。要想削弱声音效果，推荐使用浅色，而深色则会使人对声音更敏感。显然，这种色彩选择并不会真正消除声音的物理状态。机械的轰响、融蜡的味道和冷库的寒冷都不会由于有效地选择了色彩而消失。我们所做的就是找出色彩与恶劣工作环境之间的联系，并对色彩发挥的作用进行评价，从而将研究结果用于改善工作环境。

## 安全标准

在工业空间里，色彩通常用于标示安全生产的要素。费伯·比伦与杜邦（DuPont）共同制作了明亮色彩体系，这些色彩能够马上吸引人们的注意力并被快速识别。其目的就是在工业生产中建立统一的色彩标准以减少事故风险。每种安全设施分配一种独特的色彩。由比伦最早提出的这个建议随后被美国国家标准协会（American National Standards Institute，ANSI）采纳为安全色彩标准。虽然并不是所有比伦提出的标准都被一般公众所使用，但是日常生活中还是用到了一些，例如消防设备使用红色，橙色表示有电危险，平台边缘使用黄色。此外，大多数企业都建立了一些自己的色彩标准，以适应自己具体的生产环境和生产流程。遗憾的是，尽管同一间公司内部各个部门的工人很容易认同这种标准，但对于消防员、警察或者当地的商人们来说它们并不是那么清晰明白。

国际照明委员会（CIE）正在向着制定工业安全生产国际化标准的目标迈进。1964年，CIE运用比色法建立了一套色彩标准，在严格限制的光谱范围内，可以使用标准进行计算。通过这一既可用于加色也可用于减色的色彩测量体系，可以使用全球通用的方法来表示用于安全设备的标准色彩和其他色彩。我们的社会可以及时地对安全设备的色彩标准达成共识，正如其他建筑代码已经发展得更为通用一样。无论是由公司还是由政府建立的标准，任何安全设备的色彩标准成功的关键在于它们在环境中的显而易见。这也就意味着建筑要素、设备和大型生产工具的色彩需要在明度、纯度和色相特征上进行调整，以区别于特定的安全设备所用的色彩。

## 研究型的实验室

有这样一些空间，其内部的研究员和技术员必须把注意力集中在可见的样本和仪器测量上，而色彩可能对功能的观测起着至关重要的作用。无须多言，理想的实验室空间环境要使用CRI最高的照明条件，这样就有可能把观测材料色彩清晰程度的损失降到最低。此外，功能色彩还和实验室本身的特殊性具有更多的联系，比如房间本身是湿的、干的或者黑暗的。被测试的每种材料也要求不同的色彩状况以使其能够被观察到。例如，组培（组织培养）实验室与机器人实验室就需要不同的色彩；血液实验室与DNA实验室的功能也不同。

实验室的传统用色方法是涂以非常浅的中性色彩，例如茶色、灰色或者白色，当时人们认为这样可以提高分析工作的效率。尽管这些色彩似乎不会干扰人们专心地工作，但仅仅使用这些色彩，就有可能长时间让员工处于感官兴奋丧失的状况下。有些时候，人们认为蓝色是更有效率的实验室色彩，因为人们相信蓝色可以增加沉思默想。但是，最近的观察提出，和许多工作空间一样，实验室里最有效的色彩是包括所有色相的光谱平衡的色彩。某些中等纯度色调的色彩会引起积极的反应而又不会造成干扰，当这种色彩与样品容器形成中等对比的时候尤其如此。正如本章里所讨论的其他色彩应用一样，较强烈的色彩布置在较远的地方或者布置在家具、门这类不太重要的建筑构件的表面上，都可以在不干扰工作的情况下给人们以视觉上的调剂。唯一的告诫是，在视线直接可及的实验室工作台的巨大平面上不应出现高纯度的色彩，因为在这种情况下明亮的色彩会反射到受测试和分析的材料上面去，从而得不到准确的观测结果。在色彩辨别至关重要的实验室里，中性的灰色墙面是适宜的。至于其他的工作空间，目标就是要同时提供聚焦区和调剂区。色彩布置的基本原则是在不妨碍工作效率的前提下使实验室更加人性化。在这里有几点建议：

- 当使用小型图案的时候，**地板色彩**所发挥的作用相对较小。较少的小型图案使技术人员能够看见细小的物体，特别是玻璃碎块。
- 在大多数实验室里，**工作台顶部**使用浅色到中等明度的色彩对于眼睛而言比传统的黑色或者木炭色更容易被人们所接受，因为它和纸张及其他材料的对比减少了。
- 在大型的实验中心，需要用色彩**指明路线**。色彩编码用以区分各部门、各功能分区或者仅仅只是用来表示建筑物中的某个地方，例如大楼的北翼（第七章图7.4的例子中对此进行了阐述）。

## 医疗护理

使用医疗设施的群体组成非常复杂。由于许多医疗机构规模巨大，所以色彩设计必须提供线索，告诉人们交通路线和功能分区——公共区域、病房区、技术实验室和人工控制环境。色彩也可以服务于进行各种活动的各类人群，他们包括医疗机构内为病患提供护理的医务人员，管理和维持该医疗设施的雇员，接受治疗的病人，以及探视病人的来访者。考虑到在医疗机构中活动的所有人群：医生、护士、药师、急救人员、实验室的技术人员、设备管理员、财务人员、清洁人员、厨师、住院病人、门诊病人、分娩妇女、特护病人及其家庭成员、朋友和爱人，我们就会意识到不同群体必定有着不同的需要和期待。更为复杂的是，与大多数商业空间不同，医疗机构必须每天24小时，每周7天不停地运行。

如果这些不同的需求还不足以对设计构成挑战，那么就请考虑一下病人需要激励和安慰的需求吧！在治疗过程中，医护人员早已证实病人积极配合接受治疗的重要性。有些东西能够安抚病人，病人通过与它们建立联系而得到精神上的支持。对于有些人而言，那就是家的感觉；另一些人则发现将自然引入病房可以给他们以力量来辅助治疗。近些年，医疗设施的设计师和委托人一直在寻找这个问题的答案，而且这个工作变得日益紧迫，因为提供医疗服务的机构之间的竞争变得越来越激烈，他们要尽力吸引病人到医院就诊。结果证明，这些额外的努力是值得的，病人满意程度的调查反馈显示：设计的改善对医护人员和病人都产生了积极的影响[请参考2002年《卫生保健设计》（the Journal of Healthcare Design）]。这就意味医疗协会中具有丰富经验的会员可以为医疗建筑的室内色彩提供合理的设计标准。

## 色彩与健康

人们一般都认为某些带有压抑或抑制性的行为会导致身心的痛苦。一些长期的心理挣扎可以导致疾病。高血压、胃溃疡或者消化不良、哮喘和结肠炎是常见的疾病。这些现象表明在精神和身体的健康状况之间有强烈的生理联系。相比较而言，由于人类的下意识反应，有些色彩对人类健康和幸福的影响更大。当选择特定的色彩用于医疗设施的时候，它可以帮助我们将习得反应（那些由潮流和社会趋同心理引起的反应）和生理反应分离开来。这种潜在的消极生理联系可能意味着当色彩被运用于治疗中心的时候，其中的一些色彩要稍微进行一些调整，这样它们就不会损害病人的健康和幸福。

## 感觉

医疗护理领域的专家们都认为没有色彩的单调环境可以引起感觉遮断（所谓感觉遮断，即造成一种条件，使来自外界的感觉完全被遮断——译者注）。为了维持稳定的生理功能，人们需要暴露在变化的环境中，并且需要适当的生理刺激。缺乏这种刺激本质上来讲会对康复的进程造成损害（要对医疗应用中的设计状况进行评估，请参考然·马尔金的《医院室内设计》）。此外，适当地运用色彩变化将帮助用户明确其方位，特别是在大型环境的背景下。在过去，白色被用于所有可以看见的表面上以表现洁净的感觉——当时这种感觉是令人满意的。而现在人们的心理已经发生了变化，白色的过度使用使它和病房建立了强烈的联系，在当今的医疗护理条件下，这种联想是令人不快的。病人们现在需要家庭般的环境，类似于我们在旅馆中所寻求的感觉。这意味着在长期和急性的护理区域需要更多地使用平衡和协调的色彩组合以及中等明度的色彩对比。明度越高越不适合，因为它们会令眼睛很快就变得疲劳。这也意味着需要考虑当地的社会文化状况，因为色彩代表了病人的文化价值观和当地的传统，会使他们更有家的感觉。

**医疗护理机构的商业运作模式已经发生了变化，需要在许多领域保持竞争优势，这些已经导致一种环境设计的新潮流——那就是更多的辅助性和治疗性**。它通常包括增加接触日光的机会和增加材料纹理的变化。过时的色彩用于衣着或其他方面暗示着对病人缺乏关注，这有害于医院树立积极健康的护理形象。因此，利用色彩来强化积极的影响，向病患传达一种形象来树立他们的信心，这种形象象征着医疗机构的能力、体贴和关爱。这也就意味着需要使用更为清晰的色彩而不是泥泞色调，要适当地选择时髦的色彩以传达适当的信息。如图14.10所示的医院自助餐厅明显受到咖啡馆或者零售空间设计的启发，它所使用的材料能够耐受持续的高强度的清洁和维护。

### 色彩的色相

在绝大多数医疗空间中，使用色相的中性化的形式可以增加空间的明度，但是如果采用完全饱和的色彩，则此时每种色彩因为各自的特点不同，也都有自己合适的布置位置。我们已经注意到高纯度**红色**会增加心跳的速度和呼吸的频率，从而使我们变得活跃。这可能意味着可以将红色用于身体治疗区域。为了鼓励病人做些恢复性的活动来促进康复，设计师会设计一些长长的环路让他们练习行走，此时在环路的尽头使用红色也有很好的效果。注意红色的色调和深浅，例如粉红色、玫瑰红和栗色等这些色彩，不但有大红色的效果，还有些特殊的用途。**橙色**是经常用于医疗护理的一个色彩系列，因为它具有激励作用［《格栅》(The Grid)，1998年]。这个色彩系列包括桃色、杏黄色和豆蔻的色调，人们认为它们是令人愉快的和情绪高昂的，还可以迎合大多数皮肤的色调——这和我们在其他地方注意到的一样，使病人自我感觉良好。要注意的关键是，

**图14.10** 这个自助餐厅属于某医疗机构，它体现了当今医疗机构积极的、以顾客为导向的企业形象［设计：迪亚欧建筑工程设计公司（The Ritchie Organization）·；摄影：©爱德华·雅各比］

在有益于病人的地方充分利用这些色彩，但是又不能妨碍医生的诊疗。护理人员会将对病人皮肤仔细的目测作为一种诊断的手段。人为地增强皮肤色调可能会误导护理人员从而破坏治疗。

当我们要用少量色彩作为重点色彩或者使用少量中等纯度色彩的时候，**黄色**是一种良好的刺激物。黄色通常与愉快的感觉联系在一起，这种联系可能在医疗护理的许多领域都具有价值。但是，如果在一些医疗护理设施中大量使用，它会成为一种危险的色彩。虽然橙色的照射会使皮肤增添光彩，但是黄色却恰恰相反。过多的反射黄色可能会使皮肤色调看起来像是得了黄疸。黄色还可能导致在治疗中已经恶心的病人产生呕吐。经验丰富的室内设计师贝丝·库兹拜克（Beth Kuzbek）精通医疗护理方面的问题，她讲述了在放射治疗中心遇到的一个问题[IPC设计协会波士顿设计论坛（Boston Design Symposium， IPC Design Institute）]。在这个案例中，病人坐在一间最近刚刚重新粉刷的房间里，该房间的墙壁被粉刷成冷色调，例如带有紫色特点的蓝色。黄色已经被小心地避免使用了。当护理人员注意到病人的呕吐相对于未粉刷之前增多了的时候，他们便迅速对地毯衬背、胶黏剂和表面涂料进行了有害气体分析。所用的材料都没有问题，这就意味着有一些其他情况对病人的健康不利。库兹拜克猜测在缺乏任何黄色的空间里，当病人的视线从紫色的墙壁上面移开的时候会在其头脑中出现黄色的视觉残像——这足够产生与面对黄色墙壁时相同的效果。在紫色墙壁被重新粉刷过之后，病人发生呕吐的频率减少了。

与其所对应的暖色相比， 冷色的刺激性略少一些，它们用于会使病患的探视者产生焦虑情绪的地方比较合适，例如急诊室、急救室或者特护病房。**绿色**是特别受欢迎的色彩，因为人们认为它可以稳定情绪，并且有些人还相信它的作用就像神经系统的镇静剂一样。把绿色与自然联系在一起的社会心理，也对一些病人有好处。作为红色（血液的色彩）的补色，绿色在外科病房的许多设施中为一种功能目的服务：即消除手术过程中产生的血红色的残留影像——绿色。人们认为**蓝色**是最镇定的色彩，至少在纯度水平降低的时候如此，我们常常会在意图让人舒缓的空间中看见它的踪迹。蓝色也有不好的一面——人们常把它与寒冷的温度联系在一起，这在身体检查时可能是不利的。人们发现**紫色**（或者紫罗兰色）是室内设施中最不常用的色彩之一，特别是在医疗护理设施中，尽管一些人认为它是一种有治疗功效的色彩。它的特点是会根据色彩环境的不同而成为暖色或者冷色，这使它在更为复杂的色彩组合中使用起来更具有灵活性。

## 普通照明

在病人护理区域使用全光谱的照明，至少和在工作区域采用全光谱照明一样重要。由于需要24小时使用，所以与其他一些商业形式的空间相比，医疗设施中的照明的水平和质量具有更大的影响。那些上夜班的人对于周围光线的数量和亮度尤为敏感，因为他们长期没有享受阳光的机会。可供选择的是全光谱的照明，白炽灯和荧光灯的光源都可以提供这种照明。专门研究医疗护理的室内设计师和空间规划者然·马尔金在《医院室内设计》（第36页）中告诉我们全光谱照明对夜班人员的作用包括减少沮丧、减少压力和改善情绪。此外，她认为间接照明的质量比头顶正上方的直接照明要好。

光线和健康之间的自然联系已经得到了科学的论证。豌豆大小的松果腺位于人脑的中央，功能是测量光线并为身体的其余部分服务。经过下丘脑传送的信息被眼部接收后就能激活松果腺。松果腺通过制造褪黑激素来调节每天的身体功能，这被称为昼夜节律（以24小时为周期）。当身体整天都没有暴露在日光中的时候，身体的功能系统和规律性就被破坏了。当病人和夜班工人失去他们对白天和黑夜的感觉定位时，他们就变得沮丧起来。在极端的状况下，他们还会遭受重症加强护理病房精神症(Intension Care Unit Psychosis，ICU Psychosis)的困扰，这是与迷失方向、定向障碍有关的疾病。正因如此，关注照明状况在医疗护理环境中变得更加重要。假如安排职工的两班倒和三班倒有困难的话，这样的环境改善就应该能够为医疗设施的管理层提供积极的成本－效益结果。

## 组织的问题

在任何大型的建筑综合体中，多种多样的功能区域各自有其不同的色彩标准。医疗设施就是其中之一。为了建立各个功能区域最有效率的环境，在进行规划的时候应该把空间分成三类：①**公共空间**，这些空间供门诊病人及正在治疗期的病人的家属和朋友使用，或者接受医疗机构服务和为医疗机构提供服务的其他人使用；②**病人治疗恢复区域**，例如病房、康复区域、检查室和治疗室；③**实用空间**，包括医务人员使用区域（外科、急救、检验和实验室工作）和处理区域（放射性治疗、X光、核磁共振等）。为了给医疗设施规划色彩，功能区域被分成这三个组群。因为在每类空间中色彩应用的目的不同，所以必须为他们确定不同色彩选择标准。

## 公共区域

在医疗设施中的公共空间需要迅速清楚地传达信息。在建筑结构内部，色彩可以帮助来访者和病人确定方向。它可以按照建筑分区、建筑内部的不同标高、南北东西的关系或者内部容纳的各种各样的科室（急救区、妇产科等）进行排序。设计和空间色彩应该帮助来访者明确哪个是主要通道以及哪个是通往特定功能的次要通道——建立起必要的层次。一些区域需要利用色彩进行强调，例如总服务台、护士站和急救室。而其他区域，特别是医药供应室、家庭咨询服务区域和职工存物间则需要隐藏起来。理想的色彩组合会把来访者的注意力吸引到指定的功能区域，而将来访者对其他区域的注意降到最低。对于每个功能区域，色彩专家可能会询问医疗机构，向他们了解需要达到什么样水平的视觉强度。紧急情况的警告标志和说明需要能够立即被识别出来。信号装置的色彩应该与环境色彩对比最强烈。这通常意味着要使用一种强烈的色彩，例如红色——除非环境中混合了红色、紫色或者橙色（在这种情况下绿色和黄色可能是更好的选择）。

一旦功能区的可达性水平确定了，下一个需要关心的问题就是时间问题，即来访者、病人和工作人员将会在功能区停留的时间，以此确定他们要暴露在表面色彩下的时间。停留的时间越长，色彩可能越复杂。在比较生动的色彩对比中使用浓烈色彩，可以将人们的注意力更好地吸引到焦点区域。同样的色彩在等待或者康复区域则会变得使人厌烦。在长期使用的空间，需要更多微妙的对比、更多复杂的组合和具有极端明度的图案与纹理的运用。如果需要分散病人注意力来达到某种目的，使用鲜艳的色彩组合也可以优化医疗环境。医疗机构如果使用了能带来积极效果的色彩，就能够较好地解决下面的问题：

- 只要色彩组合中不同色彩的使用数量能够满足各个功能区域的特殊要求，这些**连续变化的色彩主题**就能很好地把整个医疗机构有机地组合成一个整体。
- 空间越单调，用户就越难判断其空间距离。在**建筑形式很复杂**的情况下，可以用色彩对比来清晰地说明形式和消除任何视觉幻觉。如果整体色彩过浅，灯光产生的眩光会干扰公众的感知。如果使用了反射率很高的表面，它们也会扭曲人们对形式的感知。
- 大型医疗综合楼的**走廊**可能会非常地长。利用对比明显的色彩进行间隔可以减少通道过长和过于单调的印象，如图14.11所示。我们不推荐把颜色非常浅的墙面和颜色非常深的墙面组合在一起，因为这会让一些人在医务环境和治疗环境中迷失方向，这就正如把两种类似的色彩组合在一起的时候他们会融合起来一样。在这种情况下少量的对比可以产生重大的影响。
- 在为**老年人**使用的区域进行设计的时候，考虑到眼睛老花的状况，需要使用更多的对比和更纯的色彩（参见第十二章“居住色彩应用”，回顾其中关于老年人问题的叙述）。

## 病人护理区域

在传统上，关于病房色彩的思考分成两个学派。一个学派建议在病床头部这边的墙上使用具有刺激性的色彩（更暖的色调或者更高的纯度），在病人对面的墙上使用具有镇定性的色彩（较低的纯度或者冷色调）。其想法是使病人在休息期间拥有镇静的环境，而当他们下床走动的时候则可看到刺激性的色彩。另一个学派则建议在病人从床上可以看到的位置布置更为刺激性的色彩作为一种促进要素，而将病人头部墙面的色彩保持低至中等纯度的水平以帮助诊断。当然，考虑到事实上大多数的人在他们居住的空间和卧室里所有的地方都使用一种色彩或者图案，连续色彩和图案的组合已经成为病房设计的标准模式。并且所用色彩的色相更多了，特别是那种提供了光谱协调的色彩组合。图14.12展示了这种解决方案。

关于病房其他需要考虑的事项是判断的问题。在病床区域里可能有几种固定设备，这给我们提供了材料和色彩的变化。色彩重点和图案的存在可以使病人不会特别注意他们当前的状况。更能衬托皮肤色调的色彩应该布置在病人的盥洗室中，而不是床头板上，这样既可以增强病人的外观感受又不会干扰诊断。如果要使用间接照明，在病人区域的反射表面上最令人不快的色彩是绿色，因为它往往会使皮肤色调暗淡无光。在病房区还有其他几个值得考虑的问题。

- **护士站**是关键的功能区域。在这里使用强烈的色彩对比，或者在主要地板及墙面使用一些具有方向性的图案，都可以帮助人们一眼看过去就能注意到它们。在图14.13的实例中，设计师巧妙地运用色彩和形状的组合吸引人们对护士站和其毗邻的等待区域的关注。
- 在**体检区**的病人通常都会花很多时间向上看。这意味着要隐藏明显外露的灯头，而且顶棚上的图案或者整体色调都可能成为有效的视觉焦点。
- 在病人**康复区**，温和的色彩组合比强烈的色彩组合更受病人喜爱。强烈的色彩会令一些病人烦恼并会使那些必须长期注视它们的病人变得烦躁（参见第七章图7.1和图7.2，强烈色彩组合和温和色彩组合之间的对比）。
- 同时对比和图底倒转更容易导致**眼睛疲劳**。要根据这些可能的情况，在色彩和图案方面考虑每一个区域的功能需要。

## 功能空间

在许多情况下，经验丰富的医护人员可以提供历史资料，帮助我们发现病患的色彩偏好，从而更好地服务于医疗事业。例如，一个有着20年工作经验的注册护士注意到，在刚刚粉刷过的空间里的新生儿似乎能感受到更大的压力。在她的印象中新的墙壁色彩很能迎合年轻父母们的品味，但是却不能安抚婴儿。许多康复区域的医护人员都能够指出哪种色彩可能更适合于他们工作的性质。在这里做一些简单介绍。

- 在**理疗间**和其他需要增加活动性的空间里，推荐使用较高纯度的色彩来增强激励作用。任何色相都可以。纯色可以单独使用、和其他色彩组合使用，或者和中性色彩组合使用。还可以使用存在色相、面积或者明度对比的较低纯度的色彩，效果也很好。
- 在**残疾儿童治疗室**里，推荐使用强烈的色彩对比。可以采用大尺度的图案形式、游戏棋盘，或者特色鲜明的墙面、地板或者地毯。甚至轮椅的覆面材料也可以使用活泼的和具有对比的色彩来增添其趣味性。
- **儿童身体状况**的诊断，和儿童行为问题的判断一样，依赖于富有刺激性的环境。医护人员通常必须观察儿童与环境相互作用的方式，进而判断出儿童的整体健康状况。为方便起见，彩色的几何形表面是可以利用的，特别是在儿童体检区域里尤其如此。此外，也可以采用像镜面、玻璃窗或者拼图

**图14.11** 在这个医疗机构的小儿科，创造性的色彩选择和布置提供了与其功能相符的积极形象（门洞突出、标志明显等）。其效果是用对比的色彩在视觉上打断了走廊的长度（设计：迪亚欧建筑工程设计公司；摄影：©brucetmartin.com）

墙面之类的纹理的变化。

- 一些进行**体检的地方**，例如心电图（EKG）和脑电图（EEG）工作区，似乎可以引起病人的紧张和激动。可以通过适当地降低色彩的纯度水平、采用冷色调和彩色艺术作品分散其注意力的方式，将这种紧张和激动降低到最低的程度。
- 在有些地方人们有可能变得情绪低落，例如急诊手术室外的病患家属**等候区**，暖色调和色彩对比可以暂时分散他们的注意力。
- 在**咨询室**，根据环境状况的不同，会出现各种行为。在这种情况下，可以考虑使用色彩温度平衡且色相强度适中但又不是完全中性的色彩组合方案。
- 由于**重症加强护理病房**（intensive care units，ICUs）中的活动性质，建议使用低水平的照明和冷色调。医护人员尤其喜欢绿色。
- 在**手术室**（operating room，OR），外科医生的眼睛由于注视血液浓烈的红色和暴露的身体组织而不断经历连续对比。此时，红色的补色——绿色或者蓝绿色可以抵消视觉残像的影响。当医生抬头的时候，这种冷色可以让眼睛从强烈的红色中得到休息。这样医生又可以马上再次投入工作了。在这种环境中，建议墙面使用30%～40%的光反射率。
- 而**妇产科**病房的反应似乎有所不同。一些人推荐使用较冷色调的单色方案来制造强烈的和谐感。由于女人在较高温度下往往比男人更感觉到冷，所以也有人建议使用暖色调，并用色彩对比分散注意力，将图案用于某些需要重点强调的物体上。

正如我们在第六章中所谈到的那样，色彩治疗对色彩方案的选择有很大的影响。色彩治疗是把病人暴露在彩色灯光下，或者用环境色彩治疗某种疾病，或者和其他治疗方法结合加快康复。一些医护人员、行动主义者和其他医疗行业人士声称他们已经把这种方法用于医疗实践，而且在主流医疗领域的其他地方也使用了这一方法，并且都获得了成功。随着人们使用色彩进行治疗的不断增加，使用这种方法的医护人员就会发现哪些色彩可以用于辅助治疗。由于现在可以利用的统计资料还非常有限，我们就不能说哪套色彩可以用于医疗机构，提供辅助治疗，所以建议设计师应该向医护人员进行问询，从已经证明有效的色彩方案中找寻答案。

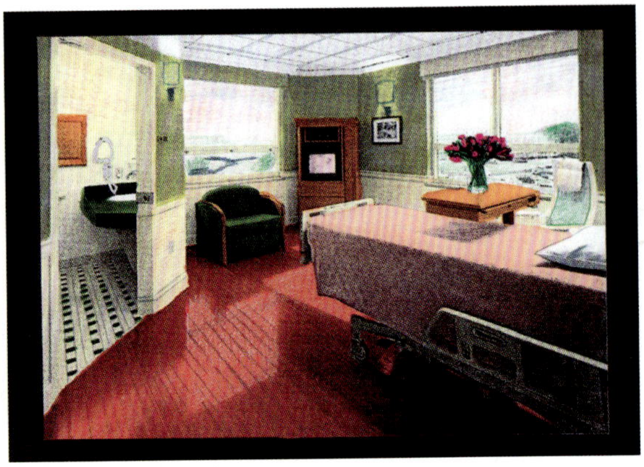

**图14.12** 该病房的色彩组合通过其适中的纯度和补色组合唤起一种接近住宅性质的感觉［色彩设计：安娜·马汉（Anna Mahan）］

### 诊断

在治疗和恢复区域，病人的皮肤色调是关键要素。病人的皮肤色彩会因为他们最近所吃的食物、精神状态和环境光线的不同而产生变化。但是，皮肤色彩的变化是病人健康状况的重要外在表现。这就是为什么要求预约就诊的病人不要化妆的原因。化妆会遮盖自然的皮肤色调。例如，明亮的红色皮肤色调可能意味着一氧化碳中毒。蓝色或者紫色的皮肤可能暗示着血液中缺氧。婴儿的皮肤是最具有反射效果的，因此受周围色彩的影响最大。在这里推荐高CRI的照明水平。在新生儿病房（特指早产的婴儿），医生和护士靠检查皮肤色调监测是否患有黄疸。墙面大量使用中等至高等纯度的黄色和蓝色，可能更加难于对病患的状况作出快速判断。因此在病人就诊和康复区域不推荐大面积地使用高纯度的色彩。

除了皮肤色调，医生还将病人眼睛、体液和舌头的色彩作为诊断的依据。眼睛发红可能意味着结

**图14.13** 空间的整体色彩对比比较细微，所以地板上强烈的色彩对比能够帮助使用者识别出病患区这个重要的功能区域（设计：迪亚欧建筑工程设计公司；摄影：©爱德华·雅各比）

膜炎或者酒精中毒。淡绿色的皮肤意味着贫血，变红的舌头和黄色的皮肤意味着贫血的状况达到了危险的程度。病人的色彩感知也可能受到疾病的影响，例如当患有黄疸或者某些类型的中毒的时候，看东西会有发黄的感觉，酒精中毒有时会导致发蓝的感觉。所有的这些事例都表明，**康复区域中房间的照明应当一致，在诊断和康复区域应该限制纯色的使用**。

### 精神的健康

尽管大多数专家似乎都认为色彩的一些基本情绪反应是可以预测的，但有些人对不同条件下通过色彩进行治疗的案例进行了分析，当涉及细节问题和最终要得出某种结论的时候，一些人仍持怀疑的态度，至少对于严重精神疾病的色彩治疗存在疑惑。科学家们已经证实大脑中视丘中的垂体和松果腺负责接收色彩的电磁能量。这些器官也负责调节血流中的分泌（内分泌）、控制情绪反应——比如侵略行为。许多人认为人类以感受色彩的方式接收电磁能量，这种能量的变化可能会导致大脑传送到神经和肌肉的信号也发生变化。医护人员能够在多大程度上利用色彩作为工具引发了争论。由于建筑设计的细节是如此复杂，所以研究精神健康方面的环境色彩十分困难；将形式、色彩、纹理和照明分开进行讨论几乎是不可能的。要单独将色彩无条件地隔离出来分析人们的行为，就必须消除其他所有的变量。

人们一般都相信，让病患觉得最亲近的环境就是最有益的医疗环境，所以色彩和照明的变化是首选的调节手段，只是必须找到色彩统一性和复杂性之间的平衡。在色彩舒适（平衡）的环境里病人觉得不会受到伤害，就像穿着熟悉的衣服让他们感觉舒适一样。关于精神健康机构的设计，这里有一些来自各种渠道的经验之谈。

- 通过色彩选择和布置尽可能消除这种公共机构似的外观。那些**创造性的色彩方案**适合于布置在娱乐室、休息室和职业治疗室（职业治疗：目的明确地从事某项专业训练，旨在恢复动机、信心和特殊技能，用以治疗身体和心理缺陷——译者注）。
- 具有极端行为的病人最喜爱的色彩不一定能成为他们进行行为控制的色彩。如果在医疗机构设计时进行了整体色彩设计，提供了**一系列的色彩变化**（色相和色彩组合），专家们就可以根据个人的观察利用这些色彩变化来控制病人。
- 当我们用色彩来**调节行为**的时候，环境色彩的整体变化直接影响其治疗效果。例如，低纯度的色彩可以用于需要安静的房间以安抚躁动的儿童。这意味着在精神健康诊所的过渡空间中可以有效地使用那种色彩，前提是医护人员发现它的确能产生这样的效果。
- 限制**视觉图案**，特别是在大型精神健康设施中。由于会感觉到受压迫，在精神病患者的房间里，图底图案和大面积非常纯的色彩是不受欢迎的。

## 结论

由于任何医疗护理设施的复杂本性，在本书里不可能涉及所有需要考虑的事项。幸运的是，有几个不错的色彩使用参考资料可供医疗护理专业设计时借鉴，这些色彩参考中有许多颇有见地的建议。考虑到这类医疗护理机构本身的复杂性，所以对它进行色彩设计可能是很具有挑战性的。通过自己的实践和向他人学习，我们可以利用好手头的色彩工具——对比、协调、平衡和联系——来影响人们的情绪、功能和健康。可喜的是，我们可以弄明白色彩为什么具有这些特点，并运用我们的工具创造独特的空间。我们不再局限于过去那种教条式的解决方案。

如果色彩治疗的领域不断得到大家的支持和信赖，似乎我们的设计师将会获得更多有用的信息，这些信息将不仅局限于医疗护理方面，还可能与各类客户的福利息息相关。现在我们需要进行“双盲测试”（用以消除偏见的试验步骤，在试验结束之前试验者和受试者都不知道接受试验者的身份——译者注），用科学的方法确定我们到底该如何控制电磁波的变化，对于可见光范围内色彩的治疗作用的研究尤其重要。该领域的实践正开始向这一目标迈进。而这些工作之所以能够成功，其中一部分原因就在于人们相信电磁振动对人类的生理具有特殊的影响。作为一种控制和治疗疾病的方法，有些病人只要暴露于特定的电磁振动之下就会从中受益。假若能够证实这些有据可查的成功治疗案例具有一致性，设计人员将拥有更强有力的色彩工具——其作用将超出我们的想象。同时，也强烈建议色彩研究一定要以个人的体验为基础。如果其他人提出的新观点与你作为设计者的个人体验相吻合，那么它就是实践中行之有效的，因为你的个人经验可以作为支持它们的证据。如果有关结论与个人经验明显不符，我的建议是在没有发现更多新证据之前，暂时不要将其付诸实践。将来，成功的设计人员不但要能够熟练应用已有的色彩研究成果，而且对新的色彩实践成果也要保持开放的心态。

# 术语表

**偶然色彩**（accidental colors）：谢弗勒尔用来描述视觉残像和人们主观色彩体验的术语。

**非彩色**（achromatic）：不具有任何色相特征。

**酸性色彩**（acid colors）：不太和谐的色彩，如黄绿色，浓烈的红色，或者荧光色。

**加色**（additive color）：由光线产生的色彩，与颜料相对。

**视觉残像**（afterimage）：当光线或高纯度色彩发生极端变化，人们眼前浮现的有色形体。

**相邻色**（adjacent colors）：色相环上彼此相互接近的色彩（如绿色、绿蓝色和蓝色），与类似色同义。

**类似色**（analogous colors）：色相环上彼此相互接近的色彩，与相邻色同义。

**阳极电镀**（anodized）：通过电化学方法对金属表面进行处理，能生成坚硬的、具有保护作用的氧化膜。

**三色觉异常**（anomalous trichromatism）：一种视觉缺陷，具有这种视觉缺陷的人能够认出三原色，但不能分辨出三种色相范围内的所有色彩。

**仿古**（antiquing）：使用人工方法使物体看起来年代更久远，如在油漆表面制造划痕，使板面开裂，或者使皮革表面磨损。

**平衡**（balance）：色彩组合达到的一种状态，此时设计的复杂性和统一性比较适宜。

**黑体**（blackbody）：一种能够吸收所有投射到其表面的辐射能量（光线）的物体。就物理学而言，它被认为是一种绝对化的物质——一种地球上根本不存在的东西。实验中所用的黑体都是近似黑体，它反射光线的比例不到投射光线的2%。

**淡色木**（blond wood）：浅色的木料，呈浅褐色，如冬青树或桦树，加白色的颜料也可以产生这种效果。

**拟色**（camouflage）：控制色彩的使用，让一个物体和另外一个物体融为一体，例如动物通过伪装将自己与环境融为一体以避开捕食者。

**指引**（cast）：一种色相对另外一种色相的暗示。

**明暗法**（chiaroscuro）：图形渲染的一种技术，它使用明亮或者黯淡的阴影来突出或者遮蔽物体以产生三维形体的错觉。

**中国式装饰风格**（chinoiserie）：具有中国特色的装饰方法，将生动的图形用于传统的家具。

**色度**（chroma）：纯度的同义词。也可以用来区分色相，如色度的具体数值。

**彩色的**（chromatic）：具有明显的可辨识的色相。

**浓度**（chromacity）：色彩的相对性质，它以色相和纯度水平为基础，不考虑相对明度。

**色光疗法**（chromotherapy）：将光源用于治疗。

**色盲**（color blindness）：用来描述人们任何身体上的色彩缺陷。

**色相环**（color circle）：能够反映色相，根据光谱连续排列的任何圆形图表。

**不褪色**（colorfast）：用来描述材料暴露在阳光下保持原有色彩特点的性质。

**比色法**（colorimetry）：对色彩进行测量和分析的学科。

**色彩设计**（colorways）：材料制作中使用的各种色彩组合方法，通常指纺织品。

**概念**（concept）：设计的基本思路或者初步设想。

**视锥**（cones）：视网膜上的细胞，只要提供光线，它就能够识别彩色（色相）。它的名字来源于细胞的形状。

**对比**（contrast）：两种或更多种色彩之间差别的类型和数量。

**复杂色彩**（complex colors）：由一种以上的色相混合而成，它可能还会涉及到纹理。它通常很难精确描述。

**补色**（complexity）：在色相环上正好相对的两种色彩。

**磨损**（complementary colors）：织物上印染或染色形成的色彩损耗的过程，通常发生在单绒面的深色染色织物上。

**二色视**（crocking）：一种色彩感知缺陷，有这种缺陷的人只能根据色彩的明度来分辨两个色相范围内的色彩——红到绿或者黄到蓝。

**数字化**（dichromatism）：将色彩转化成电子信号的方法，从而利用计算机就可以还原这些色彩。它通过将色彩分解成细小的色点来完成，数码摄影和扫描就是这样处理的。

**二元组**（digitize）：一对补色。

**乌木染**（dyad）：使物体变黑。

**镜画**（ebonize）：一种绘画艺术形式，主要描绘在玻璃的背面，可以用颜料和金箔。

**镀膜**（eglomise）：将彩色的玻璃薄片溶解后在金属表面产生坚固的、光滑的面膜。

**轧花**（embossing）：将印刷物送入热的印刷滚筒后，将图案压印到材料（如织物或纸张）表面。

**按本质分类**（essential nature）：一种基本的方法论，根据这种方法，色彩都归属于一定的形状和材质。

**外延力**（extent，extension）：一种色彩的相对力量或者吸引力的大小。较高的明度、增加的纯度和增加的面积会产生较强的外延力。

**人造涂饰**（faux finish）：工程实践中使用的涂饰技术，用来创造自然材料所具有的特点，或者使人产生材质和年代的错觉，又或者隐藏某些东西。

**薄膜色**（film color）：大面积的单一色彩，它看起来和它所附着的形体分离了。

**发亮**（fluorescent）：色彩在这种情况下比较明亮。

**焦点**（focus）：眼睛注意到的第一件事情（如模特的脸，入口的门或者移动的方向）。

**褪色**（fugitive）：在某种色彩媒介条件下，使得暴露在光线下的色彩逐渐褪色。

**融合**（fusion）：一种创造图像的方式，它将一种主要色彩和两种或者更多种类的少量其他色彩混合形成。这是种色彩印刷的方法，这种效果出现在织物的涂饰中。

**镀金**（gilding）：将金箔或金粉用于建筑、家具或饰物的一种工艺。

**上釉**（glaze）：将涂层用于陶瓷表面，高温后涂层会变硬；透明油漆或清漆形成的薄膜；用于织物（如印花棉布）的光滑又明亮的面层染料。

**镜面**（gloss，glossy）：任何表面所具有的闪亮或发亮的特点。明亮的色彩在镜面的作用下会显得更加明亮，而暗色则会显得更暗。

**水粉颜料**（gouache）：一种不透明的、亲水性涂料。

**生丝色**（greige）：一种介于灰色和米色之间的色彩。

**底色**（ground color）：基础或背景色，在这个背景上再使用其他色彩。

**协调**（harmony）：色彩的色相相容的一种状态。当色相彼此相类似的时候能够产生协调（这些色彩位于色相环上45°半径以内）；或者当色彩组合能够形成沿着色相环直径方向的色相平衡时，也称为产生了色彩协调。

**六色协调**（hexad）：六种色彩组合使用，形成三组，且三组沿公共直径均匀分布。此时形成的多边形叫做六角形。

**主色调、关键色彩**（high tone；high key color）：明度高的色彩。

**色相**（hue）：色彩在色相环上的相对位置；一种色彩所含红、蓝和黄三色的量。

**纯度**（intensity）：色彩的同质性评估，或者色彩色相特征的程度。

**彩饰**（illumination）：包括中世纪时期色彩缤纷的卷轴、阿拉伯图饰、叶饰等，它们都是使用颜料、金粉和银粉为原料，手绘而成。

**错觉**（illusion）：利用色彩使人看见不存在的东西。例如，一种色彩可以看起来像两种，一种色彩也可以看似透明，或者将墙涂刷后看起来像壁炉。

**错觉产生的色彩**（illusionary color）：利用一种色彩创造出另一种根本不存在的色彩，包括色彩透明化或者“欺骗你的眼睛”。

**固有色**（intrinsic color）：色彩组合设计中一种比较固定的方式，根据所选用的材料确定所用的色彩。

**光反射值**（light reflectance value，LRV）：物体表面色彩所反射的光线数量的总和，用百分比来表示。从实践来看，室内设计的LRV的范围是10%～90%。

**亮度**（luminance）：物体表面所反射光线的数量，单位为$cd/m^2$。

**有光泽**（luster）：物体表面色彩的一种发光效果，通常由于成分中所含油或者金属颗粒造成。

**消光面**（matte）：非镜面，不闪光的面层。

**条件等色**（metameric）：两种色彩在特定的光照条件下看似相同，而在另一种光照条件下又不同的现象。这可能是由于材质的不同造成的，也可能由于两种不同光源的色彩混合造成。

**单色**（monochromatic）：只有一种色相的色彩组合。

**全色盲**（monochromatism）：一种色彩缺陷，有这种缺陷的人只能看见非彩色。

**哑光**（muted）：用来描述色彩由于褪色而导致的柔化、弱化或者暗淡。

**纳米**（nanometer）：比较电磁波长的量度单位，据此可将可见光划分为一个集合。

**非彩色**（neutral）：色彩在这种情况下没有可供分辨的色相（如灰色、白色或者黑色）。

**光学**（optics）：研究照明和色彩感知的学科。

**光学色彩混合**（optical color mixing）：这种情况下，初看时物体只呈现出一种色彩，但是近距离观察却发现最初的色调是由不同色彩的极小成分组合而成。最常见的应用就是打印媒介中使用的色点，人的眼睛将它们混合成一幅图画。

**色彩组合**（palette）：出于某种需要对色彩进行组织然后进行混合的色彩设计行为，例如画家的色彩组合设计、房间的色彩组合设计或者参照系色彩组合设计。

**古铜色**（patina）：物体表面由于老化而表现出来的一种状态，如铜的氧化、涂料的软化或褪色、纸张发黄或者室内皮饰的磨损。

**光度计**（photometer）：用来测量光线数量的工具。

**普尔基涅效应**（Purkinje effect）：一种能够使色彩的表面强度或亮度（纯度和明度）在不同照明条件下发生变化的条件。在光照强度高的情况下，偏暖的色彩似乎具有更大的强度和更高的亮度。而在光照强度低的情况下，偏冷的色彩似乎更加明亮。

**套版色**（process colors）：青色、品红和黄色这三种色彩和黑色混合使用，用来产生打印所需的全光谱色彩。

**原色**（primary colors）：三种基本的色彩，混合后可以生成所有其他的各种色彩。使用颜料时，它们是红色、黄色和蓝色。使用色光时，它们是红色、绿色和蓝色。使用印刷介质时，它们是青色、黄色和品红。

**迷幻色**（psychedelic color）：一组高纯度的色彩，包括荧光，在20世纪60年代曾经十分流行。

**视杆**（rods）：是视网膜上的细胞，在光照较暗的时候眼睛用它们来感知色彩。

**安全色**（safety colors）：美国职业安全与健康管理局（OSHA）确定的一组色彩，它们用来标识危险区域或者材料。

**纯度**（saturation）：一种色彩所属色相的强度或程度。

**色彩阶梯**（scale）：根据色彩某个特性不同而生成的色彩系列（例如，当加入某种色彩的灰色不断增加，就形成了一个色调阶梯）。

**间色**（secondary colors）：由三原色两两混合后形成的三种色彩。使用颜料时，它们是橙色、绿色和紫色。使用色光时，它们是黄色、品红和青色。

**渲染层次**（sfumato）：来源于意大利语，原意是“像烟一样”。它用来描述壁画中柔和的、朦胧的和有纹理的色彩，可以用釉料、油画颜料或者蜡笔完成。这个说法最早和15世纪的列奥纳多·达·芬奇有关系。

**暗度**（shades）：色彩与黑色混合后的效果。

**简单色**（simple color）：任何容易辨识的色彩。

**同时对比**（simultaneity）：因为眼睛趋向于找到强烈色彩的补色，因而导致浓度较大色彩对另外一种色彩的影响。两种色彩强度相同时也可以形成同时对比，因为它们可以直接产生相互影响。

**色光**（spectral colors）：当白光通过棱镜时，可以看到的红色、橙色、黄色、绿色、蓝色、靛和紫色。

**光谱能量分配**（spectral power distribution，spd）：用来表示光源还原全部可见色彩能力的曲线。参考的光谱能量分配曲线由相应的灯具生产厂家提供。

**分离补色**（split complement）：一种三色组合，用色相环表示可以看出，其中二种色彩对称分布在第三种色彩补色的两侧。

**印刷模板**（stencil）：将金属块按规格裁剪，然后在金属块上加工出图案，再用颜料涂抹在金属块上印刷出来的图案就叫印刷模块。这些金属块本身也可以称为印刷模板。

**减色**（subtractive color）：颜料色；任何固体材料拥有的色彩，包括颜料和染料。

**连续对比**（successive contrast）：在较短的连续的时间间隔内分别观察不同的色彩时，色彩相互之间的视觉影响。

**联觉**（synethesia，synaesthesia）：心理学术语，指人们的一种感觉引发了另外一种不同类型的感觉。从生理学角度来说，就是当身体的某部分受到刺激时，身体的另外一个部分也产生了对该刺激的反应。

**人造色彩**（synthetic color）：利用人工方法创造出来的色彩（如人造染料或颜料），而不是通过从有机物提取的方法来获得。

**色温**（temperature）：一种色彩表面的冷暖感觉。暖色在色相环上包括从黄到红的色彩系列。冷色则包括从紫色到绿色的色彩系列。

**淡色**（tint）：某种色相的色彩与白色混合形成的色彩。

**色调**（tone）：某种色相的色彩与灰色混合形成的色彩。

**三元组**（triad）：三种色彩均匀地分布在色相环上（如橙色、绿色和紫色）。

**四元组**（tetrad）：四种色彩沿着色相环布置，这样它们就形成两对互补的色彩组。

**透明**（transparency）：某种色彩后面的色彩也可以被看见的情况。

**三色值**（tristimulus values）：描述色彩属性的数值，它以标准条件下色彩的反射系数为基础确定。

**欺骗你的眼睛**（trompe l'oeil）：运用颜料产生的错觉，通常用于光滑的平面。这个词来源于法语，本意就是“欺骗你的眼睛”。

**底色**（undertone）：在另外一种色彩下面使用的色彩，令总体色彩效果产生一种深度感。这样的结果是能创造出一系列协调的色彩，因为它们拥有相同的背景色彩。

**统一**（unity）：色彩的共性；色彩的外在相似性，能够产生舒适的感觉。

**明度**（value）：一种色彩的明暗程度。

**视觉色彩混合**（visual color mixing）：发生在眼睛里的色彩混合过程，而不是在色彩媒介中（如织物或者四色印刷）。

**体积色**（volume color）：在有雾或烟的情况下、某些大气条件下、某些液体和气体中或者含有特殊物质的空气中存在着的流动色彩。

**重量**（weight）：从心理学角度描述色彩的一个术语（如暗色比亮色给人的感觉要沉重）。

# 参考书目


Albers, Josef. *Interaction of Color,* Yale University Press, London, 1975.

Anderson, Mary. *Colour Therapy,* The Aquarian Press, Thorsons Publishing Group, Northamptonshire, England, 1990.

Aria, Barbara. *Nursery Design: Creating a Perfect Environment for Your Child,* Bantam Books, New York, 1990.

The Athenaeum Library of Nineteenth Century America, *Exterior Decoration: A Treatise on the Artistic Use of Colors in the Ornamentation of Buildings,* The Athenaeum of Philadelphia, Philadelphia, 1976.

Aves, Melanie, and John Alves. *Interior Designers' Showcase of Color,* Rockport Publishers, Inc., Rockport, MA, 1994.

Barr, Vilma, and Charles E. Broudy. *Designing to Sell,* second edition, McGraw-Hill, New York, 1990.

Birren, Faber. *Color Psychology and Color Therapy,* University Books, Inc., New Hyde Park, NY, 1961.

———. *Color: A Survey in Words and Pictures,* University Books, Inc., New Hyde Park, NY, 1963.

———. *Color for Interiors Historical and Modern,* Whitney Library of Design, New York, 1963.

———. *A Grammar of Color: A Basic Treatise on the Color System of Albert H. Munsell,* Van Nostrand Reinhold Company, New York, 1969.

———. *Color & Human Response,* Van Nostrand Reinhold Company, Inc., New York, 1978.

———. *The Textile Colorist,* Van Nostrand Reinhold, New York, 1980.

———. *Color Perception in Art,* Schiffer Publishing Ltd., West Chester, PA, 1986.

———. *Creative Color: A Dynamic Approach for Artists and Designers,* Schiffer Publishing Ltd., West Chester, PA, 1987.

———. *Principles of Color,* Schiffer Publishing Ltd., West Chester, PA, 1987.

———. *Light, Color & Environment,* second revised edition, Schiffer Publishing Ltd., West Chester, PA, 1988.

Brawley, Elizabeth. *Designing for Alzheimer's Disease: Strategies for Creating Better Care Environments,* John Wiley & Sons, Inc., New York, 1997.

———. "Elizabeth Brawley on Alzheimer's," *The Grid,* a newsletter for medical designers published by InPro Corporation, Muskego, Wisconsin, spring 1999.

Brusatin, Manlio. *A History of Colors,* Translated by Robert H. Hopcke and Paul Schwartz, Shambhala Publications, Inc., Boston, 1991.

Burnham, R. W., R. M. Hanes, and C. James Bartleson. *Color: A Guide to Basic Facts and Concepts,* John Wiley & Sons, Inc., New York, 1963.

Butterfield, Suzanne. *Color Palettes,* Clarkson N. Potter, Inc., New York, 1998.

Byrne, Alex, and David R. Hilbert, *Readings on Color, Volume 1: The Philosophy of Color,* The MIT Press, Cambridge, MA, 1997.

Chevreul, M. E. *The Principles of Harmony and Contrast of Colors,* based on the first English edition of 1854, as translated from the first French edition 1839, Van Nostrand Reinhold Company, New York, 1967.

Dean, Jenny. *Wild Color: The Complete Guide to Making and Using Natural Dyes,* Watson-Guptill Publications, New York, 1999.

Delamare, Francois, and Bernard Guineau. *Colors: The Story of Dyes and Pigments,* Harry N. Abrams, Inc., New York, translated 2000.

De Grandis, Luigina. *Theory and Use of Color,* Harry N. Abrams, Inc., New York, 1984.

Dolye, Michael E. *Color Drawing,* Van Nostrand Reinhold Company, New York, 1981.

Duttmann, Martina, Friedrich Schmuck, and Johannes Uhl. *Color in Townscape,* translated from German by John William Gabriel, W. H. Freeman and Company, San Francisco, 1981.

Eiseman, Leatrice, and Lawrence Herbert. *The PANTONE Book of Color: Over 1000 Color Standards; Color Basics and Guidelines for Design, Fashion, Furnishing. . . . and More,* Harry N. Abrams, Inc., New York, 1990.

Eiseman, Leatrice. *Colors for Your Every Mood,* Capital Books Inc., Sterling, VA, 1998.

Elliott, Inger McCabe. *Exteriors,* Clarkson N. Potter Inc., New York, 1993.

Esten, John, and Rose Bennett Gilbert. *Manhattan Style,* Little, Brown and Company, Boston, 1990.

Faulkner, Waldron. *Architecture and Color,* John Wiley & Sons, Inc. New York, 1972.

Fehrman, Kenneth R., and Cherie Fehrman. *Color: The Secret Influence,* Prentice-Hall, Inc, Upper Saddle River, NJ, 2000.

Fisher, Mary Pat, and Paul Zelanski. *Color,* second edition, Prentice-Hall, Upper Saddle River, NJ, 1994.

Fry, Mary G., Patricia Lambert, and Barbara Staepelaere. *Color and Fiber,* Schiffer Publishing Ltd., West Chester, PA, 1986.

Gage, John. *Color and Culture: Practice and Meaning from Antiquity to Abstraction,* Little, Brown and Company, Boston, 1993.

———. *Color and Meaning: Art, Science, and Symbolism,* University of California Press, Berkeley and Los Angeles, 1999.

Garthe, Mary. *Fashion and Color,* Rockport Publishers, Inc., Rockport, MA, 1995.

Gerstner, Karl. *The Forms of Color,* translated from German by Dennis A. Stephenson, The MIT Press, Cambridge, MA, and London, England, 1986.

Goethe, Johann Wolfgang. *Theory of Colours,* first published in 1810, translated from German by Charles Lock Eastlake, Frank Cass & Co., Ltd., London, 1967.

Gwynn, Kate, and Annie Sloan. *Colour in Decoration,* Frances Lincoln Ltd., London, 1990.

Halse, Albert. *The Use of Color in Interiors,* McGraw-Hill Book Company, New York, 1968.

Holtzschue, Linda. *Understanding Colors: An Introduction for Designers,* Van Nostrand Reinhold, New York, 1995.

Hope, Augustine, and Margaret Walch. *The Color Compendium,* Van Nostrand

Reinhold, New York, 1980.
———. *Living Colors,* Chronicle Books, San Francisco, 1995.
Hunt, R. W. G. *Measuring Colour,* second edition, Ellis Horwood Limited, West Sussex, England, 1991.
*The IESNA Lighting Handbook: Reference & Application,* Illuminating Engineering Society of North America, New York, 2002.
*IPC Design Institute,* Boston Design Symposium, Boston, August 28, 1997.
*IPC Design Symposium 1,* audiotaped proceeding from presentations to the design community published by IPC Design Institute, Milwaukee, 1997.
Issett, Ruth. *Color on Paper and Fabric,* Hand Books Press, Madison, WI, 1998.
Itten, Johannes. *The Art of Color: The Subjective Experience and Objective Rationale of Color,* Van Nostrand Reinhold Company, New York, 1973. Originally published in Germany under the title *Kunst der Farbe,* 1961, translated by Ernst von Haagen.
Jacobson, Egbert. *Basic Color,* based on *The Color Primer* by Wilhelm Ostwald, first published in German in 1916, Paul Theobald, Chicago, 1948.
*Journal of Healthcare Design,* proceedings from a series of symposiums on health care.
Kaufman, Donald, and Taffy Dahl. *Color: Natural Palettes for Painted Rooms,* Clarkson N. Potter, Inc., New York, 1992.
———. *Color and Light: Luminous Atmospheres for Painted Rooms,* Clarkson N. Potter, Inc., New York, 1999.
Khouw, Natalia. *The Meaning of Color for Gender,* ColorMatters-Research, www.colormaters.com/khouw.html, 2003.
Kobayashi, Shigenobu. *Color Image Scale,* Kodansha, Ltd., New York, 1990.
———. *Colorist: A Practical Handbook for Personal and Professional Use,* Kodansha, Ltd., New York, 1998.
Kuehni, Rolf G. *Color: Essence and Logic,* Van Nostrand Reinhold, New York, 1983.
Ladau, Robert F., Brent K. Smith, and Jennifer Place. *Color in Interior Design and Architecture,* Van Nostrand Reinhold, New York, 1989.
Ladd-Franklin, Christine. *Colour and Colour Theories,* Arno Press, New York, 1973.
Lambert, Patricia, Barbara Staepelaere, and May G. Fry. *Color and Fiber,* Schiffer Publishing, Ltd., West Chester, Pennsylvania, 1986.
Lambert, Patricia. *Controlling Color,* Design Press, New York, 1991.
Laurence, F. S. *Color in Architecture,* National Terra Cotta Society, New York, 1924.
Linton, Harold. *Color Consulting: A Survey of International Color Design,* Van Nostrand Reinhold, New York, 1991.
———. *Color Forecasting: A Survey of International Color Marketing,* Van Nostrand Reinhold, New York, 1994.
———. *Color in Architecture: Design Methods for Buildings, Interiors, and Urban Spaces,* McGraw-Hill Companies, Inc., New York, 1999.
Logrippo, Ro. *In My World: Designing Living & Learning Environments for the Young,* John Wiley & Sons, Inc., New York, 1995.
Luke, Joy Turner. *The Munsell Color System: A Language for Color,* Fairchild Publications, New York, 1996.
Lüscher, Max. *The Lüscher Color Test,* translated and edited by Ian A. Scott, Washington Square Press, New York, 1969.
Malkin, Jain. *Hospital Interior Architecture,* Van Nostrand Reinhold, New York, 1992.

Malaguzzi, To Loris. *Children, Spaces, Relations: Metaproject for an Environment for Young Children,* Domus Academy Research Center, Milan, Italy, 1998.

Mahnke, Frank H. *Color, Environment & Human Response,* Van Nostrand Reinhold, New York, 1996.

Mahnke, Frank H., and Rudolph H. Mahnke. *Color and Light,* Van Nostrand Reinhold, New York, 1993.

Marberry, Sara, and Laurie Zagon. *The Power of Color: Creating Healthy Interior Spaces,* John Wiley & Sons, Inc., New York, 1995.

Maycock, Susan E., and Sarah J. Zimmerman. *Painting Historic Exteriors: Colors, Application and Regulation,* Society for the Preservation of New England Antiquities, Boston, 1998.

Maynard, Micheline. "Automakers' Color Guard Not Spinning Its Wheels," *USA Today,* Monday, October 26, 1998.

Miller, Mary C. *Color for Interior Architecture,* John Wiley & Sons, Inc., New York, 1997.

Mirko, Mejetta, and Simonetta Spada. *Interiors in Color: Creating Space, Personality and Atmosphere,* Translated by Anthony DeAlteris, Whitney Library of Design, an imprint of Watson-Guptill Publications, New York, 1983.

Mitton, Maureen. *Interior Design Visual Presentation,* John Wiley & Sons, Inc., New York, 1999.

Morton, Jill. *ColorVoodoo,* electronic text published by Colorcom, Honolulu, 1998.

Moss, Roger W. *Century of Color: Exterior Decoration for American Buildings, 1820–1920,* The American Life Foundation, Watkins Glen, NY, 1981.

"New Construction: Kin On Healthcare Center," *Design '99,* A publication of nursing homes providing long-term-care management, March 1999.

Olds, Anita Rui. *Child Care Design Guide,* McGraw-Hill, New York, 2001.

Osram Sylvania. *Lightpoints: Understanding the Science and Technology of Light,* manufacturers' literature, Westfield, IN, 2001.

Perritt, Mitzi R., Sandra L. McCune, and Joyce E. Nuner, "Programming for Alzheimer's Disease: A New Perspective," *ISdesignNET,* published by Interior Design Educators Council, 2002. (Web site October 29, 2002 www.isdesignet.com/magazine/June%2700/idec.html.)

Peterson, L. K., and Cheryl Dangel Cullen. *Global Graphics: Color: A Guide to Design with Color for an International Market,* Rockport Publishers, Inc., Gloucester, MA, 2000.

Pile, John. *Color in Interior Design,* McGraw-Hill, New York, 1997.

———. *Interior Design,* second edition, Harry N. Abrams, Inc., New York, 1988.

Poling, Clark V. *Kandinsky's Teaching at the Bauhaus: Color Theory and Analytical Drawing,* Rizzoli International Publications, Inc., New York, 1986.

Poore, Jonathan. *Interior Color by Design: A Design Tool for Architects, Interior Designers, and Homeowners,* Rockport Publishers, Rockport, MA, 1994.

Porter, Tom. *Architectural Color: A Design Guide to Using Color on Buildings,* Whitney Library of Design, an imprint of Watson-Guptill Publications, New York, 1982.

Priester, Gary W. *Looking Good in Color,* Ventana Press Inc., Chapel Hill, NC, 1995.

Quant, Mary, and Felicity Green. *Colour by Quant,* Octopus Books, Ltd., London, 1985.

Ragan, Sandra L. *Interior Color by Design: A Design Tool for Architects, Interior Designers, and Facility Managers,* Rockport Publishers, Rockport, MA, 1995.

Rodemann, Patricia A. *Patterns in Environments: Perception, Psychology, and Practice,* John Wiley & Sons, Inc, New York, 1999.

Rood, Ogden N. *Modern Chromatics: Student's Text-book of Color with Applications to Art and Industry,* Van Nostrand Reinhold Company, New York, 1973.

Sharpe, Deborah T. *The Psychology of Color and Design,* Nelson-Hall, Inc., Chicago, 1974.

Stierlin, Henri. *The Spirit of Colors: The Art of Karl Gerstner,* translated from German by Dennis A. Stephenson, The MIT Press, Cambridge, MA, and London, England, 1981.

Stromer, Klaus. *Color Systems in Art and Science,* Regenbogen Verlag Klaus Stromer, Konstanz, Germany, 1996.

Swirnoff, Lois. *Dimensional Color,* Birkhauser Boston, Inc, Cambridge, MA, 1989.

———. *The Color of Cities: An International Perspective,* McGraw-Hill Companies Inc., New York, 2000.

Torrice, Antonio F., and Ro Logrippo. *In My Room: Designing for and with Children,* Fawcett Columbine, New York, 1989.

Varley, Helen. *Color,* editor, Marshall Editions Limited, The Knapp Press, Los Angeles, 1980.

Wagner, Carlton. *The Language of Color,* a videotape and correspondence course published by The Wagner Institute for Color Research, Chicago, 1988, 1993.

Wagner, Carlton. *The Color Response Report,* The Institute for Color Research, Chicago.

Walker, Morton. *The Power of Color,* Avery Publishing Group, Garden City Park, NY, 1991.

Wilcox, Michael. *Blue and Yellow Don't Make Green,* North Light Books, Cincinnati, revised edition, 1994.

Wright, Angela. Colour Affects, web site www.colour-affects.co.uk, London, United Kingdom, 2003.

Zwimpfer, Moritz. *Color Light Sight Sense: An Elementary Theory of Color in Pictures,* Schiffer Publishing Ltd., West Chester, PA, 1988.